普通高等教育"十四五"规划教材
应用型本科食品科学与工程类专业系列教材

食品感官评价

王德国 邹 建 主编
张根华 主审

中国农业大学出版社
·北京·

内容简介

本教材系统地讲述了食品感官科学的基本原理并应用这些原理评价各种外部刺激物，如白酒、蜂蜜、乳制品、饮料等。通过对感官评价的基本理论、评价准备工作、基本条件、感官评价的检测及感官评价中的差别检验、描述性分析检验和情感/消费者检验所涉及的内容的详细讲解，介绍了感官评价在食品开发中的应用，让读者进一步加深对感官科学系统知识的了解和把握。经过一系列的实验操作，巩固感官评价的理论，强化实验操作能力。本教材不仅可作为高等院校教材，对食品企业和科研院所技术人员也具有一定的参考价值。

图书在版编目(CIP)数据

食品感官评价 / 王德国，邹建主编. --北京：中国农业大学出版社，2023.12
ISBN 978-7-5655-2461-5

Ⅰ.①食… Ⅱ.①王…②邹… Ⅲ.①食品感官评价-高等学校-教材 Ⅳ.①TS207.3

中国版本图书馆 CIP 数据核字(2020)第 217869 号

书　　名　食品感官评价
　　　　　Shipin Ganguan Pingjia
作　　者　王德国　邹　建　主编　　　张根华　主审

策划编辑　张　程　李卫峰　　　**责任编辑**　石　华　张　程
封面设计　郑　川　李尘工作室
出版发行　中国农业大学出版社
社　　址　北京市海淀区圆明园西路 2 号　　　**邮政编码**　100193
电　　话　发行部 010-62733489,1190　　　读者服务部 010-62732336
　　　　　编辑部 010-62732617,2618　　　出　版　部 010-62733440
网　　址　http://www.caupress.cn　　　**E-mail**　cbsszs@cau.edu.cn
经　　销　新华书店
印　　刷　河北朗祥印刷有限公司
版　　次　2023 年 12 月第 1 版　　2023 年 12 月第 1 次印刷
规　　格　185 mm×260 mm　　16 开本　　18 印张　　415 千字
定　　价　57.00 元

图书如有质量问题本社发行部负责调换

应用型本科食品科学与工程类专业系列教材
编审指导委员会委员

（按姓氏拼音排序）

编审人员

主　编　王德国（许昌学院）

　　　　　邹　建（河南牧业经济学院）

副主编　李春英（河南农业大学）

　　　　　马雪梅（安阳工学院）

参　编　连文绮（晋中信息学院）

　　　　　李　真（河南农业大学）

　　　　　曾英男（吉林农业科技学院）

　　　　　楠　极（内蒙古医科大学）

　　　　　杨盛茹（河南牧业经济学院）

　　　　　靳晓琳（河南牧业经济学院）

　　　　　王明星（洛阳师范学院）

　　　　　张永清（许昌学院）

　　　　　许美娟（河南牧业经济学院）

主　审　张根华（常熟理工学院）

出版说明

随着世界人口增长、社会经济发展、生存环境改变，人类对食品供给、营养、健康、安全、美味、方便的关注不断加深。食品消费在现代社会早已成为经济发展、文明程度提高的主要标志。从全球看，食品工业已经超过了汽车、航空、信息等行业成为世界上的第一大产业。预计未来 20 年里，世界人口每年将增加超过 7 300 万人，对食品的需求量势必剧增。食品产业已经成为民生产业、健康产业、国民经济支柱产业，在可预期的未来更是朝阳产业。

在我国，食品消费是人生存权的最根本保障，食品工业的发展直接关系到人民生活、社会稳定和国家安全，在国民经济中的地位和作用日益突出。食品工业在发展我国经济、保障人们健康、提高人民生活水平方面发挥着越来越重要的作用。随着新时代我国工业化、城镇化建设和发展特别是全面建成小康社会带来的巨大的消费市场需求，食品产业的发展潜力巨大。

展望未来食品科学技术和相关产业的发展，有专家指出，食品营养健康的突破，将成为食品发展的新引擎；食品物性科学的进展，将成为食品制造的新源泉；食品危害物发现与控制的成果，将成为安全主动保障的新支撑；绿色制造技术的突破，将成为食品工业可持续发展的新驱动；食品加工智能化装备的革命，将成为食品工业升级的新动能；食品全链条技术的融合，将成为食品产业的新模式。

随着工农业的快速发展，环境污染的加剧，食品中各种化学性、生物性、物理性危害的风险不同程度地存在或增大，影响着人民群众的身体健康与生命安全以及国家的经济发展与社会稳定；同时，不断增长的各种与食物有关的慢性疾病对食品的营养、品质和安全提出了更高的要求。

鉴于以上食品科学与行业的发展状况，我国对食品科学与工程类的人才需求量必将不断增加，对食品类人才素质、知识、能力结构的要求必将不断提高，对食品类人才培养的层次与类型必将发生相应变化。

2015 年教育部 国家发展改革委 财政部发布《关于引导部分地方普通本科高校向应用型转变的指导意见》(教育部 国家发展改革委 财政部 2015 年 10 月 21 日 教发〔2015〕7 号。以下简称《转型指导意见》)。《转型指导意见》提出，培养应用型人才，确立应用型的类型定位和培养应用型技术技能型人才的职责使命，根据所服务区域、行业的发展需求，找准切入点、创新点、增长点。抓住新产业、新业态和新技术发展机遇，以服务新产业、新业态、新技术为突破口，形成一批服务产业转型升级和先进技术转移应用特色鲜明的应用技术大学、学院。建立紧密对接产业链、创新链的专业体系。按需重组人才培养结构和流程，围绕产业链、创新链调整专业设置，形成特色专业集群。通过改造传统专业、设立复合型新专业、建立课程超市等方式，大幅度提高复合型技术技能人才培养比重。创新应用型技术技能型人才培养模式，建立以提高实践能力为引领的人才培养流程和产教融合、协同育人的人才培养模式，实现专业链与产业链、课程内容与职业标准、教学过程与生产过程对接。

为了贯彻落实《转型指导意见》精神，更好地推动应用型高校建设进程，充分发挥教材在教育教学中的基础性作用，近年来，中国农业大学出版社就全国高等教育食品科学类专业教材出版和使用情况深入相关院校和教学一线调查研究，先后3次召开教学研讨会，总计有400余人次近200名食品院校专家和老师参加。在深入学习《转型指导意见》《普通高等学校本科专业类教学质量国家标准》(以下简称《标准》)和《工程教育认证标准》(包括《通用标准》和食品科学与工程类专业《补充标准》)的基础上，出版社和相关院校达成高度共识，决定建设一套服务于全国应用型本科院校教学的食品科学与工程类专业系列教材，并拟定了具体建设计划。

历时4年，"应用型本科食品科学与工程类专业系列教材"终于与大家见面了。本系列教材具有以下几个特点：

1. 充分体现《转型指导意见》精神。坚持应用型的准确类型定位和培养应用型技术技能型人才的职责使命。教材的编写坚持以"四个转变"为指导，即把办学思路真正转到服务地方经济社会发展上来，转到产教融合、校企合作上来，转到培养应用型技术技能型人才上来，转到增强学生就业创业能力上来。强化"一个认识"，即知识是基础、能力是根本、思维是关键。坚持"三个对接"，即专业链与产业链对接、课程内容与职业标准对接、教学过程与生产过程对接，实现教材内容由学科学术体系向生产实际需要的突破和从"重理论、轻实践"向以提高实践能力为主转变。教材出版创新，要做到"两个突破"，即编写队伍突破清一色院校教师的格局，教材形态突破清一色的文本形式。

2. 以普通高等学校本科专业类教学《教学质量国家标准》为依据。2018年1月《普通高等学校本科专业类教学质量国家标准》正式公布(以下简称《标准》)。此套教材编写团队认真对照《标准》，以教材内容和要求不少于和低于《标准》规定为基本要求，全面体现《标准》提出的"专业培养目标"和"知识体系"，教学学时数适当高于《标准》规定，并在教材中以"学习目的和要求""学习重点""学习难点"等专栏标注细化体现《标准》各项要求。

3. 充分体现《工程教育认证标准》有关精神和要求。整套教材编写融入以学生为中心的理念、教学反向设计的理念、教学质量持续改进的理念，体现以学生为中心，以培养目标和毕业要求为导向，以保证课程教学效果为目标，审核确定每一门课程在整个教学体系中的地位与作用，细化教材内容和教学要求。

4. 整套教材遵循专业教学与思政教学同向同行。坚持以立德树人贯穿教学全过程，结合食品专业特点和课程重点将思想政治教育功能有机融合，通过专业课程教学培养学生树立正确的人生观、世界观和价值观，达到合力培养社会主义事业建设者和接班人的目的。

5. 在新形态教材建设上努力做出探索。按课程内容教学需要，按有益于学生学习、有益于教师教学的要求，将纸质主教材、教学资源、教学形式、在线课程等统筹规划，制定新形态教材建设工作计划，有力推动信息技术与教育教学深度融合，实现从形式的改变转变为方法的变革，从技术辅助手段转变为交织交融，从简单结合物理变化转变为发生化学反应。

6. 系列教材编写体例坚持因课制宜的原则，不做统一要求。与生产实际关系比较密切的课程教材倡导以项目式、案例式为主，坚持问题导向、生产导向、流程导向；基础理论课程教材，提倡紧密联系生产实践并为后续应用型课程打基础。各类教材均在引导式、讨论式教学方面做出新的尝试。

希望"应用型本科食品科学与工程类专业系列教材"的推出对推进全国本科院校应用型转型工作起到积极作用。毕竟是"转型"实践的初次探索，此套系列教材一定会存在许多缺点和不足，恳请广大师生在教材使用过程中及时将有关意见和建议反馈给我们，以便及时修正，并在修订时进一步提高质量。

中国农业大学出版社

2020 年 2 月

前　言

党的二十大报告指出，树立大食物观，发展设施农业，构建多元化食物供给体系。食品感官评价是食品质量与安全快速、直观、灵敏检测与监控的重要技术手段，食品感官指标是食品安全预警和变质、掺假检验的主要依据。感官评价发展至今，欧美等发达国家的大型食品企业内部均具有一个成熟的感官评价团队，该团队能够及时评估企业内部的产品（包括成熟的畅销产品及新产品），使经营者能随时了解企业的生产及科研能力，如新产品配方的表现情况、产品的感官货架期等。同时，部分功能完善的感官实验室还配套了一些理化分析仪器和电子感官分析仪器，如气相色谱、液相色谱、电子鼻、电子舌、电子眼、荧光光度计、粒度仪、质构仪等，结合人工感官评价与仪器分析技术，能够快速有效地评价产品的感官特性。近年来，我国的一些大型食品加工企业也逐渐意识到食品感官评价技术的重要性，并将该技术运用于食品生产和质量控制过程，但在实际应用过程中缺乏规范性、严谨性和科学性，对感官评价技术的研究及应用落后于发达国家。我国大部分食品企业无标准化感官评价实验室，缺乏经过专业培训的感官评价员，极少采用科学的感官评价方法，直接影响企业以市场为导向的自主创新能力，与发达国家的食品加工企业存在较大差距。

本教材除介绍食品感官评价的原理、感觉的基础、食品感官评价的环境条件、评价员的选拔与培训、食品感官评价的几大类检验方法等基础知识之外，力图结合中国的国情和课程特点，更加注重实用性和教学需要，尽量简化烦琐的统计学理论，加大应用案例，使教材的可读性和实用性更强。感官评价作为独立的工具，贯穿于产品的研发全过程。在产品研发过程中，感官评价技术可以运用于产品的定位、开发、改进等各个环节，分析竞争对手的优势并持续改进现有的产品，已成为食品企业的决策基础之一。在质量控制过程中，感官评价可以保证产品符合相关标准及检测过程中物料质量（包括原料和成品）与标样相符，并可对储存过程中质量的变化进行追踪。通过与研发、生产和市场等部门的合作，以感官评价作基础，建立可靠而有效的检验程序，强化产品质量的分类和标准化，成为产品研发和客户投诉处理的基础。

高效的感官评价方法，一方面能够降低研发成本，另一方面能够提高研发效率，为企业在市场竞争中获取先机。本教材不仅可作为高等院校教材，对食品企业和科研院所技术人员也具有一定的参考价值。

编者

2023 年 8 月

目　录

HAPTER 1

第1章 感官评价导论

【学习目的和要求】

了解感官评价的发展史;掌握感官评价的定义;理解生理学和心理学在感官评价中的作用;了解感官评价在商业环境中的作用及影响其成功的因素

【学习重点】

感官评价的意义。

【学习难点】

生理学和心理学在感官评价中的作用。

随着工业化程度的提高及消费者导向市场的转变，仅靠测量和分析检验来评价食品就显得远远不够了，此时，食品感官评价就显得尤为重要。因此，本章主要介绍了感官评价的发展历程和发展背景、感官评价的定义和作用以及感官评价中涉及的生理学心理学观点和影响其评价成功的因素。

1.1 概　　述

随着经济的发展、市场导向的转变，理化分析手段已不能满足人们对产品检测的需求，此时感官评价变得日益重要。工业界和学术界认为感官评价是一个不可替代的检测工具，因其有特定的检验程序和特点。感官评价的应用不仅仅限定在食品行业，在工业用品使用性能的评定上也有其独特的作用。日渐完善的感官科学已经成为食品及消费品科学中一个公认的学科，是食品及消费品产业的一个重要组成部分。

感官评价已经逐步成为新产品开发、原料替换、产品品质改善等重要手段，也是影响消费者对产品购买意向的关键因素。尽管如此，感官评价在很多方面仍然需要改进，其一，感官、市场及生产之间的关系并不是很紧密；其二，人们对感官科学所依赖的一些基本原理缺乏准确的认知。企业在应用感官评价时存在的主要问题是感官评价的检验方法不能被恰当的应用，其结果也存在误读，这门分析检测技术还是没有被很好地理解。合格专业的感官评价人员还很少，大多数还在培训中，这门科学并未得到与之潜力相匹配的社会地位。未来我们要做的是完善感官科学，开发整合资源，将其应用到商业环境中，这样的目标也有利于人们更好地理解感官科学。

感官评价的实践应用是我们应关注的，但并不意味着我们可以忽略潜在的一些基础性问题，比如感官实验设计、结果的信度与效度等。信度和效度对于一个可信的评价程序及为企业提供发展可行性建议来说是十分必要的。感官评价人员必须准确传递信息，以保证企业员工明白做了什么，检验结果对于目标而言有什么意义及这样的研究是如何促进产品商业决策的。

在感官评价中，人是提供基本感官数据的测量仪器，所以感官评价人员的敏感性与其产生结果的信度有相关性，而其敏感性除了与其是否接受过培训以及接受过哪种培训有关外，还与个人感官差异性、环境、感情等因素有关。因此，人们在进行感官评价时尽量避免不利因素，以保证实验的成功和结果的可靠性。人们也在努力研究理化方法，期待其可以替代感官分析。尽管这些研究已经取得了一些进展，如用精确的数字来替代容易产生误解的语言，但感官感知的理化性能不明了。暂时没合理的理化分析方法来替代感官评价，理化分析在短时间内无法取代感官评价。

感官评价是一个外在发展中的领域，是研究食品感官品质属性结构、演化与测量的科学，是多学科交叉的应用学科，以食品的理化分析为基础，集心理学、生理学及统计学知识为一体，同时也是现代食品科学技术中最具特色的学科分支，也是现代食品科学技术及食品产业发展最迫切需要拓展的领域。

1.2　发展历史

最早的感官评价可以追溯到20世纪30年代左右。1935年，英国著名的统计学家R. A. Fisher在其论著中记述了一个与感官评定有关的实验，这是首次将统计学方法应用于感官评价。食品感官评价的发展是源于20世纪50年代，当时被称作为“食品感官鉴别”，用来检验食品的组分是否有所变化。20世纪60年代，食品感官鉴别演变成食品感官鉴评，通常由5～6人组成评定小组，对某种检测物质进行评价，最后综合组员的结论得到结果。这种方法在我国食品企业仍然经常使用。食品感官分析衍生于20世纪80年代，检验过程基于严格的实验设计和统计分析，需要评价员在专用的分析实验场所进行系统操作。此后，随着不断的探索和研究，其逐渐发展成一门成熟的学科。

现代食品感官评价科学在食品理化分析的基础上，综合生理学、统计学、实验学、计算机学、食品科学、食品加工等多学科知识，运用完善的评价员筛选、培训、评价和数据分析程序和方法，在新产品研制、产品改良、食品质量控制等领域均有应用。在发达国家中，凡设置食品科学学科的大学和研究所都设有专业的食品感官实验室，除用于教学和科研外，还向企业提供培训和咨询等服务。同时，大型食品加工企业设有独立的感官评定实验室，其人员相对稳定且经验丰富，能够随时检测企业内部的食品，并将结果递交给企业主管，使经营者可以随时了解企业的产品质量和科研能力。

我国只有少数高校和研究所建立了食品感官分析实验室，绝大部分食品生产企业没有标准化的感官分析实验室，且缺乏经过专业培训的专业技术人员。鉴于条件限制，食品企业极少采用感官分析方法进行新产品开发和食品质量控制与之相对应，我国缺少完善的食品感官评价标准化技术和应用指南，在食品企业的推广和示范力度有限。

感官评价技术的快速发展带动了对相关仪器、设备的研制。采用现代仿生技术，模拟哺乳动物的感官系统开发的电子鼻和电子舌设备为感官研究提供了技术条件，也为食品感官评价技术的应用提供了便利。

感官评价方法的改进并不是其可以持续发展的主要因素，之所以有发展机会主要归结于市场的变化，市场的全球化使得消费者对产品有了更多更好的选择。20世纪80年代，新产品的开发速度和上市率空前的高，然而其失败率竟高达98%。如此高的失败率导致人们开始关注感官评价及产品开发中的一些其他方法。市场的变化迫使人们接受感官评价，学习和了解感官评价，同时，感官评价程序已经全面使用，这些都预示着感官科学的光明未来。

感官评价经过漫长的历史发展已经由最初的原始感官评价阶段发展到了现代感官科学阶段。原始感官评价阶段并不是谁都可以参与评价过程的。其结果往往取决于某一专业感官的敏感性。为了克服原始感官评价的缺点，这门科学引进了生理学、心理学及统计学的相关成果，从而发展成了现代感官评价科学。现代感官评价科学取代了单一的权威方法，采用评价小组参与整个检验过程的办法，在评价员选择、实验环境、实验方案、结果处理等方面不再依靠经验和权威，而是依靠科学，这样承担的风险更小，提高了结果的准确性，使感官科学逐步发展成为更正规的、定量的和控制观测结果的方法。

1.3 感官评价的定义

感官评价，也称感官分析或感官体验。2008年颁布的国际标准ISO 5492对感官评价的定义是"science involved with the assessment of the organoleptic attributes of a product by the senses"，即感觉器官评价产品感官特性的科学。该定义突出了感官评价最重要的特点——以人作为"测量仪器"，一方面测量产品的颜色、滋味、气味、触感、声音等特性；另一方面获知产品所能引起的人的反应。

按照美国食品科学技术专家学会感官评价分会于1975年提出的定义，感官评价是人们用来唤起、测定、分析和解释食品及原料当中那些可以被人们的视觉、嗅觉、味觉、触觉、听觉所感觉到的特征反应的科学，通俗地讲，就是以人作为"测试工具"，借助人的眼睛、鼻、嘴、手、耳等感觉器官，对样品进行定量的测量与分析，了解人们对这些产品的感受或喜爱程度。这项定义包括4种活动：唤起、测定、分析和解释。

（1）唤起　在一定的控制条件下制备，处理和评价样品，减少各种影响因素，以便能正确唤起感官体验，使得测试结果客观精准，具有分析价值。评价的场所和程序尽量不要影响评价员感觉器官的正常发挥，例如，场所和环境要相对安静，评价员须经系统培训和考核，评价过程中要排除各类干扰，问卷设计、样品编排需要排除各种倾向。

（2）测定　在样品特征（属性）和评价员感知之间建立合理准确的定量关系，即数据采集过程。不同的评价目的需要采用不同的测试方法，合理的测试方法可以让评价员辨别样品中各属性的细微变化，变化比例以及喜好偏向等。通过配备标准测试样品，对评价员进行长期训练和特定考核，经培训考核通过的评价员须熟练掌握感官属性的定义及评判尺度，从而确保测评过程与测评结果的准确度，精确度和重现符合感官测评规范要求。

（3）分析　应用数据统计方法对感官评价测量数据进行分析。合适的统计方法和19分析手段在感官评价中至关重要。化妆品感官评价中常用的统计方法有算术平均法、标准偏差、t检验、单因素方差分析、SPSS单样本非参数检验、卡方检验和主成分分析等。

（4）解释　基于数据分析对结果做出合理的阐述，判断，包括实验方法、检测属性的数据、分析方法、统计工具、数据解读以及相关研究背景等。必要时，感官评价专家还需要提供某些指标的改进方法与建议，如油脂含量的增减、乳化剂的选择等。

1.4 生理学及心理学观点

感官评价是以人为主体，人的感官为测量工具的一门科学，人的心理和生理都会对结果的可靠性产生影响，自然感官科学中应用的一些原理会涉及心理学、生理学和心理物理学的相关知识，这些相关原理在感官科学中已经应用了相当长的时间。感官评价中涉及的生理学心理学观点均以人的感觉为主体，那又将如何对人的感觉进行分类呢？1970年Gekdard

指出，人有“五种特殊感觉”即为视觉、听觉、味觉、嗅觉及触觉，触觉又包含了温度、压力、疼痛等方面的感觉。

为了更好地了解人的感觉，我们从生理学与解剖学的角度来看一下，感觉是如何产生的。

每种感觉的产生都有其特定的产生器官和受体，以及将信号传递到大脑的神经通道。感觉产生的前提是需要有适当的刺激，受体器官受到刺激之后产生相应的信号再由神经通道传递到大脑，得出综合判断。在感觉产生的过程中，每种感觉受体具有专一性，也就是说，受体只对特定刺激做出反应，即听觉受体不会接受视觉刺激。但当所有刺激产生的信号到达大脑中枢神经之后，人的大脑会对这些刺激产生的信号进行整合和综合判断，这对于我们了解感官评价至关重要。换言之，虽然每种感觉受体具有专一性，但感官评价的结果是所有感觉的综合反映，是经过大脑整合之后得出的结论，我们不能说对产品的感官评价的结果是某一感觉的单纯作用，如果没有认识到感官评价的这一基本特征，后果则会很严重。试想一下，如果在对一种有视觉、嗅觉、味觉及质构特性的果酱进行评价时，若评价人员忽略视觉、嗅觉、味觉的作用，仅进行质构评价，即使已经将实验误差降到最低，依然会导致片面或错误的产品信息。

感官评价的心理物理学源头可追溯到19世纪40年代德国生理学家韦伯在研究重量感觉的变化时发现（被Boring引用），也有人认为是费希纳催生了心理物理学，因为他在韦伯研究的基础上找到了一种将生理世界和心理世界联系起来的方法。费希纳将研究重点放在了感知测量过程与其刺激的相关性上，他指出，因为感觉不能直接测量，所以有必要通过观察细微变化来反映感觉敏感度。为了明确细微变化，即两种刺激之间的最小感知量（just-noticeable-difference，JND），Fechner试图建立感觉的测量单位，并于1860年在《心理物理学纲要》一书中提出，一个单位的感觉对应一个JND，不同JND之间是对等的，进而得出表示刺激相应的方程式：

$$S = k\lg R$$

式中，S为感觉强度；k为常数；R为刺激强度。

该规律为费希纳定律，这一定律的提出不仅开创了心理物理学领域，而且引发了刺激与响应之间的真正关系的长期讨论与研究及统一感知理论的发展。很多反对Fechner的学者认为感觉强度是无法测量的，这一定律是没有任何意义的。对此反对最厉害的则是Stevens，他对刺激和响应之间的真正关系提出不同的见解。他认为，刺激比率和感觉比率是对等的，并没有Fechner所说的感觉差异。Stevens提出的心理物理定律的数学表达式为：

$$R = kS^n$$

$$\lg R = n\lg S + \lg k$$

式中，R为响应；k为常数；S为刺激浓度；n为指数。

幂次定律的提出推动了心理物理学关于感觉与刺激相关性研究的再次发展，也引发了许多关于感官形态的幂函数值的研究与讨论。此外，信号检测理论（signal detection theory）

的发展影响并加深了我们对感官评价领域的了解。但是任何一种理论的提出都会有支持者和反对者，这一定律也并不例外。由于 Weber 的实验观察结果对产品评定非常重要，所以其结果还是值得深入研究的。Weber 指出，不同产品之间的感觉差异程度应该是个常数，且与差异的比例有关，其数学表达式为：

$$K = \frac{\Delta R}{R}$$

式中，R 为刺激的强度；K 为 JND 常数。

许多学者研究指出，大量关于与刺激相关的实验结果尤其是食品相关的，通常都与 Weber 的原始观测结果保持良好的一致性。JND 还是被广泛地应用于产品的感官评价中，虽然有一些例外情况，但并不是所有的实验结果都可以完全符合这一数学表达式。

除了以上学者得出的定律外，心理学家 Thurstone 对感官评价，尤其是对食品的感官评价也做出了重要贡献。Thurstone 对比较判断定律(law of comparative judgement)进行了公式化，从而使用多重比较来获得不同产品的偏爱度估算值成为可能，同时，以该研究为基础，演化出很多至今仍被感官从业人员使用的很多规程和实践操作方法。

1.5 感官评价的作用

随着感官科学的逐步发展，其作用也发生了巨大的变化。早期，感官评价只是一个数据的提供者，而今，食品感官评价已经成为许多企业在新产品开发、产品质量管理、不同产品品质评价、市场产品检验等方面的重要手段，也是从事食品生产、营销管理以及消费者所必须掌握的一项技能。在产品开发初期，消费者检验和感官检验可以帮助确定重要的感官属性，从而提高产品在此类产品中的接受程度。除此之外，基于感官属性分类的目标消费者群体、产品竞争力及产品概念均可通过检验来进行判别。

感官评价在产品原料、成品、包装材料等方面均可应用，可作为产品质量品质保证的一个重要手段。感官检验可根据感官规范设定消费者的可接受度。对于不合格的产品而言，感官检验可以阻止其被投放到市场。感官评价可被用于确定产品在整个供应链中的货架期和产品变异性。

感官检验在市场调研中具有非常大的作用：一方面，可以通过感官评价和消费者检验了解产品的偏爱程度和可接受度；另一方面，了解市场走向，为市场调研提供数据支持，也可确保感官性质与品牌宣传和广告互补。此外，感官检验可与其他学科相结合，比如，仪器分析、脑成像技术、心理测试和基因组学等，为感官知觉和种族差异机制提供更大范围的见解。

1.6 感官检验成功的因素

感官检验和其他分析技术一样是一种检验食品质量优劣的方法。影响其检验成功的因素主要包括明确的实验目标、合理的实验设计、准确的数据分析、感官检验人员良好的道德行为以及专业的操作技能、分布合理的感官检验实验室等。此外，食品感官检验的检验工具是人的感官，而人的感官状态又常受环境、感情等很多因素的影响，因此，为了确保感官评价专业人员具有必需的技能和人际交往能力，其需要进行适当的培训。

思考题

1. 简述感官评价是在怎样的历史背景下发展起来的。
2. 简述什么是感官评价。
3. 简述感官评价在商业环境中具有的意义。
4. 简述感官评价中运用了生理学及心理学的哪些观点。
5. 简述感官评价在新产品开发中的作用。
6. 简述感官检验成功确保的因素。

HAPTER 2

第2章 人类的感官及其属性

【学习目的和要求】

理解感觉是反映客观事物的个别属性或特性的基础；了解一些常用的食品感官属性以及识别这些属性的途径，为正确地进行食品感官评价打下基础；了解口腔加工对食品口感形成的重要性。

【学习重点】

感官的基本规律；人们对食品感官的识别途径；口腔加工的基本过程。

【学习难点】

嗅觉和味觉的识别。

感觉反映客观事物的个别属性或特性。感觉由感官(即感觉器官)产生,是人类最初级的心理过程,是其他一切较高级复杂心理活动的基础,其他一切心理活动都是在感觉所得材料的基础上产生和发展的。通过感觉人获得有关事物的某些外部的特征或个别的特征,如形状、颜色、大小、气味、滋味、质感等。人与人的感觉存在差异,具体差异的大小可用感觉阈值表示。食品感官的识别途径包括视觉、触觉、嗅觉、三叉神经感觉、味觉、听觉。食品口腔加工是一个动态过程,包括一系列高度协调的口腔运动,同时为人类提供愉悦的感官体验。食品在口腔中经历破碎、聚集成团、水解和稀释等过程,最终触发吞咽。食品口腔加工过程,尤其是咀嚼和唾液对口感形成格外重要。因此,食品口腔加工是近年来兴起的食品科学与营养研究的新领域,在食品质地研究中被逐渐受到重视。

2.1 食品感官属性的分类

2.1.1 感觉的属性

1. 概念

感觉(sensation)是客观事物在人脑中的主观反映,即客观事物的各种特征和属性通过刺激人的不同的感觉器官引起兴奋,经神经传导反映到大脑皮层的神经中枢,从而产生的反应,而感觉的综合就形成了人对这一事物的认识及评价。感觉是人类神经系统反映机体内外环境变化的一种特殊功能,人类的感觉是大脑对外界环境、自身状况及其变化情况的认知。感觉的形成首先要通过各种感受器接受内外环境的刺激并转化为神经冲动,冲动经特定的传入途经传至特定的中枢后加以分析而成。因此,各种感觉都是由感受器(感觉细胞)、特定的传入神经及相应中枢的共同活动完成的。

感觉反映客观事物的个别属性或特性。任何事物都是由许多属性组成的。人们对食品的感觉是由于任何食品都有一定的特征,每一种特征通过刺激人的某一感觉器官引起兴奋,经神经传导反映到大脑皮层的神经中枢,从而产生了感觉,如颜色和形状刺激视觉器官,质地通过触觉反映到大脑。一种属性产生一种感觉,感觉的综合就形成了人对某一食品的认识及评定,所以感觉是客观事物的不同特性在人脑中引起的反应,是最简单的心理过程,是形成各种复杂心理的基础。

2. 分类

任何事物都是由许多属性组成的。例如,一块面包有颜色、形状、气味、滋味、质地等属性。不同属性通过刺激不同感觉器官反映到人的大脑,从而产生不同的感觉。感觉是客观事物的不同特性刺激感官后在人脑中引起的反应。根据感觉反映事物的属性,感觉可分为两大类:外部感觉和内部感觉。外部感觉接受机体外的刺激,反映外界事物的个别属性。属于外部感觉的有视觉、听觉、嗅觉、味觉、触觉,这也是人类的 5 种基本感觉。内部感觉接受机体内的刺激,反映身体的位置、运动和内脏器官的不同状态。属于内部感觉的有运动觉、平衡觉(又称位置觉)、机体觉等。虽然人类所产生的感觉是最简单的心理过程,但它是形成一系列高级、复杂心理过程的基础和前提。人体主要的感觉类型见表 2-1。

表 2-1 感觉的类型

感觉类型	感受器官	感受器名称	感觉内容
视觉	眼	视杆和视维细胞	色、形、大小、光泽
听觉	耳	耳蜗毛细胞	动感音的大小、高低、咬碎音
嗅觉	鼻	嗅神经元	香气
味觉	舌	味蕾	酸、甜、咸、苦等
触-压觉	口唇、舌、皮肤	游离神经末梢、毛囊感受器、Meissner 小体等	压力感
速度觉	耳	半规管、椭圆囊和球囊	直线加速度、旋转加速度
固有感觉	肌肉	腱器官神经末梢	运动、用力感
内脏感觉	内脏、体腔膜	神经末梢	饥饿、渴

3. 属性

其他一切心理活动都是在感觉所得材料的基础上产生和发展的,具有如下属性。

①人的感觉可以反映外界事物的属性。事物的属性是通过人的感官反映到大脑被人们所认知的,感官是感觉事物的必要条件。例如,通过感觉,我们获得了关于食品的颜色、气味、味道、冷热、粗糙、光滑等信息。

②人的感觉不仅反映外界事物的属性,也反映人体自身的活动和舒适情况。人之所以知道自己是躺着或是走着,是愉悦还是忧郁,正是凭借对自身状态的感觉。

③外界信息输入大脑是感觉最先提供了一切,有了感觉,才会有随后一切高级心理感受,所以感觉对人的生活有重要作用和影响。

④感觉的敏感性因人而异,受先天和后天因素的影响。人的某些感觉可以通过训练或强化获得特别的发展,即敏感性增强。反之,当某些感觉器官发生障碍时,其敏感性降低甚至消失。

2.1.2 感觉阈值

阈值,又叫临界值,是指一个效应能够产生的最低值或最高值。其广泛用于建筑学、生物学、飞行、化学、电信、电学、心理学等方面。

感觉的产生需要有适当的刺激。所谓适当刺激是指能够引起感受器有效反应的刺激,刺激强度太小不能引起感受体的有效反应,而刺激强度太大则会使反应过于强烈而失去感觉,这两种状况都产生不了感觉,即必须有适当的刺激强度才能引起感觉。这个强度范围称为感觉阈值。它是指从刚好能引起感觉到刚好不能引起感觉的刺激强度范围。如人的眼睛只能对波长范围在 380～780 nm 的光波刺激产生视觉。在该范围以外的光刺激均不能引起视觉，这个波长范围的光被称为可见光，也就是人的视觉阈值。因此，对各种感觉来说，它们都有一个感受体所能接受的外界刺激变化范围。感觉阈值就是指感官或感受体对所能接受的刺激变化范围的上、下限以及对这个范围内最微小变化感觉的灵敏程度。依照测量技术和目的的不同，感觉阈值的概念可分为下列几种。

1. 绝对感觉阈值

绝对感觉阈值是指以使人的感官产生一种感觉的某种刺激的最低刺激量，为下限，到导致感觉消失的最高刺激量，为上限的刺激强度范围值。

2. 察觉阈值

对刚刚能引起感觉的最小刺激量，称之为察觉阈值或感觉阈值下限。

3. 识别阈值

对能引起明确感觉的最小刺激量，称之为识别阈值。

4. 极限阈值

对刚好导致感觉消失的最大刺激量，称之为感觉阈值上限，又称为极限阈值。

5. 差别阈值

差别阈值是指感官所能感受到的刺激的最小变化量。差别阈值不是一个恒定值，它随某些因素，如环境的、生理的或心理的变化而变化。

感受性是感觉器官对适宜刺激的感觉能力。感受性的衡量指标是感觉阈值。感受性与感觉阈值成反比，感觉阈值越低，感受性越高。不同个体及同一个体的不同身心状态，其感受性是有差异的。年龄、功能状态、情绪、个人意向等因素对感受性都有明显影响。感受性随年龄增长呈现先上升、后下降的变化，青年期达高峰，老年期感受性普遍下降。老年人对视、听、嗅、味的感觉越来越迟钝，但对痛的感觉有上升的趋势。当机体处于疲劳状态时，感受性降低。人患病时可能变得对声、光、温度等非常敏感，甚至对自己内脏的活动及身体的姿势也非常敏感，从而直接影响睡眠和情绪。因此，筛选感官评价者时的前提是被选者尽量为 60 岁以下身体健康人群。

2.1.3 感官的特征

感官即感觉器官，由感觉细胞或一组对外界刺激有反应的细胞组成，这些细胞获得刺激后能将这些刺激信号通过神经传导到大脑。高等动物最重要的感觉器官，如眼（视觉）、耳（位听觉）、鼻（嗅觉）、舌（味觉）等都分布在头部，称为特殊感觉器官（special sense organ）。

食品的评价过程主要凭眼睛、鼻子、口腔，即所谓的视觉器官、味觉器官和嗅觉器官。味觉、嗅觉和视觉除了有感觉的共性外，还有各自的特性。

1. 味觉器官

人的味觉感受器主要在舌和邻近的腭上面。舌面上有许多突起物称为乳头，这些乳头上分布着约 9 000 个味蕾，每个味蕾由 40～60 个味细胞组成。整个舌面上约有 50 万个味细胞。味觉应满足以下 6 点。

①刺激必须是水溶性的。

②感受味蕾在舌面上分布不同，对各刺激的敏感不同。舌根对苦最敏感；舌尖对甜最敏感；对咸味起反应的味蕾主要位于舌头两侧；而对酸味最敏感的地方是舌头中间到两侧的中间部位，并随着舌尖舌根的方向移动逐渐减弱。

③味觉的刺激与温度有关。最能刺激味觉的温度是 10～40 ℃，最敏感的温度是 21～30 ℃(接近舌温)。随着温度的增加，甜味、双乙酰的感觉增强(37 ℃是甜味的最高点，超过该温度又逐渐减弱)；苦味、涩味稍减弱；咸味在 21 ℃时最为敏感，温度升高则减弱；酸味的刺激在 0～40 ℃基本不变，辣、涩属于物理刺激。

④从刺激到反应的快慢不同，一般来说咸最快，苦最慢。

⑤味刺激存在相互影响，如吃蔗糖后感觉水有酸味；吃盐后感觉水有酸苦味。

⑥同物异味，异物同味。

2. 嗅觉器官

鼻腔是人类感受气味的嗅觉器官，嗅觉最主要的感受器，是嗅细胞，它位于上鼻道及鼻中隔后面积约 5 cm^2 的嗅黏膜中。嗅细胞在受到嗅感物质即气味刺激时由嗅细胞将其接受并传递到嗅觉中枢后形成嗅觉。

3. 视觉器官

视觉器官受光线强弱影响。在人类产生感觉的过程中，感觉器官，或者感受器直接与客观事物特性相联系。感官存在于人体外部，不同的感官对于不同的外部刺激有较强的选择性。因此，感官具有如下共同特征。

①对周围环境和机体内部的化学和物理变化非常敏感。感觉是感官受到刺激并产生神经冲动形成的，而刺激是由周围环境而来的，冲动则与机体内部的物理、化学变化直接相关。

②一种感官只能接受和识别一种刺激。人体产生的嗅觉是通过鼻子这个感觉器官感受到的，而味觉是通过舌头来感受的，视觉则是由眼睛来感受的。

③只有刺激量达到一定程度才能对感官产生作用。这是刺激感觉阈值的问题，刺激必须要有适当的范围。

④在某种刺激连续施加到感官一段时间后，感官会产生疲劳(适应)现象，感官灵敏度随之明显下降。基本上所有的感官均有这样的现象。

⑤心理作用对感官识别刺激有很大的影响。感觉是人通过感觉器官对客观事物的认知，但是在接受感觉器官刺激时受心理作用的影响也是非常巨大的。人的饮食习惯和生活环境对食品是否被接受起着决定性作用，很难想象一个不习惯某种食品的感官评价员会对这种食品做出喜爱的评价，如南方人喜欢吃清淡食品，若让其评价川菜，一般不会给予很高评价。在感官评价时，评价员的心情也会极大地影响感官评价的结果：心情好时会给予食品

较高的评价;心情差时则会降低食品的评分。

⑥不同感官在接收信息时会相互影响。人对事物的认知是通过感觉器官进行的,多个感觉器官形成的各种感觉综合为一种事物的属性。而各种感官所接收到的刺激又会相互影响。如在具有强烈不愉快气味的环境中进行食品感官评价时,就很难对食品产生强烈的食欲和做出正确的评价。

2.1.4 感官的基本规律

感官会因与环境之间的相互作用而发生感官疲劳或感官之间的相互影响现象。感官的基本规律大体可分以下 7 类。

1. 感官适应性

如果感觉器官接受刺激后,刺激强度不变,经过一段时间后,则感觉会逐渐减小,乃至消失,这种现象称为"适应"。如果我们从强光下走近暗室,起初什么也看不见,经过几分钟,就能看到周围的东西;我们在品闻葡萄酒香气时,通常是在静止状态下先闻一下酒,摇晃酒杯后再闻一下,这种手法是为了使嗅觉对酒香有一个适应,前期气味弱的时候给嗅觉一个初步的刺激,摇晃后酒的香气更浓,会进一步地刺激嗅觉,提高嗅觉的敏感度。除痛觉外,适应现象几乎在所有感觉中都存在,但适应的表征和持续时间是不同的。除视觉暗适应外,大多各种感觉适应性表现为感受性逐渐下降,乃至消失。触觉和压觉适应最快。对光的适应分为明适应和暗适应:明适应是指从暗处进入明处适应过程;暗适应则相反。

2. 感官疲劳和麻痹

当一种刺激长时间施加在一种感官后,该感官就会产生疲劳现象。疲劳现象发生在感官的末端神经、感受中心的神经和大脑的中枢神经,疲劳的结果是感官对刺激感受的灵敏度急剧下降。若嗅觉器官长时间嗅闻某种气体,就会使嗅感受体对这种气味产生疲劳,敏感性逐步下降,随着刺激时间的延长,甚至达到忽略这种气味存在的程度。中国有句古话叫"入芝兰之室,久而不闻其香"。例如,我们在花店里待久了就会觉得花店里的香气没有我们刚进来时浓烈了,其实并不是花店里花香的程度减低了,而是我们长时间闻这些香气导致嗅觉敏感度降低。如果离开一会儿再回来,那种强烈的花香就会随着我们的感官灵敏度恢复而感受到。感官的疲劳程度依所施加刺激强度的不同而有所变化,在去除产生感官疲劳的强烈刺激之后,感官的灵敏度会逐渐恢复。一般情况下。感官疲劳产生越快,感官灵敏度恢复就越快。值得注意的是,强烈刺激的持续作用会使感官产生疲劳,敏感度降低,而微弱刺激的结果会使敏感度提高。

3. 对比现象

当两个刺激同时或连续作用于同一个感觉器官时,一个刺激的存在造成了另一个刺激增强的现象称为对比增强现象。在感觉这两个刺激的过程中,两个刺激量都未发生变化,而感觉上的变化只能归于这两种刺激同时或先后存在时对人心理产生的影响。例如,在

150 g/L 蔗糖溶液中加入 17 g/L 的氯化钠后，会感觉甜度比单纯的 150 g/L 蔗糖溶液要高。在吃过糖后，再吃山楂会感觉山楂特别酸。如果先品饮甜葡萄酒再喝干白葡萄酒，就会觉得明显比单独品尝干白时酸多了，这些均为常见的先后对比增强(或对比加强)现象。

若一种刺激的存在减弱了另一种刺激，这种现象称为对比减弱现象。例如，如果我们先喝中国的米醋或食用口味重的食品后再喝葡萄酒，往往会觉得葡萄酒淡而无味。对比现象提高了两个同时或连续刺激的差别反应。因此，在进行感官评价时，应尽量避免对比现象的发生。

4. 变调现象

当两个刺激先后施加时，一个刺激造成另一个刺激的感觉发生本质的变化现象，称为变调现象(或称变味现象)。例如，尝过氯化钠或奎宁后，即使再饮用无味的清水，也会感觉有甜味。虽然对比现象和变调现象都是前一种刺激对后一种刺激的影响，但后者影响的结果是本质的改变。

5. 叠加现象

当两种或两种以上的刺激同时施加时，感觉水平超出每种刺激单独作用效果叠加的现象，称为叠加现象(或称相乘作用)。例如，20 g/L 的味精和 20 g/L 的核苷酸共存会使鲜味明显增强，增强的强度超过 20 g/L 的味精单独存在的鲜味与 20 g/L 核苷酸单独存在的鲜味的加和。相乘作用的效果广泛应用于复合调味料的调配中。

6. 掩盖现象

当两个强度相差较大的刺激，同时作用于同一感官时，往往只能感觉出其中的一种刺激，这种现象称为掩盖现象(或称掩蔽现象)。例如，我们在品尝多数红葡萄酒，特别是新世界的浓郁红葡萄酒时往往感觉不出酒中的酸味，其实并不是这些葡萄酒中没有酸味，而是浓郁的红葡萄酒中的其他物质，如单宁、酒精、甘油等，掩盖了酒的酸味；当两个强度相差很大的声音传入双耳时，我们只能感觉到强度较大的一个声音，即在进行两种或两种以上的刺激时，降低了感官对其中某种刺激的敏感性或使该刺激的感觉发生了改变。

7. 拮抗作用

由某种刺激的存在导致另一种刺激的减弱或消失，称为拮抗作用或阻碍作用。如啤酒较重的老化味会掩盖其他的缺陷，在五杯选优中常出现这种现象。

2.1.5 食品感官属性的分类

在识别食品的感官属性时，我们通常按照下面的顺序进行：①外观；②气味/香味/芳香；③浓度、黏度与质构；④风味(芳香、化学感觉、味道)；⑤咀嚼时的声音。这些感官属性的种类是按照感官属性识别方式的不同来划分的。其中，“风味”是指食品在嘴里经由化学感官所感觉到的一种复合印象，它不包括外观和质构。“芳香”用于指示食物在咀嚼时产生的挥发性物质，是通过后鼻腔的嗅觉系统识别的。

在属性识别过程中，大部分(甚至所有的)属性都会部分重叠，即评价员感受到的是几乎所有感官属性印象的混合，未经培训的评价员很难对每种属性做出一个独立的评价。

1. 外观

外观通常是决定我们是否购买一件商品的唯一属性。如表面的外观粗糙度、表面印痕的大小和数量、液体产品容器中沉淀的密度和数量等。对于这些简单而具体的品质而言，评价员几乎不需要经过训练就能够很容易地对产品的相关属性进行描述和介绍。在感官评价时，若主要评价食品的内部品质(如风味)，可采用有颜色的灯光或不透明的容器来屏蔽外观的影响。表观属性通常如下所示。

1)颜色

不同的食品显现着各不相同的颜色，例如，菠菜的绿色、苹果的红色、胡萝卜的橙红色等，这些颜色是食品中原来固有的。颜色是食品的主要表观特征之一。长期以来，人们已经对食品的颜色有了固有的观念，因此颜色对人的影响不仅仅是视觉上的，还是赋予人们对食品品种、品质优劣、新鲜与否的联想。

2)大小和形状

大小和形状包括长度、厚度、宽度、颗粒大小、几何形状(方形、圆形等)。食品的大小和形状是国家以及地区分级标准的重要因素，容易测定。如水果、蔬菜可以通过一定尺寸的网孔进行分级，大小也可通过质量进行近似估计。

3)表面的质构

表面的钝度或亮度，粗糙与平坦；表面是湿润或干燥，柔软或坚硬，易碎或坚韧。

4)澄清度

透明液体或固体的混浊或澄清程度，是否存在肉眼可见的颗粒。

5)碳酸的饱和度

碳酸饮料主要观察倾倒时的起泡度(常采用 Zahm-Nagel 装置——二氧化碳测定仪测定)，并依据表 2-2 来判断。

表 2-2 碳酸的饱和度的判断

碳酸饱和度	起泡程度	示例
<1.5	无	不充气饮料
1.5～2.0	轻	果汁饮料
2.0～3.0	中	啤酒、苹果酒
3.0～4.0	重	软饮料、香槟

2. 气味/香味/芳香

大多数食品本身含有香气物质，尤其是水果、蔬菜。当食品的挥发性物质进入鼻腔时，它的气味就会被嗅觉系统所识别。香味是食品的一种气味，芬芳是香水或化妆品的气味。而芳香既可以指一种令人愉悦的气味，也可以代表食品在口腔时通过嗅觉系统所识别的挥发性香味物质。

从食品中释放的挥发性物质的数量是受温度和组分的性质影响的。挥发度也会受到表面条件的影响，在一定温度下，从柔软、多孔和湿润的表面比从坚硬、平滑和干燥的表面会释放出更多的挥发性物质。

许多气味只有在酶反应发生时才会从剪切面释放出来(如洋葱的味道)。气味分子必须通过气体(可能是大气、水蒸气或工业气体)传输，所识别的气味强度才能按气体比例测定出来。

3. 黏度、浓度与质构

1)黏度

黏度、浓度与质构与外观一样，均属于食品的物理特性。

黏度是指液体在某种压力下(如重力)的作用下流动的速度。不同物质的黏度差异很大，它能被准确测量出来，并且变化范围大概在 10^{-3} Pa·S(水和啤酒类)到 1 Pa·S(果冻类产品)之间。

2)浓度

浓度(如浓汤、酱油、果汁、糖浆等液体)在原则上也能被测量出来，用以评定非牛顿液体、均一的液体和半固体。实际上，一些标准化需要借助于浓度计。

3)质构

质构是产品结构或内部组成的感官表现。这种表现来源于两种行为：①产品对压力的反应通过手、指、舌、颌或唇的肌肉运动知觉测定其机械属性(如硬度、黏性、弹性等)；②产品的触觉属性，通过手、唇或舌、皮肤表面的触觉神经测量其几何颗粒(粒状、结晶、薄片)或湿润特性(湿润、油质、干燥)。质构始终是产品属性中一个重要的特性，用以评定固体或半固体。可以说与产品的口感紧密相关的一个属性。食品的质构特性是消费者判断许多食品质量和新鲜度的主要标准之一。当一种食品进入人们口中时，通过硬、软、脆、湿度、干燥等感官感觉就能够判断食品的一些质量，如新鲜度、陈腐程度、细腻度以及成熟度等。

4. 风味

风味为食物刺激味觉或嗅觉受体而产生的各种感觉的综合。为了感官评价的目的，可以将其更狭义地定义为食品在嘴里经由化学感官所感觉到的一种复合印象。按照这个定义，风味可以分为：①芳香即食物在嘴里咀嚼时，后鼻腔的嗅觉系统识别出释放的挥发性香味物质的感觉；②味道即口腔中可溶物质引起的感觉(咸、甜、酸、苦)；③化学感觉因素在口腔和鼻腔的黏膜里刺激三叉神经末端产生的感觉(苦涩、辣、冷、鲜味等)。

5. 声音

声音是一个次要的感官属性，但也不能忽视。它主要产生于食品的咀嚼过程。在通常情况下，通过测量咀嚼时产生声音的频率、强度和持久性，尤其是频率与强度有助于鉴评员的整个感官印象。食品破碎时产生声音频率和强度的不同可以帮助我们判断膨化食品是否吸潮，如薯片、雪饼、虾条等。而声音的持久性可以帮助我们了解其他属性，如强度、硬度(如咀嚼时产生吱吱响的声音)、浓度(如液体)。表 2-3 列出了常见食品的声音属性。

表 2-3　食品的声音属性

声音属性	定义	描述
音质	声音的频率	松脆音
响度	声音的强度	嘎吱声
持久性	声音的持续时间	尖利声

2.2　人对食品感官的识别途径

2.2.1　食品感官的识别途径

食品感官的识别途径包括视觉、触觉、嗅觉、三叉神经感觉、味觉、听觉。

1. 视觉

视觉是人类重要的感觉之一。在人类认识世界、获取知识的过程中，90%的信息要靠视觉来获取。视觉是认识周围环境，建立客观事物第一印象的最直接和最简捷的途径。视觉是眼球接受外界光线刺激所产生的感觉。产生视觉的刺激物质是光波，只有波长在380～780 nm范围内的光波才是人眼可接受光波。当外部光线进入眼球后集中在视网膜时，视网膜的光敏细胞在接受这些光刺激后自身会发生变化而诱发电脉冲，这些脉冲经视神经和末梢传导至大脑，再由大脑转换成视觉。

视觉是人类和其他动物最为复杂、高度发展和重要的感觉。营销人员经常利用视觉刺激来沟通和传达其营销讯息，以此来吸引消费者购买。视觉上的刺激主要包括颜色、外形、大小等。

1）视觉器官

视觉是由眼、视神经及其传导路径和视觉中枢的共同活动完成的，可称之为视觉系统。眼是视觉系统的外周部分，是以光波为通路刺激的特殊感觉器官。人眼感受各种光波的刺激主要包括两个过程：一是折光过程，即外界物体发射或反射到眼的光线，经过眼的透明组织——角膜、房水、晶状体、玻璃体的折射，把物体成像在视网膜上（图 2-1）；二是感光过程，即视网膜感受光的刺激，并把光能转变为神经冲动，再通过视神经将冲动传入视觉中枢，从而产生视觉。通过视觉系统，人们能感知外界物体的轮廓、形状、大小、颜色、远近及表面细节等情况。

2）视觉产生机理

视觉是由眼接受外界光刺激，通过视神经、大脑中的视觉中枢的共同活动来完成的。从眼睛的角膜、瞳孔进入眼球，穿过如放大镜的晶状体，使光线聚焦在眼底，形成物体的像。图像刺激视网膜上的感光细胞，产生神经冲动，沿着视神经传到大脑的视觉中枢，在那里进行分析和整理，产生具有形态、大小、明暗、色彩和运动的视觉。

产生视觉刺激的物质是光波，但不是所有的光波都能被人所感受，只有波长在 380～

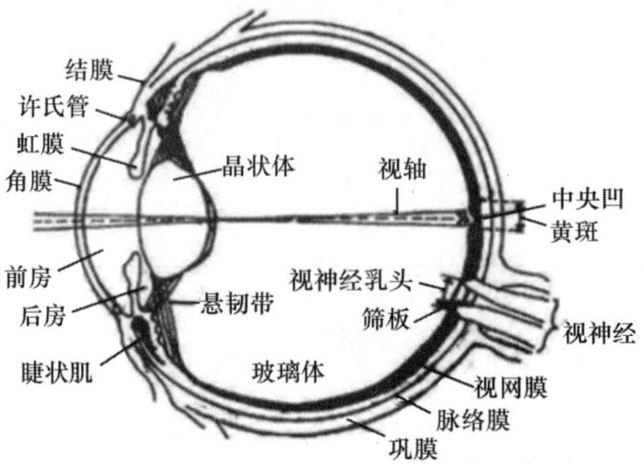

图 2-1　眼球的水平切面(右眼)

780 nm 范围内的光波才是人眼可接受的光波，属可见光部分，它仅占全部电磁波的 1/70，超出或低于此波长的光波都是不可见光。可见光分为两类：一类是由发光体直接发射出来的，如太阳光、灯光等；另一类是光源照射到物体表面，由反光体把光反射出来，我们平常所见的光多数是反射光，在完全缺乏光源的环境中，就不会产生视觉。

3)视觉的感受特征

(1)闪烁效应　一系列明暗交替的光线刺激眼球会产生闪烁感觉。当刺激频率的增加到一定程度时，闪烁感觉消失，由连续的光感所代替。出现上述现象的频率称为极限融合率(CFF)。在研究视觉特效、视觉与其他感觉之间的关系时，都以 CFF 值的变化为基准。

(2)色彩视觉　色彩视觉通常与视网膜上的锥形细胞和适宜的光线有关系。在锥形细胞上有三种类型的感受体，每一种感受体只对一种基色产生反应。代表不同颜色的不同波长的光波以不同强度刺激光敏细胞就会产生彩色感觉。每个人对色彩的分辨能力有一定差别。不能正确辨别红色、绿色和蓝色的现象称为色盲。色盲对食品感官评价有影响。

(3)暗适应和亮适应　在暗适应过程中，由于光线强度骤变，瞳孔会迅速扩大以适应这种变化，视网膜也逐步提高自身灵敏度使分辨能力增强。因此，视觉从一瞬间的最低程度渐渐恢复到该光线强度下正常的视觉；亮适应正与此相反，是从暗处到亮处视觉逐步适应的过程。亮适应过程所经历的时间比暗适应短。这两种视觉效应与感觉评价实验条件的选定和控制相关。除上述外，视觉感觉特征还有残像效应、日盲、夜盲等。

(4)对比效应　当我们同时观看黑色背景上的灰点和白色背景上的灰点时，会感到后者比前者亮一些；观察彩色也有类似情况，即暗背景中的彩色看起来比亮背景中的彩色明亮一些，这种对比效应称为亮度对比效应。当用同样大小的红色小纸片分别贴在亮度相等的灰色和红色板上时，红色纸板上的红色小纸片饱和度较低，称之为彩色饱和度对比效应。当我们把一张橘红色的纸放在红色纸旁边观看时，感到其比单独观看时更黄一些，而如果与黄色纸靠近，则橘红色显得更红些；当两张同样大小绿色纸片分别放在黄色和蓝色纸板上时，黄色纸板上的绿色带有蓝色，而蓝色纸板上的绿色带有黄色，称之为色调对比效应。面积不同的彩色样品，其色感不同。面积大的与面积小的相比，前者给人的明亮度和饱和度都有增强的感觉，这是面积对比效应。如果一种彩色包围另一种彩色，且被包围彩色的面积非常小，被包围彩色的主观效果有向周围彩色偏移的同化效应。

因此，在感官评价过程中的视觉评定应在相同的光照条件下进行，特别是同一次实验过程中的样品检查。在感官评价顺序中，由视觉判断物体的外观，确定物体的外形和色泽。食品的颜色变化会影响其他感觉的判断，正常颜色的食品才能调动味觉和嗅觉做出正确的判断，而异常色的食品会使其他感觉灵敏度下降，甚至不能正确感觉。通过视觉检测还可以初步了解产品的质量，如脂肪变黄表明脂肪已氧化酸败；罐头胀罐表明罐头可能已发生变质等。统计结果显示，食品颜色比食品的性质、食品质构等对食品的接受性影响更大。虽然食品的颜色可以用仪器测定，但食品的何种颜色可以增进食欲，更受消费者喜爱，是仪器不能预见的。因此，视觉评定在食品生产加工中占据很重要的地位，可以避免评价员在识别风味和质构上存在差别时做出有误的结论。

2. 触觉

触觉是皮肤表面承受某物体压力或触及某物时所产生的一种感觉。对于引起触觉的刺激强度而言，因身体各部位敏感度的不同而有很大的差异：舌尖、唇、指尖等部位比较敏感，而背、臀、腿等部位比较迟钝。对产品的触觉也能影响消费者的感知，比如，人们买衣服的时都要用手摸一摸，以判定衣服的质地、属性等。

1）触觉的产生及其特性

（1）皮肤的感觉称为触觉　它是辨别物体表面的机械特性和温度的感觉，皮肤上的触觉感受器受机械刺激产生神经冲动，传入大脑皮层即产生触感。在感官检验中，食品的触觉是口腔和手与食品接触时产生的感觉，通过对食品变形所加力而产生的刺激反应表现出来。

（2）食品的触觉特征与感官质地的测定关系密切　凭借触觉来鉴别食品的膨、松、软、硬、弹性，以评价食品品质的优劣，也是常用的感官鉴别方法之一。例如，根据鱼肌体肉的硬度和弹性常可以判断鱼是否新鲜或腐败。评价动物油脂的品质时，常须鉴别其稠度等。在感官测定食品硬度（稠度）时，要求温度应为 15～20 ℃，因为温度的升降会影响食品状态的改变。

2）触觉感官特性

（1）大小及形状　口腔能够感受到食品组成的大小和形状。研究发现，柔软的、圆的，或者相对较硬的、扁的颗粒，大小约为 80 μm，人们几乎感觉不到沙粒的存在。然而，当硬的、有棱角的颗粒在＞11～22 μm 时，人们则会感觉口中有沙粒。在另一些研究中，在口中可察觉的最小单个颗粒大小为＜3 μm。感官质地特性受到样品大小的影响，样品大小不同，口中的感觉可能也会不一样。

（2）手感　纤维或纸张的质地评价经常包括用手指对材料的触摸。触摸中的许多工作都来自纺织品艺术。感官评价在这个领域和食品领域一样，具有潜在的应用价值。一般与纤维和纸张相关的触觉性质，包括机械特性（强迫压缩、有弹力和坚硬）、几何特性（模糊的、有沙砾的)、湿度(油状的、湿润的)、耐热特性(温暖)以及非触觉性质(声音)。由纤维、纸张方法论建立在一般食品质地剖面的基础上,并且包括一系列用于每个评估特性的参考值和精确定义的标准度。

3)触觉的敏感性

触觉的感受器在身体内的分布不均匀,所以不同部位有不同敏感性。

(1)皮肤及口腔　四肢皮肤比躯干部敏感,手指尖的敏感性最强。此外,不同皮肤区感受两点之间最小距离的能力也有所不同。皮肤分布着冷点与温点,而冷点总是多于温点,两者之比为(4～10):1,所以皮肤对冷敏感而对热相对不敏感。面部皮肤对冷和热具有最大敏感性,冷点分布 8～9 个/cm^2,温点 1.7 个/cm^2。腿部皮肤平均冷点有 4.8～5.2 个/cm^2,温点 0.4 个/cm^2。一般躯干皮肤对冷的敏感性比四肢皮肤大。

口腔前部感觉敏感,这也符合人的生理要求,因为这里是食品进入人体的第一关,需要敏感地判断食物是否能吃,需不需要咀嚼。这也是口唇、舌尖的基本功能。感官品尝实验是非常重要的检查。口腔的中部因为承担着用力将食品压碎、嚼烂的任务,所以感觉迟钝一些,从生理上讲这也是合理的。口腔后部的软腭、咽喉部的黏膜感觉也比较敏锐,这是因为咀嚼过的食物是否应该吞咽要在这里由它们进行判断。口腔皮肤的敏感程度也可用压觉阈值或痛觉阈值来分析。压觉阈值的测定是用一根细毛压迫某部位,把开始感到疼痛时的压强称作这一部位的压觉阈值。痛觉阈值是指用微电流刺激某部位,觉得有不快感时的电流值。这两种阈值都反映出口腔各部位的不同敏感程度。例如,口唇舌尖的压觉阈值只有 10～30 kPa,而两腮黏膜的压觉阈值在 120 kPa 左右。

此外,口腔识别食品中异物的能力很高。例如,吃饭时,食物中混有毛发、线头、灰尘等很小异物往往都能感觉到。在一些果酱糕点类食品中,由加工工艺的不当产生的糖结晶或其他正常添加物的颗粒,就可能作为异物被感知,而影响对美味的评价。因此,异物的识别阈对感官评价也很重要。

(2)牙齿　牙齿的感知功能在多数情况下是通过牙齿咀嚼过程感知的。因此,认识牙齿的感知机理对研究食品的质地有重要意义。牙齿表面的牙釉质并没有感觉神经,但牙根周围包着具有很好弹性和伸缩性的齿龈膜,它被镶在牙床骨上。用牙齿咀嚼食品时,感觉通过齿龈膜中的神经感知。因此,安装义齿的人由于没有齿龈膜,所以比正常人的牙齿感觉要迟钝得多。

(3)颗粒大小和形状　颗粒大小和形状的判断在食品质地的感官评价中也是很重要的感知项目。例如,某些食品从健康角度需要添加一些钙粉或纤维质成分。然而,如果这些成分颗粒较大又会造成粗糙的口感,为了解决这一问题,这些颗粒就需要把它们大小粉碎到口腔的感知阈以下。口腔对食品颗粒大小的判断比用手摸复杂得多。在感知食品颗粒大小时,参与的口腔器官有:口唇与口唇、口唇与牙齿、牙齿与牙齿、牙齿与舌头、牙齿与颊、舌与口唇、舌与腭、舌与齿龈等。通过这些器官的张合、移动而感知。在与食品接触中,各器官组织的感觉阈值不同,接受食品刺激的方式也不同,所以很难把对颗粒尺寸的判断归结于某一部位的感知。在考虑颗粒大小的识别阈时,一般需要从两方面分析:一是口腔可感知颗粒的最小尺寸；二是对不同大小颗粒的分辨能力。以金属箔做的口腔识别阈实验表明，对感觉敏锐的人，可以感到牙齿间咬有金属箔的最小厚度为 20～30 μm。但有些感觉迟钝的人，这一厚度要增加到 100 μm。口腔对不同粗细的条状物料的识别阈值为 0.2～2 mm，门齿附近比较敏感。有人用三角形、五角形、方形、长方形、圆形、椭圆形、十字形等小颗粒物料对人口腔的形状感知能力做了测试，发现人口腔对形状识别能力较差。通常三角形和圆尚能区分，多角形之间的区别往往分不清。

总之，人对食品美味（包括质地）的感觉机理十分复杂。它不仅与味觉、口腔触觉有关，还和人的心理、习惯、唾液分泌以及口腔振动、听觉有关。深入了解感觉的机理对设计感官评价实验和分析食品质地品质都有很大帮助。

2. 嗅觉

1)嗅觉器官

鼻腔是人类感受气体的嗅觉器官（图 2-2），在鼻腔的上部有一块对气味异常敏感的区域，称为嗅区，它位于上鼻道及鼻中隔后。嗅区内的嗅黏膜是嗅觉感受体。嗅黏膜呈不规则形状，面积为 2.7～5 cm^2，厚度约为 60 μm，其上布满了嗅细胞、支持细胞和基细胞。嗅细胞是嗅觉感受体中最重要的成分，人类鼻腔每侧约有 2 000 万个嗅细胞。空气中气味物质的分子在呼吸作用下，首先进入嗅感区，吸附和溶解在嗅黏膜表面，进而扩散至嗅纤毛。嗅纤毛是嗅细胞上面生长的纤毛，不仅在黏液表面生长，也可在液面上横向延伸，并处于自发运动状态，有捕捉挥发性嗅感分子的作用。

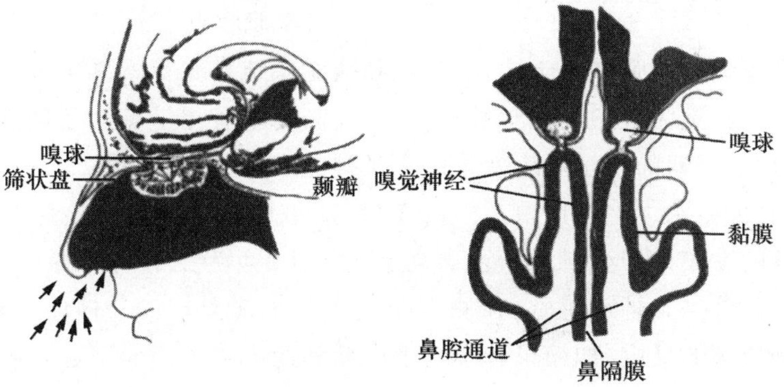

图 2-2　嗅觉系统

2)嗅觉的生理学特性

嗅觉是人类的一种基本感觉，它比视觉原始，比味觉复杂。嗅觉是指食品中含有挥发性物质的微粒子浮游于空气中，经鼻孔刺激嗅觉神经所引起的感觉。其中产生令人喜爱感觉的挥发性物质叫作香气，产生令人厌恶感觉的挥发性物质叫作臭气。引起嗅觉的刺激物必须具有挥发性及可溶性，否则不能刺激鼻黏膜，也无法引起嗅觉。当嗅味物气体扩散至嗅区刺激嗅觉细胞时，嗅觉响应强度会很快增加，且能达到最大值，此时嗅觉反应处于平衡状态，以后就不存在。

感觉气味的途径是人在正常呼吸时挥发性嗅感分子随空气流进入鼻腔，先与嗅黏膜上的嗅细胞接触，然后通过内鼻进入肺部。嗅感物质分子应先溶于嗅黏液中才能与嗅纤毛相遇而被吸附到嗅细胞上。溶解在嗅黏膜中的嗅感物质分子与嗅细胞感受器膜上的分子相互作用，生成一种特殊的复合物，再以特殊的离子传导机制穿过嗅细胞膜，将信息转换成电信号脉冲。经过嗅细胞相连的三叉神经的感觉神经末梢，将嗅黏膜或鼻腔表面感受的各种刺激信息传递到大脑，就产生了嗅觉。

人的嗅觉有极高的灵敏度，每升空气中含有 10^{-7}mg 紫罗兰酮或 5×10^{-6}mg 香兰素都可以引起人的嗅觉。训练有素的调香家能辨别 4 000 种不同的气味，而且嗅觉的灵敏度与人的性别、健康情况、体质及香气种类有关，因此个体差异很大。

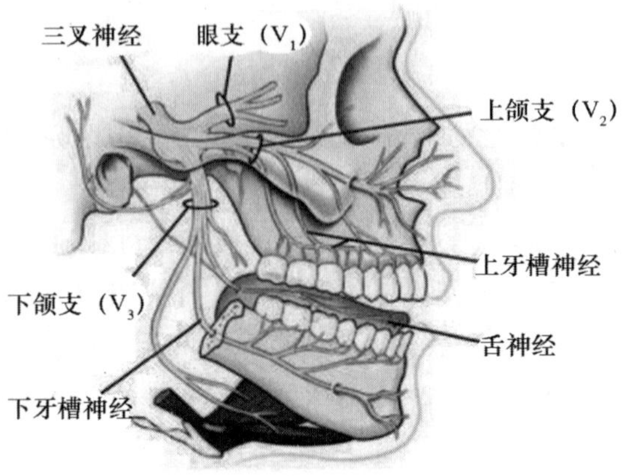

图 2-3　三叉神经

4. 三叉神经感觉

三叉神经是脑神经中最大的一对，为混合性神经，也是面部最粗大的神经，大部分为感觉纤维（一般躯体传入纤维），小部分为运动纤维（特殊内脏传出纤维）。其支配脸部、口腔、鼻腔的感觉和咀嚼肌的运动，并将头部的感觉讯息传达至大脑。三叉神经由眼支（V_1）、上颌支（V_2）和下颌支（V_3）汇合而成，分别支配眼裂以上、眼裂和口裂之间、口裂以下的感觉和咀嚼肌收缩（图 2-3）。

在三叉神经感觉与嗅觉和味觉中，除味觉和嗅觉系统具有化学感觉外，鼻腔和口腔中以及整个身体还有一种更为普遍的化学敏感性。比如，角膜对化学刺激就敏感，切洋葱时容易流泪就是证明，说明普遍的化学反应就是由三叉神经来调节的。

某些刺激物（如氨水、生姜、山葵、洋葱、辣椒、胡椒粉、薄荷醇等）会刺激三叉神经末端，使人在眼、鼻、嘴的黏膜处产生辣热、冷、苦等感觉，图 2-4 为三叉神经末端。人们一般很难从嗅觉或味觉中区分三叉神经感觉，在测定嗅觉实验中常会与三叉神经感觉混淆。三叉神经对较温和的刺激物的反应（如糖果和小吃中蔗糖和盐浓度较高而引起的嘴部灼热感、胡椒粉或辣椒引起的热辣感）有助于人们对一种产品的接受。

对于大部分混合物来说，三叉神经感觉到的刺激物的浓度数量级比刺激嗅觉或味觉感受体的物质浓度更高。三叉神经影响在某些情况下具有重要的实际意义：①当其嗅觉或味觉阈值很高时，如蚁酸等短链化合物或对于那些患有部分嗅觉缺失症的人；②当其三叉神经感觉阈值很低时，如辣椒素。

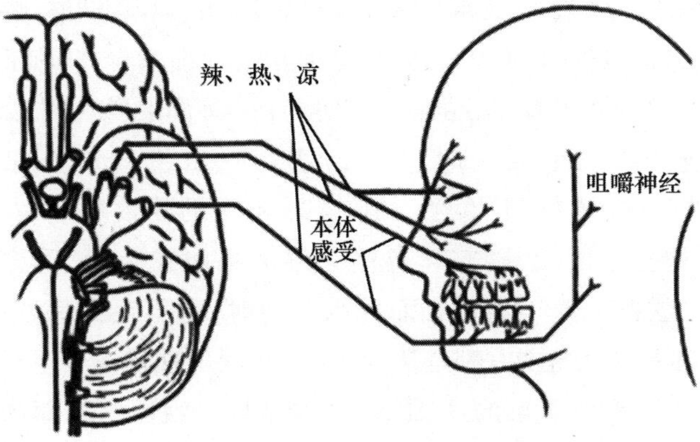

图 2-4　三叉神经末端

5. 味觉

1)味觉感受器

人们对五官感觉的认识以味觉最迟。味蕾的构成及在口腔中的分布见图 2-5。

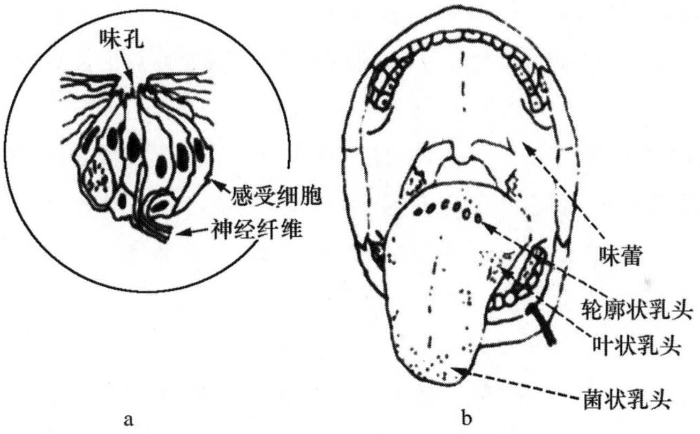

a. 味蕾的构成;b. 味蕾在口腔中的分布。

图 2-5　味蕾的构成及在口腔中的分布

口腔内舌头上隆起的部分——乳头是最重要的味感受器。在乳头上分布有味蕾舌表面的味蕾乳头分布不均匀,且对由不同味道所引起刺激的乳头数目不相同,因此造成舌头各个部位感觉味道的灵敏度有差别。在舌尖容易感觉甜味和咸味,苦味则在舌后部,感觉较为灵敏,酸味在舌两侧感觉较易。

舌乳头按形态结构可分 4 种:①丝状乳头。量最多、细长圆锥形、上皮浅层细胞角化、均匀分布于舌尖和舌背。②菌状乳头。位丝状乳头间,量少,蘑菇状,色鲜红,浅层上皮轻度角化,上皮内常有味蕾。③叶状乳头。长圆形,由若干横行的叶片形黏膜皱襞形成,位舌根两侧,形成褶状;④轮廓状乳头。较大,乳头周围有味觉沟环绕,上皮不角化,在沟内一侧的上皮中有味蕾分布。

胎儿在几个月时就有味蕾,在 10 个月时支配味觉的神经纤维生长完全,新生儿能辨别咸味、甜味、苦味、酸味。味蕾在哺乳期最多，甚至在脸颊、上颚咽头、喉头的黏膜上也有分布，以后就逐渐减少、退化，成年后味蕾的分布范围和数量都减少，只在舌尖和舌侧的舌乳头和有廓乳头上，因而舌中部对味感较迟钝。不同年龄，有廓乳头上味蕾的数量不同，例如，0～11 个月时味蕾数量有 241 个，1～3 岁有 242 个，4～20 岁，252 个，30～45 岁有 200 个，50～70 岁有 214 个，74～85 岁仅剩 88 个。其中 20 岁时的味蕾数量最多，随着年龄增大而味蕾数量减少。味蕾的分布区域，随着年龄增大逐渐集中在舌尖、舌缘等部位的有廓乳头上，一个乳头中的味蕾数也随着年龄增长而减少。同时，老年人的唾液分泌也会减少，所以老人的味觉能力一般都明显衰退，一般是从 50 岁开始就出现迅速衰退的现象。

味蕾通常由 40～150 个香蕉形的味细胞板样排列成桶状，内表面为凹凸不平的神经元突起，10～14 d 由上皮细胞变为味细胞。味细胞表面的蛋白质、脂质及少量的糖类、核酸和无机离子可分别接受不同的味感物质。蛋白质是甜味物质的受体，脂质是苦味和咸味物质的受体。有人认为苦味物质的受体可能与蛋白质相关。

2)味觉的产生及其机理

在可溶性呈味物质进入口腔后，在舌头肌肉运动作用下呈味物质与味蕾相接触，呈味物质刺激味蕾中的味细胞，这种刺激再以脉冲的形式通过神经系统传至大脑，经分析后产生味觉。味觉的强度和出现味觉的时间与味刺激物(呈味物质)的水溶性有关，与温度的关系也很大。一般来说，不同年龄的人对呈味物质的敏感性不同。

味觉是人的基本感觉之一，对人类的进化和发展起着重要的作用。味觉一直是人类对食物进行辨别、挑选和决定是否予以接受的重要因素之一。由于食品本身所具有的风味对相应味觉的刺激，人类在进食的时候能产生相应的精神享受。味觉在食品感官评价上占据重要地位。

许多研究者都认为基本味与色彩中的三原色相似，它们以不同的浓度和比例组合就可形成自然界千差万别的各种味道。例如，无机盐溶液带有多种味道，这些味道都可以用蔗糖、氯化钠、酒石酸和奎宁以适当的浓度混合而复现出来。

6. 听觉

1)听觉器官

听觉系统由听觉器官各级听觉中枢及其连接网络组成。听觉器官通称为耳(图 2-6)，其结构中有特殊分化的细胞，能感受声波的机械振动并把声能转换为神经冲动，叫作声感受器。人的耳朵可分为外耳、中耳和内耳。外耳包括耳郭和外耳道，主要起集声作用。中耳包括鼓膜、听骨链、鼓室、中耳肌、咽鼓管等结构，主要起传声作用。鼓膜是封闭外耳道内端的一层薄膜结构。声波从外耳道进入，作用于鼓膜，后者随之产生相应的振动。内耳是听觉系统中最重要的部分，包含半规管、前庭和耳蜗 3 部分。内耳结构复杂而精细，内耳发育不全会严重影响听力。半规管分为上、后、外半规管，两两垂直。半规管能维持人体的平衡，主管旋转运动，不具有听功能。由于淋巴液在内耳是连续的，因此听力的损失而出现的平衡问题，如眩晕、呕吐等，都与之有关。3 个半规管汇聚在一起形成的通道就是前庭。前庭中有 2

个来自半规管的囊，上方的是椭圆囊，下方的是球囊。它们都含有淋巴液。两端都进入椭圆囊，里面充满了外淋巴液，它们内部都含有前庭神经感觉末梢支，是听神经的一个分支。耳蜗像蜗牛一样盘绕 2.5～2.75 圈。耳蜗中的毛细胞是听觉细胞，3 500 个内毛细胞和 12 000 个外毛细胞有序地排列着。一般认为外毛细胞比内毛细胞敏感 35 dB，因此更容易被较强声音和耳毒性药物损害。毛细胞的底部是神经末梢，一经出发就会产生神经冲动。毛细胞的数量是固定不可再生的，大多常见的老年性听损是因为毛细胞的衰退和老化形成的感音神经性听损。

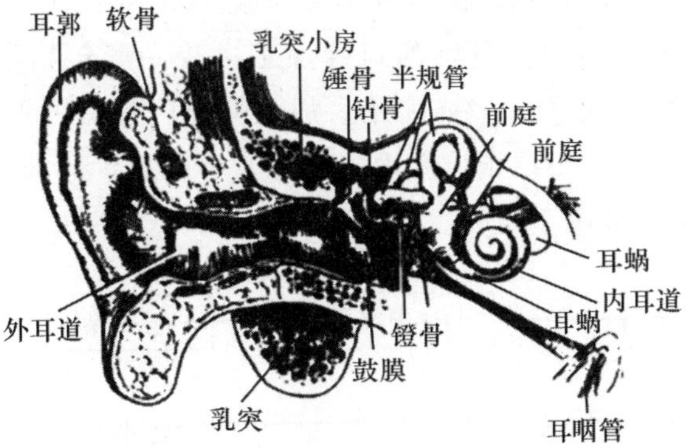

图 2-6　耳

2）听觉的产生及作用

空间中的任何一个物体振动就会影响周围空气周期性的压缩和稀疏，这就产生了声波。位于耳中的听觉感受器在接受声波的刺激时可产生兴奋，从而形成听觉。声波是听觉的适宜刺激。全部声音按照它们是否有周期性而分为乐音和噪声两类。乐音是周期性的声音振动，如音叉声、歌唱家的歌声等。噪声是非周期性的声音振动。

人的听觉器官对每秒 16～20 000 次振动的声音能发生听觉的反应，而对 400～1 000 次振动的声音感受性最大。当每秒在 16 次以下和 20 000 次以上时，无论强度多大，也听不到声音。当音强超过 140 dB 时，耳膜会产生痛觉。

在食品咀嚼过程中，食品内部相应的结构受到破坏，其必然会引起食品内部及外部的空气振动而产生声音。在膨化食品中，一般在咀嚼过程中会产生明显的声音。然而，从严格意义上来讲，任何食品在咀嚼过程中均会产生声音，只不过其声音的强弱程度不同而已。在食品咀嚼过程中，其产生的声音由食品的内在性质决定，所以听觉在食品感官评定中主要用于某些特定食品（如膨化谷物食品）和食品的某些特性（如质构）的评析。

2.2.2　食品的口腔加工

1. 食品的口腔加工

食品口腔加工是食品科学与营养研究的新领域，在食品质地研究中逐渐受到重视。它主要以食品与人体相互作用为基础，以多学科交叉的方法与手段来研究食品在口腔过程中的结构与物理化学性质变化，揭示口腔的生理响应机制和感官心理结果。它涉及食品物理学、口腔生理学、感官心理学和大脑神经科学等学科。

口腔加工是食品加工的逆过程，是指当食品进入口腔后，在牙齿破碎、舌上腭挤压、唾液润滑等的共同作用下，将食物破碎，使其形成众多微小颗粒，并最终触发吞咽动作的过程。口腔内部和外部肌肉群的活动、下颌的运动、舌的运动与唾液分泌均对触发吞咽动作有明显促进作用。

2. 口腔加工的基本过程

食品口腔加工过程，一方面，赋予消费者享受和愉悦的感受；另一方面，有利于人体对食物中能量和各种营养组分的吸收。食物的口腔加工过程一般包括纳食、加工处理、食团形成、送入咽部、清除残渣等过程，如图 2-7 所示。加工情况因食品的形态和质地不同而不同。水分、半流态食品不必咀嚼，主要在于口腔内的保持。半固态食品的口腔加工主要取决于舌部运动，而固体食物则主要取决于咀嚼。

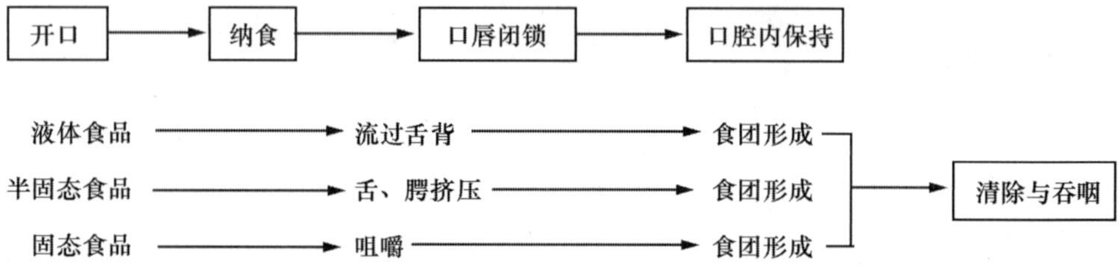

图 2-7 口腔加工的基本过程

1）纳食

在纳食方面，液态食品靠口唇，而固态食品靠前牙。用杯子饮用液体时，杯子边缘置于上下唇之间，下唇紧贴杯子边缘，防止液体外漏。上唇稍稍闭拢并下移，接触杯中液体，以此感知液体的性质、温度、流入口腔的速度，并做微妙调节，上下唇以这种微张的状态固定。由于下颌降低，口腔内能形成气压，液体流入口腔内。固态食品则以前牙咀嚼纳入。根据食品质地性质不同，有时口唇极少参与，有时只有腭参与，而且口唇也发挥着强有力的闭锁作用。在使用勺、筷等餐具摄取固体食物时，餐具的一部分进入口腔，在拔出餐具前的刹那，口唇闭锁，留住食物并纳入口腔前部。

纳入口腔的食物因形态和质地的不同而有不同的加工方法。为使食物有可能在口腔内进行处理加工，原则上口腔必须为封闭空间。前方入口——口唇关闭，后方通往咽部的出口——舌根与软腭相接，避免食物落入咽部。

口腔加工食物的基本动作包括：①液态食品一般无须在口腔内进一步加工处理，原样经舌背进入食团；②蜂蜜等高黏度食品和酸乳等半固态食品与其说被咀嚼，不如说是用舌和腭来挤压；③固态食品则通过下颌的咀嚼运动以及与之协调的舌部、脸颊运动，经过移动、粉碎、臼磨、唾液混合等处理，形成可吞咽的食团。

食团的形成是食品口腔加工过程中的关键步骤，并占据大部分时间。间歇性的下颌运动和唾液分泌，促进食团的形成，进而给人愉悦的感官享受和能量。食品入口后，经牙齿咬合、舌的运动和唾液分泌等口腔加工作用，从干燥的固体食品转变为具有一定流动性的黏性食团，此时食团微粒粒径足够小、延展性和黏度均适宜，进而触发吞咽。

清除与吞咽一般同时开始，主要依靠舌部运动将适宜吞咽的食团移至咽部。但是清除作用一般都不会很彻底，一些食物残渣会滞留在口腔内。

2）咀嚼

人类的咀嚼行为主要由人类的下颌系统来完成。下颌系统包括颞下颌关节、颌骨和咀嚼肌肉。其中颌骨又可分为两部分：上颌骨和下颌骨。下颌系统的运动是个非常复杂的过程。主要流程是上颌骨近似不动，下颌骨在咀嚼肌肉的作用下上下、前后和左右运动，上下牙齿咀嚼的过程中在舌头的作用下与食物充分接触，将食物切割、磨碎，在舌头和口腔的共同作用下与唾液充分混合，方便吞咽和消化。

咀嚼是口腔的主要功能。如粉碎食物便于机体对食物的吞咽与消化，特别是在咀嚼粗糙及纤维较多的食物时，其既能刺激唾液分泌帮助消化，又能按摩牙龈，达到清洁牙面及口腔的作用，增强牙周组织健康，促进颌面部的发育。咀嚼也是食物消化的第一阶段，具体包括将食物粉碎成小块，唾液将食物润滑，结成黏性食团，并最终将其送至咽部以便吞咽。咀嚼可以使食物释放汁液并形成味道，增进食欲。咀嚼次数取决于食团的大小、黏度、味道持续时间等。

咀嚼功能是由咀嚼运动实现的。咀嚼运动是在中枢神经系统的支配下，通过咀嚼肌群的收缩和下颌关节的运动以及在下颌关节运动过程中上下牙齿发生咬合而实现的。此外，舌、唇及颊、咽等组织器官活动的配合可保证食物反复均匀地被送到上下牙列之间，并帮助搅拌食物，混合唾液，所以咀嚼运动是牙齿、颌骨、唇、颊、舌、咽等整个口腔牙颌系统共同完成的综合性运动。根据下颌关节的活动情况，咀嚼运动可分为3类：①升降运动是指开颌和闭颌运动，有压碎食物的作用。②前后运动是指下颌的前伸与后退，有切割食物的作用。③侧向运动是指下颌向左或向右运动，有磨碎食物的作用。

从生理学角度看，咀嚼是随意动作，能把摄入的食物咬碎，使之减小到便于吞咽，并使食物与唾液混合。咀嚼是由咀嚼肌的顺序收缩引起的。咀嚼肌包括咬肌、颞肌、翼内肌、翼外肌等。

舌咽反射将食团从口腔沿食管下行至胃，是由食管蠕动来完成的。蠕动是指由平滑肌顺序收缩而完成的一种向前推进的波形运动，是消化道普遍存在的运动形式。在食团前面是舒张波，后面是收缩波，这样食团自然被推送前进。当蠕动波到达食管下端时，贲门舒张，食团进入胃内。在进食过程中，除了咀嚼之外，还有吸吮作用。吸吮是一种反射动作。吸吮时，口腔壁肌肉和舌肌收缩致使口腔内空气稀薄，其压力较大，气压低，口腔内的低压条件使液体进入口腔。

3）吞咽

人类的吞咽行为是指经过充分咀嚼的食物与唾液完全混合在一起形成食团，在舌头和口腔以及会厌食道的作用下从口腔输运到胃里的一个生理反射过程。正常的吞咽反射过程是十分复杂的，可以简单地分为3个阶段：①充分咀嚼后的食物在舌头和口腔的作用下压成一个食团，舌头随意的将其推到咽部。②食团经过咽部软腭的时候，软腭部分受到刺激，肌肉反射将咽部和气管的通道封闭，暂停呼吸，食道上部张开，食团顺着会厌从咽部挤入食道。③食团进入食道，食道本身是由一个个受神经单元控制的环状肌肉组成的。当食团从食道上端进去，食道上端适时地张开，食团进入，食道上端慢慢收缩，食团前方的肌肉环慢慢张开，食团在食道肌肉的这种舒张波和收缩波的共同作用下被送到了胃里。

思考题

1. 简述感觉的定义与分类。
2. 什么是感觉阈值、绝对感觉阈值和差别感觉阈值？
3. 感官有哪些特征和特点？
4. 感官的基本规律有哪些？
5. 什么是感官适应性、对比现象、变调现象、叠加现象和掩盖现象？
6. 简述食品感官的识别途径。

HAPTER 3

第3章 感官评价准备

【学习目的和要求】

理解和掌握感官评价的准备工作;掌握感官评价中的目标的确定、方法的选择以及数据处理等。

【学习重点】

感官评价的准备工作内容、原则以及注意事项。

【学习难点】

感官评价中的实验方法以及数据处理方法的选择。

在执行一项感官评价项目之前，准备工作包括项目目标、预算、产品类型和操作标准。首先，根据实验目标的确定，选择具体某种实验，如差别实验、消费者情感或喜好实验、接受性实验；然后确立合适的实验方法、评价员的筛选和培训、问卷设计、样品准备和呈送等方法；最后，选择合适的数据分析方法，对不同数据进行统计和分析。

3.1 初期准备

3.1.1 设定目标

感官评价中设定目标是非常重要的。目标是后续工作正常进行的前提和依据，不仅直接决定评价类型、实验设计、数据分析等内容，也直接影响评定的最终结果。一般根据不同的目标，建立不同的感官评定小组以及实验设计等。目标必须能够说明感官评价在哪里操作和如何操作等问题，此时目标相当于所有操作的许可证。在设定目标时，最好明确感官评价是什么以及能做什么，具体内容包括：一是关于产品方面，如提供关于企业和竞争产品感官性质的相关信息，及时提供关于配料和加工变化对产品感官品质影响的信息；二是关于评价员方面，维持一个具备资格的评价员库，为具有非典型性质的产品建立方法，为与产品差异相关的感官、物理和化学数据建立方法和规程；三是关于企业方面，保持对产品评价的新发展及其对企业应用的关注，根据要求为企业中的其他部门提供帮助，确保企业没有因感官缺陷而导致的失败产品。

在感官评价的开始工作中，制定目标只是评价方法的第一步，感官评价专业人员要尽可能地阐述目标，制定能够反映商业计划、销售目标以及在专业技术角度反映总体感官需求共同接受的目标，还包括帮助客户提供支持材料，如书面解释和相关材料的证明，及时与管理者沟通，避免没有经过专业培训的管理者因掺杂大量错误观点使问题复杂化。在实际项目中，通常会被问到“待评价的样品与竞争的产品相比，它的颜色、质地、味道如何?”“更喜欢哪个样品?”。客户可能想知道这些问题的答案。但是时间和资金的限制决定了要与客户共同确认这些目标的先后顺序。使用不同感官评价方法可能会导致不同的结论和结果或在考虑实际情况而改变目标时，一定要客户明确项目的局限性，否则可能会出现客户质疑评价员工作等问题。这种情况会对评价小组的整体工作产生不良影响。

制定感官评价项目标的难点主要有两个方面：一是为项目的运转提供足够的空间自由度，从而使项目能够顺利有效地运行；二是在项目中不允许出现提示和(或)替代其他产品信息来源的倾向。在客户交流与感官评价中，常见的误解可能包括感官评价的目标不是评价员如何研制产品，也不是取代大规模消费者检验或决定哪个新产品上市；具体的测试方法仅测量测试者对产品的反应，而对感官目标进行限定。这些误解均会为测试类型或数据来源带来障碍。

3.1.2 产品类型

当选择合适的方法来满足所设定的目标时，应重点考虑产品的类型。如根据产品的特征来选择合适的样品准备方法、实验方法；结合产品的类型来了解专业术语，全面评价产品的特点。如描述酸奶时，主要考察它的酸度、甜度、色泽、奶油味等，这些都是感官评价酸奶品质的重点。有时产品要结合其他事物的评价，如早餐谷物食品搭配牛奶，面包搭配果酱等。当评价目标包括较多性能时，还要考虑产品使用情况。当某些样品具有强烈的残留时，需要在两个或多个样品间留出足够的时间间隔，以保证实验结果的准确性。

3.1.3 预算

组织任何感官评价项目都要投入资金来发展和操作。由于经济因素的限制，项目预算被要求在合理的范围内。在某些情况下，理想的设计费用往往超出了预算，所以在考虑资金和人力的基础上，恰当地做出取舍，比如，减少样品、评价员的数量以及重复实验的次数，并关注取舍后项目数据准确性以及是否能获得最终结论。

通常可以接受将评价员的数量从最大值减少到推荐的最小值，在能力的范围之内完成评价项目。虽然减少评价员数量可能会对数据统计学检验的结果产生不良影响，但它是降低成本的有效手段之一。在某些方法中，样品量被要求有一个最小值，但降低最小值将会导致测试无效，如偏好图。在特定的感官方法设计中，减少重复实验可能比较危险，比如，剖面分析。无论减少样品、人员的数量，还是重复次数，都要保证去除后，项目的合理性。

3.1.4 时间与周期

当设计感官评价项目时，除了资金、人力、物力外，时间期限可能会比评价方法更能影响最终结论，提前知道是否存在时间期限是有必要的。在多个检验要素中，如消费者检验、描述性分析、仪器分析、货架期测试等研究。这些要素的相互协调对样品会随着时间的变化直接影响感官性质。

3.1.5 选择评价方法

由于食品感官评价产品类型范围较广，因此科学地选用感官评价方法是至关重要的。选择评价的方法取决于评价的目的、要求和结果。因为感官评价检验几乎是在盲标的基础上进行的，即产品的身份通常是模糊的，没有提供评价产品的最少信息。选择评价方法的基本原则是评价方法先要与检验的目的和所要达到的结果相匹配，再设计相对应的感官评价调查表，以利于充分地阐述产品的性能。

项目的目的有不同类型，如项目建立的目的是新产品的研发或工艺过程的改变或产品的分级或消费者的喜好等，所以根据研究目的来确定评价方法。在感官评价的三大类方法中，差别检验是指感官评价专业人员想要确定两个样品之间是否有可察觉的差别时而被广泛使用的一种方法。这种方法常用于产品的改进、降低成本或改变原料来源。描述分析检验是指在测定产品的详细感官特性说明或几种产品比较时使用的方法。这种方法常用于各类食品的变化和开发、产品的检验货架寿命等，是最全面、信息量最大的工具方法。情感/消费者检验常用于消费者的接受性、态度或消费者的喜好情况等。根据产品的特殊情况，两种方法可共同使用。

评价方法的选择应以是否能够衡量样品与对照物之间的差别为原则，同时考虑实验目的和产品的性质。如果产品发生变化的指标仅限于5～10个，就可采用描述性分析方法；如果发生变化的指标较难确定，但广泛意义的指标（如产品的外观、风味、质地）可以反映产品质量，就可选择这些对产品的质量进行打分。

3.1.6 制定操作标准

在感官评价中，每一个项目都必须有明确具体的操作标准，等同于食品生产标准。操作标准是根据检验结果必须满足的系列操作准则，它应当在测试进行前设置好，使结果统一和标准化。在制定操作标准时，考虑的因素包括机会的大小、商业风险和检验的阶段，这些都决定了标准的严格程度以及产品类型。操作标准还包括消费者的数量和类型、统计标准和检验设计等要素，例如，产品是同时，还是按照顺序呈送？产品是否贴商标？产品是否按照市场理念提供？

一个判定是否用最佳产品代替目前产品的操作标准，如“在对最佳产品与当前项目对比时，以55∶45为比例，目标群体选择大量使用者进行未贴商标的产品测试；在对产品种类使用者进行未贴商标的产品测试时，至少选择等比例的使用者”“在对最佳产品与竞争产品的对比，产品种类使用者测试时，至少选择等比例的使用者”。一项节省开支的操作标准，如“在进行未贴商标产品与当前产品的对比测试时，选用大量消费者进行测试，至少选择等比例的使用者”。另外，仔细考虑操作标准的适宜性。比如，在节省开支的例子中，“大量消费者相似性测试没有差异”的操作标准没有必要那么严格。其原因是操作标准过于严格会造成时间和资源的浪费，并会推迟执行替代产品的决定。

3.2 实验设计

在实验设计的初始阶段，应该确定实验目标，以全面地了解实验，而不是匆忙地进入检验阶段，从而导致实验的无效性。实验目标是由专业的评价员与研究人员将问题转化，共同探讨，同时征求客户的意见，最终对反馈意见进行修改，形成完整的实验设计方案而构成。在实验设计时，考虑的核心问题是确定观察的次数（或称为参加人员的重复观察数），比如，是否要求所有评定小组成员对所有产品进行评定？是否需要对重复样品进行多次小组会议评定？如何将处理的变量和每个变量的具体水平分配到评定小组的成员中？在确定这些问题时，应重点考虑检验的强度及灵敏度。

在实验设计中，通常应较少地考虑时间和费用等花费，并进行相关的练习，这样才有利于设计理想的实验。若在实际操作过程中出现一定因素的限制，就可以根据限制的主次因素,形成新的实验设计方案,尽可能地达到实验目的。如人力、物力等。如果不能达到实验目标或不能充分回答实验设计的问题,这样实验设计就是无效的。专业人员应逐项仔细检查该研究计划,在每一点都提出相应的问题。例如,考虑可能出现的情况、解决问题的方式以及如何将意外事件发生的概率降至最低。如果评价员在检验程序完成之前离去,参与者没有正确地遵守检验规程,或者他们误解了操作指令,技术人员就可能会在样品呈送顺序上发生错误,从而导致样品温度或其他条件的有害变动。在一项设计良好并且准确的检验中,这些问题应被消除或降低到最小化。

Milliken 和 Johnson 将实验设计分成两个基本结构:处理结构和设计结构。处理结构是指客户在特定计划中选择的研究一系列样品的处理方法,是关于样品的实验处理。它可分为单路处理结构、双路处理结构和其他处理结构。设计结构由感官评价专业人员在将实验单元组织成小组时定义。在正式研究前,感官评价专业人员通过随机处理将这两种结构联系在一起,从而组成合理随机的实验设计结构。

3.2.1 处理结构

1. 单路处理结构

单路处理结构即选择一组处理样品时,不考虑对象之间有相互关系,只有一个水平,这是最简单的。例如在感官研究中筛选不同实验样品时,可直接对比或与现有的生产线产品对比。因为当从市场上的品牌中挑选出一个产品组时,一般不存在由一家公司制造的产品与另一家公司的产品有关系的假设,也就是说,除作为统一类型样品的不同对比外,样品之间互不影响。

例如,在一项关于苹果派感官性质的研究中,感官评价专业人员可能要选择 4 种苹果派,其中每种分别是由一家国内知名的公司生产的,除了它们均是国产品牌外,彼此间样品在任何方面没有相互影响,这种称为单路处理结构,在该实验中总共有 4 种受试样品用于评估。

2. 双路处理结构

在单路处理结构的基础上发展而来的就是双路处理结构,它较为复杂,是一组样品通过综合两种不同的处理类型水平而产生的。在感官评价实验中,可以从市场上的品牌中选择一个产品组,然后每种产品在感官评价之前以两种不同的方式准备,可看作是多因子处理。

例如,对苹果派样品,感官评价专业人员决定以冷热两种温度处理,这项研究的处理结构就是双路的。在该实验中,总共 8 种受试样品用于评估,分别是 4 种苹果派在冷热两种温度下的处理样品。

3. 其他处理结构

还有许多其他更复杂的处理结构,例如,一个或多个不同的处理或不同原料水平产生的一系列的不同样品,可确定不同因素和水平之间的影响,这是一种结合双路因子排列处理结构控制的单路结构,涉及专业的设计方法,如因子设计、分数阶乘设计、响应面设计等。

对照样品一般是基线样品或是空白样品，是指没有经过受试样品处理的样品。在实验中尽可能地采用对照样品，从而比较样品间是否因不同处理方法而产生了影响。在感官评价实验中，由于评价员更加善于对比性的判断，数据结果也不是像理化检测那样绝对，因此在实验中常会设置对照样品，以起到实验准确性的参照作用。例如，在差别检验中，一般会给评价员呈送一个对照样品，再提供两个待测样品，并告知评价员其中一个待测样品与对照样品相同，要求评价员选出与对照样品相同的样品，用于区别两个同类样品是否存在差异。如果实验不是这类情况，为了获知目标信息，对照的设置需谨慎考虑，有时可能要多个对照样品。

为了保证对照样品的一致和品质的持久有效，在保存对照样品时需加倍小心。在多批次样品的研究中，对照样品的使用时间和用量比样品更多，用于进行多批次的产品辅助对比研究。如果此时引入新一批对照样品，要确保理化和感官性质与之前的品质保持一致。

3.2.2 设计结构

1. 随机性

当把大量样品提供给评价员时，要保证样品呈送顺序的随机性。随机性可以减少由系统或顺序带来的误差。例如如果一个样品，评价员可能会额外地欢迎或拒绝，随着测试的长时间进行，将会对最后的样品产生偏差，因此样品的随机呈样顺序能在一定程度上减少误差。但是在一些情况下是无法完全随机分配的，例如，每次只能准备一个样品，而且必须马上提供给评价员，这种情况就可采用虚拟样品，以减少样品第一顺序的影响，但误差不可避免。在某些情况下，随机原则不是万能的，甚至是不适用的，例如当评价员正在接受训练或筛选时，评价的结果能被直接了解并对比，此时随机分配样品将会给评价员的对比结果引入顺序效应，反而容易产生误差。在实际实验中，尤其是平衡实验设计，由于样品呈送顺序的出现频率不同，简单的随机分配很少被用到。

2. 平衡实验设计

平衡实验设计是指使每个样品在每个位置出现同样的次数，从而减少顺序效应。该设计有很多不同的版本，例如，由 Williams 提出的拉丁方设计。在此设计中，每个样品都会出现在各个位置，其余每个样品的前后都会出现，且次数相同。两个已知的因素对感官实验结果产生影响。实验需要几个阶段完成，最终评价结果受实验阶段和评价顺序的影响。在选择拉丁方设计时，要求实验样品不宜过多。在实验中，简单的拉丁方设计可多次重复，通过收集实验结果来增加实验精度。拉丁方设计实验数据分析可采用有交互作用的双因素方差分析方法。

3. 完全分块设计和不完全分块设计

在实验设计中，常用“块”来描述一组性质相同的实验物质。实验设计可被分为不同子集即分块。这些分块可以是样品、评价员或者其他实验因子（不同处理），例如，每位评价员为一组，则该组数据包括该评价员对样品得到的所有结论；若一组数据包括所有评价员对该样品得到的结论,则可以每个样品记为一块。从理论上说,一个块的单位都可以对给定的处理产生相同的反应。虽然块与块之间的反应水平可能会有所不同,但是任何两个处理在同一块内产生的差别和所有块内都是一样的。实验设计尽可能地减少由样品顺序而引入人为因素的影响。

完全分块设计被认为是一种理想的模型,所有样品都会在一个阶段内提供给每位评价员。若实验因子涉及大量样品或有强延迟效应的样品,就需用不完全分块设计进行分析。不完全分块设计是指所有样品被划分为不同阶段或只有所有样品的一个子集参加实验。其中后者常用于筛查大量样品或用于消费者评估。这种方法在不可能召回产品的条件下使用,并用专业的数据分析(如在平衡不完全分块设计中需要方差分析)。

4. 常规感官设计

1)完全随机设计

最简单的分块结构是完全随机设计(completely randomised design,CRD),是指仅考虑单一因素对实验结果的影响,适用于只有一种待测样品,或者评价员不能同时评价多种样品的情况,也是最简单的分块结构。在CRD中,所有实验物质都是相同的,即全部样品被随机分配给所有的评价员,每人有且只有1份,能够保证每个产品都会被不同的感官小组评价,以得到不同的数据。因评价员不能为单独的分组,当得出的结论有变动时,不可纳入数据分析,则这种不是最佳的理想设计模型。CRD适合的样品数较少。全部评价员在一组实验中评价的情况下CRD可进行得相当好。例如,在商场随机检验中,品尝者被要求表达他们对于4种可乐产品的喜好程度,每位品尝者随机分配品尝这四种可乐。对于每一位评价员评价各个样品的集中场所与消费者检验而言,CRD是一项理想设计。

检验耗费时间过长或让所有人评价全部产品时间过长会导致某一产品的使用影响对其他产品的看法或该产品的使用改变了环境、人员或底物。此时CRD设计包括随机分配产品给个人,每人只看到1种产品。这种“单体”检验在消费者领域研究中很普遍,也叫作两组比较法,即不同的人群评价各种产品且按产品分组。如关于某一产品3种形式的研究,全部消费者被分成3个小组,人们被随机分配,每一组检验1种产品,然后完成1份问卷。CRD设计可以用在单一样品由不同评价员在不同地点进行评价实验,但是在这种情况下,由于地点而产生差异的显著性由每个地点的变化而决定。

2)随机完全分块设计

随机完全分块设计(random complete block design,RCBD)是最为常用的实验设计。它是指全部样品随机分配给所有评价员,保证样品分布均匀随机,且以平衡的顺序呈送,是一种考虑评价员间差异和样品间差异对实验结果影响的实验设计。RCBD设计需要让每位评价员在一组单一实验中评价所有样品,然后让他们返回来进行下一组实验,重新评价所有样品,因此,评价员可在一个或多个阶段反复评估每个产品。评价员在分析数据时就会考虑个人因素和反复评估导致的变化,这项实验设计也被称为“重复测量”设计。例如,在一项描述性分析研究中要求评价用脂肪替代物制成的6种冰淇淋,在一组单一实验中,评价员只能评价6种样品，样品要求被重复评价 3 次，因此评价员必须参加 3 组实验，从而重复 3 次评价全部的样品。

3）平衡不完全分块设计

在平衡不完全分块设计（balanced incomplete block，BIB）中，所有样品中的一个子集会在一个阶段中呈现。对于评价员来说，实验中有太多的处理样品，而导致无法在一组实验中评判完所有样品或当样品太多导致感官疲劳时，可采用 BIB。在这种情况下，评价员在各组实验中只评价部分样品。无论哪种情况，样品在分组中均被均衡、随机分配并被打乱顺序，保证每个评价员得到相同数量的样品，每个样品被评价员评价的次数相同，且每个样品与其他样品具有一样的被评估的次数，以使整个实验达到平衡。在 BIB 中，实验中样品出现的组是随机的，且提供样品的顺序也是随机的。

BIB 可通过计算机完成设计，包括如下情况：第一类 BIB，例如，在一项 13 种香草样品的描述性分析中，评价员在一组实验中不能评价所有 13 种样品时可选择平衡不完全分块设计，设计为 4 个样品一组，共 13 组用于评价，相当于 13 种香草中被评价了 4 次。第二类 BIB，经常用于从大量的各种风味和香气中筛选某些风味和香气为目标的消费者研究。例如，一种新的地板蜡可能有 4 种香气，由于人对香气易于疲劳的特性，消费者不可能在一组实验中对超过 4 种香气评出他们的喜好。通过选择适当的 BIB，9 名消费者组成 63 组，在一项筛选检验中评价 4 种香气，以挑出评价员最喜欢的香气。一般 BIB 实验会重复几次，以获得足够多的评价结果，来提高实验精度。使用标度法的 BIB 实验结果可采用方差分析进行数据分析。

5. 样品呈送方法

（1）简单型单一样品　只有一个样品用来评价。这个产品的数据不会受相互作用效应影响，可用来提供特征信息，并可进一步引出规范和行为标准。

（2）顺序型单一样品　样品在系列中连续地逐一被评估。对一些方法来说，这是最合适的形式。比如，描述性分析中属性强度的分级或情感检验的接受度分级。因为在感官评价中，评级时样品之间相互独立，不会直接与其他样品做比较。

（3）比较或同步设计　同时呈送所有样品。该方法须对比性分析，如排序检验、三点检验及成对比较检验等。

（4）组合型单一样品　样品成对呈现，第一个样品单独评分，第二个样品直接与第一个样品对比。如第一个样品被归为“喜欢”的类别，那么第二个样品会和第一个样品做比较，并会问到“与前一个相比，更喜欢哪个”等类似问题。

6. 重复实验

重复实验是指评价员对样品进行不止一次的评估，是估计和减小随机误差的基本手段，同时能增加发现差异的可能性。

在产品的感官评价过程中，重复次数和具体的评价方法有关。在描述性分析方法中，重复实验的次数由检验的目标决定。在筛选项目的初期阶段，没有涉及重要的决定，因此重复实验次数不需要很多,3～4 次重复实验对于评估测试员的可信度和获得具体结论来说,通常是足够。从实践经验中发现,差异性会在第一次重复与第二次重复之间和第二次重复与第三次重复之间有所降低,但是在后面的重复实验中这种差异性减少的现象就不再出现。而在最终产品的筛选或构建模型,其测试的结果非常重要时,则要设计足够多的重复次数。Stone 和 Sidel 建议 4 次实验重复较为合适,但在实践中实验次数与项目时间、样品数量和评估样品的数量也息息相关。有时增加评价员数量也可用来平衡由减少重复次数所带来的误差,但人员的增加可能会导致某些特殊的偏好而歪曲实验结果,存在一定风险。

在差别检验方法中,一般不建议用多重复性的判断来提高整体评估者数量,并且发现一个重复(即每个测试员都对每个产品评估两次)后,已经能够为实验人员提供足够的信息以监控区别能力以及最小化产品结论的风险。在只进行一次重复实验时,每个测试者都可以在 20～30 min 完成 6 个产品的采样工作,在这么短的时间通常已经足够,且不会产生感官疲劳。

在情感检验方法中重复实验较少,因为不仅浪费大量的时间和金钱,还在判断过程中存在更多的主观性以及结果的应用方式(例如预测潜在市场以及购买欲望)。另外,如果消费者参加多个测试,则增加了检验的复杂性。因此,当测试项目要有代表性的调查对象时,可以使用各种统计方法对目标人群进行更好的评估,所得的评价概括性结果会更加有效。在确定产品是否存在针对某个特定人群的明显缺陷以及这些缺陷所代表的商业问题(商业机会)时,选择能广泛地代表潜在消费者的评价员才是最佳的做法。

在差别检验和描述检验中,重复实验可用于确保选择的评价员的一致性和可靠性。它用来发现检验设计中出现的问题,如当样品变量过多时,评价员容易出现疲劳和滞后反应等。

在实验的规划和决定重复时,要考虑一些实际问题和统计方面的注意事项。实际问题包括产品的可获得性、产品的制备要求、可使用的测试员数量及频率以及测试申请的性质(处于项目的初始阶段还是市场测试之前)。如果不能提供足够的测试产品或在产品的制备过程中没有考虑产品的稳定性,那么设计一个大于预期差异并且要求在连续几天内完成测试是不现实的。

综上所述,必要的重复次数是不能或者不应该被强制固定的,每个问题都有不同的需求、特点和性质,因此,重复实验的次数也不会是一成不变的。

7. 评价组规模

评价员的数量由检验目标和检验方法决定。很多国际标准和现行的指南可指导感官科学家得到一个合适的样品规模。在数据分析中,评价员的数量会影响检验的统计学效力。因此,最大限度地增加评价员的数量能够改善样品间统计学差别。但是不能允许评价员重复他们的评价实验,也不能允许把重复评价的数据当成另一个人的数据。

一个典型的员工队伍应是一个由 5 人组成的核心团队,包括一名团队管理的专业人员、一名感官评价专业人员、两名技术人员和一名支持人员,一般熟悉检验程序或者具有大量生产的企业都可能具有这五名,甚至更多数量的专业人员。而对于熟悉感官检验的企业来说,一名感官评价专业人员和一名技术人员，共两名，这是最小规模的感官团队。没有一个固定的原则适用于所有情况，因此也不能说明运行一个感官项目所需的合适人数和工作人员类型，可以根据非直接的办法估算所需要的专业和技术人员数量或和曾经提出测试请求或有产品信息需求的人员进行讨论，均可为评价组的规模提供依据。

一个每年能够提供大概200个测试的项目组最少应有全职的感官评价专业人员和技术人各一名以及一个有50%工作时间的助理。专业人员的工作主要是与委托者进行会议、与技术人员制定测试方案、数据解读、准备报告和沟通结果。技术人员的工作主要是组织和部署测试、联系测试员、审核测试员资格、安排测试员、审查结果和维护记录。助理的工作是为测试准备样品、服务和执行一般的清理及相关工作。当一年有300个测试的项目时，一般要有一名感官评价专业人员和2～3名技术人员。当测试量增加到400个或更多时，将匹配更多的专业人员和助理。评价测试的类型不同，如描述型，感官评价专业人员在项目计划、讨论结果以及参与类似消费者态度信息等测试都要花费大量时间和工作量，所以描述性分析和差别型分析需要更多的专业人员。

3.2.3 注意事项

①根据检验目标制定合适的实验设计。

②不要以零散、点对点，如“看发生什么”这样的方式进行测试。应运用常规实验设计系统地评估受试样品，这样能收获更多信息。

③在可能情况下建立对照、基线和空白样品。

④在可能情况下运用重复实验，如描述性分析。

⑤采用足够数量的评价员，从而满足感官检验统计学的要求。

⑥不要将样品以同样的顺序提供给评价员。如果全部产品不能在同一时间段内被每位测试员评价，就要对不同时间段各小组的上样次序进行平衡，使用随机分配方法或平衡分配方法。同时，尽量保持每个样品的独立性，单个连续上样次序能更好地控制产品间的时间间隔，对整体的感官交互作用和感官疲劳起到一定的控制作用。

⑦检验实验设计确保样品均衡分配，如果不能让所有测试员评价每个样品，就要对上样次序进行小组间的均衡，特别是检查每个样品与其他样品有同样的评价次数。

⑧不要臆想随机实验是均衡的，应检查实验设计。

3.3 数据分析

为了确保评估观察产品性质和感官评价之间的联系是真实的，数据是客观的，而不是不可控的变量，常采用统计学方法对感官评价数据进行分析，该方法称为“感官计量学”，它包括完整的数据收集、数据整理和数据分析等。由于该领域较为复杂，因此为了科学地统计数据，在专业人员掌握足够统计知识的基础上，还常要采纳统计学专家的建议。

3.3.1 数据类型

在感官评价项目中得到不同性质的数据，针对不同数据选择合适的数据分析方法。

1. 标定数据

标定数据主要代表的是不同组别或类别，是一个虚拟的变量，并不能反映其顺序特征。如不同性别，0 代表男性，1 代表女性，还可以代表不同编码的进餐类别，1 代表早餐，2 代表午餐，3 代表晚餐，4 代表点心。在这些数据中，数字作为标签，可以用作分析的标记、类别或种类，而不是代表数值，通过差别检验可获得标定数据。

2. 有序数据

顺序标度是对产品的一些特性、品质或观点标示顺序的一种标度方法。它的类别（数值）代表某特征属性强度的增加或减少。在有序数据中，赋值有利于产品的一些特性、品质或观点进行排序，数值表示感官体验的数量或强度的增加或减少，例如对葡萄酒赋值根据甜度排序或对香气的赋值按照喜爱到不喜爱而排序。但不同类别（数值）间的相对距离并非总是相等的，例如数值排在第四，样品的感官强度不一定就是排在第一的 1/4，排在第三与第四之间的样品之间差别和排在第一与第二也并不一定相同。评价者不能对感知差别的程度下结论，也不能对差别的比率或数量下结论，通过排序和评分标度可获得有序数据。

3. 区间数据

区间数据是一个区间内按相同间隔取数，在数理统计上有统计价值。但区间分级并没有真正的零点，例如温度，虽然 10 ℃与 20 ℃之间的差距和 20 ℃与 10 ℃之间相同，但 40 ℃的热度并不是 20 ℃热度的 2 倍。

4. 比例数据

在比例数据中，类别（数值）有数值意义并且有零点，如“质量”，10 kg 质量与 20 kg 质量的质量差和 20 kg 质量与 30 kg 质量之间相同，而且 40 kg 的质量就是 20 kg 质量的 2 倍。

标度是否具有主观（潜在）变化的比率特性是一个独立又难以测量的问题。培训过的评价员可以得到描述性评分标度的区间数据或比率数据。

3.3.2 数据分布

原始数据可通过“答案出现的次数”和“答案的量级”分布从而得到可视化数据，根据人们对样品可接受度的评分分布得出样品可接受性，这种类型的分析称为频率分布。

1. 正态分布

正态分布又叫钟形曲线或高斯分布，如果一组数据服从正态分布，其性状就是左右对称的“钟形”曲线，在数据分布中扮演重要角色。虽然区间数据和比率标度可得到正态分布数据，但在进一步分析时应再次确认。

2. 非正态分布

当数据分布不符合正态分布的形状或特点时，则是非正态分布，常用非参数检验。标定数据和有序数据属于非正态分布，如差别检验方法和排序检验方法。区间数据和比率数据也可能属于非正态分布，此时要用非参数检验进行分析。

3. 非参数检验

非参数检验是任意分布的，即没有对所得响应的分布模型做出假设，可用于非正态分布数据和正态分布数据，如二项式检验、相关系数分析、Friedman 检验。当直接使用测试员的标度数据时，用没有经过修饰或者转换的自由视角来观察响应，其中通过个体之间的差异研究产品的相似性和差异性，即将数据转换为秩以消除量值的影响，最后使用非参数检验处理。

4. 参数检验

参数检验属于推论统计，是指那些假设数据符合正态分布的方法，可应用于正态分布数据，如 t 检验和方差分析。t 检验适用于数据库相对较小（例如小于等于 30 个）和只有两个测试样品。如果测试的样品数超过两个，对任意的两个样品单独比较也可用 t 检验，但同一数据库使用多重 t 检验易出现误差，且产生大量且不断变化的 Ⅰ 类错误。方差分析是将测试中不同来源的差异进行划分，为所研究的变量提供更精确的估计，可视为 t 检验的延伸，适用于多种样品测试时直接处理多种实验条件下所得到的数据，且在决策过程中无须考虑折中和风险因素。

3.3.3 样品与群体

随着各种各样食品的大量生产，消费者的需求也是多样化和层次化的，过去少量的专家级人员已经不能了解产品的所有特性和消费需求，因此获得群体的结论是十分重要的。“群体”可以是某个产品或消费者群里某个产品的潜在购买者，通常由于资金和时间的限制，不可能对整个整体进行测试，因此常选择该群体中的某个（些）样品作为可以推断群体属性的代表。

在感官评价中，样品应代表群体并能从中得到正确的结论，样品量越大，代表越强。通常是随机对样品进行取样，但要注意是否在操作过程中遵守随机原则。样品要被公正客观地处理，如在对生产的产品取样时，应由不同批次样品构成；在对新鲜果蔬取样时，样品应由不同地点和区域构成；当选择消费者作为评价员时，可用层次取样法匹配目标人员，如消费者、使用者。

平均数、中位数、众数等是评估群体的参数，这些参数来源于对样品的统计，常用罗马数字描述样品数据，希腊字母来描述群体参数。更多的统计检验分析可获得更多的关于群体的信息，通常有两大类统计分析方法，分别是描述统计和推理统计。描述统计总结如平均得分等数据，推理统计可在一定置信区间内通过样品得出群体的相关结论，如平均得分是否有显著差异。

3.3.4 数据处理

1. 数据检验

对原始数据进行数据检验是非常重要的，在检验过程中可保证得到预期数据及排除错误数据输入域。检查数据的偏离值，从而决定是否被移除、保留或替代。偏离数据在样品中可能具有代表性，除非有非常合理的理由（如评价员身体不适或标度法使用不正确或一批次原料不符合质量指标等），否则不移除偏离数据。移除任何偏离数据都要在最终的文件中记载，因为偏离数据可能会对选择数据分析类型的结果有影响。

当发现数据有遗失时，应先检查和确定是否真正缺失，缺失值的存在会导致一些统计检验无法进行。在这种情况下，有以下几种选择：用平均数取代遗失数据，如用评价小组的平均值代替某一位评价员缺失的数据或有关该产品端的数据，或者移除这位评价员的数据，这些都将对数据分析产生影响。数据的移除和替代一定要谨慎，且在讨论结果时要根据数据移除和替代进行适当修订，且确保数据的格式可用专用软件进行分析。

2. 数据转换

数据转换是将数据从一种表示方式转换为另一种表示方式，是数据处理中重要的步骤之一。在某些情况下，参数数据统计分析前要对数据进行转换，例如从不同标度法中得到计数值、评价员对标度法的使用不同和数据并非呈正态分布等情况。在感官数据中，常见的数据转换有归一化、标准化和对数化。

（1）归一化　修正数据使所有评价员（或产品）获得的最大值一致、数据可以被归一化为100或某一评价员或产品的最大值，其余数据以百分比计算。它的目的是在同一水平上比较所有的评价员（或产品）。

（2）标准化　将一组数据转换成具有某些统一的统计特性，如标准差、均值等，修正数据使所有变量或属性在同一水平上且方差相等。它的目的是确保所有变量或属性具有相等的尺度。在统计分析中，某一属性的影响不会比其他属性大且方差相等。通过减去变量或属性平均值并除以标准偏差，从而获得标准化数据。

（3）对数化　计算自然对数或以10为底的对数数据。数据的对数化在消除偏态和更好的拟合统计分析是较为有效的。它的目的是对偏斜数据进行归一化、变量间关系线性化以及使方差稳定。按等比例尺收集数据，比如，量值估计则要在进一步统计分析前进行对数转换。

3.3.5 描述性统计

统计学在感官评价中提供两方面的重要信息描述数字特征，分别是对检测量的最佳评价和评价的变化。将描述评价和评价值的差异称为描述性统计，它是对大量的数值数据进行整理和总结，包括集中趋势的测量、变异性的测量以及相关系数。

1. 集中趋势

在总结数值数据时，要了解相关代表数分别是什么。涉及的集中趋势的测量方法主要是中位数、平均数和众数。

中位数是一组按顺序排列后位于中间位置的数值，因此对于已经排列后的数值来估计中位数是合适的方法。对于奇数个数值的数据而言，中位数是恰好处于中间的数值；对于偶数个数值的数据而言，中位数是两个中间数据点的平均值。一半的数值高于中位数，一半的数值低于中位数。

平均数是将所有数值的数据相加求和再除以数值的总个数，是对数据分布的中心或中心趋势的估计。一般对于集中趋势来说，平均数是最有用的测量方式，因为它可以进行后续的统计处理，而中位数和众数则不能。但是平均数对于分布中的极端数据特别敏感，容易受偏离值数据的影响，使结果并不准确，因此只有在是正态分布的参数数据才使用该算法。

众数是指分布中出现最多，即出现频率最高的数值。如果没有出现频率最高的数据，有可能是该数据组中没有众数，或者也可能是不止一个众数，比如双峰分布具有两个众数。当数据并非正态分布或非参数模式时，采用中位数和众数平均值。

2. 离散

离散的测定可以指示数据在平均值周围的变化性（扩散）。典型的测定包括标准偏差、方差和百分位范围。

（1）标准偏差（s）　能正确地反映不同测定值之间的离散有多少，是对平均值离散程度的一种测定，可以用相同的单位来表示原来的数量级，公式如下。

$$s=\frac{\sqrt{\sum x^2-\left(\sum x\right)^2/n}}{\sqrt{n-1}}$$

式中，s 为标准偏差；n 为被测数；x 为测定数值。

例如，在数据组中，1 1 2 2 2 2 4 5 6 6 7 8 9 9 9 来说，标准偏差为 3.1。

（2）标准方差（S）　标准方差是一个“群体”参数，它是整个群体的理论标准偏差。如果实验重复多次，将得到多个平均值，从而可以计算样品平均值的标准偏差，但由于时间和经费的限制，极少或者很少这样做。标准方差可以从一个样品的标准偏差得到，公式如下。

$$S=\frac{s}{\sqrt{n}}$$

式中，S 为标准方差；s 为标准偏差；n 为被测数。

在数据组中，1 1 2 2 2 2 4 5 6 6 7 8 9 9 9 来说，标准方差值是 0.79。百分位范围：在数据并非正态分布或者非参数模式的情况下，四分位数间距可以提示数据的离散情况。四分位数间距是通过将数据排序并把它们分成子集，从而一定的比例会高或低。

3.3.6　假设检验

当要验证某一个假设时，用在良好控制条件下做的实验与其他条件下做的实验进行比较，即确定某未知参数的值是否等于一特定值，或者两个未知参数是否相等，以帮助研究人员得到更可靠的结果，这种方法称为假设检验。在统计术语中，假设检验是真实结果（零假设）和备择假设（或研究假设）更为正式的过程。简单地说，确定样品是否有差异，零假设表明样品没有差异，备择假设说明样品间有差异。数据分析用于确定是否有足够的证据说明是零假设，还是备择假设。

在假设检验中，结论可能是正确的，也可能是不正确的，其中不正确的类型主要包括Ⅰ类错误和Ⅱ类错误。Ⅰ类错误是指否定假设是错误的，而实际是正确的，或者当实验样品与目标样品进行比较时，假设样品本身没有差异，而根据测试结果判定样品之间存在差异而实际这个是不存在差异的。Ⅰ类错误发生概率记为 α 风险，这种错误可以通过降低显著水平或检验 α 风险来控制。最常用的显著水平是5%，这表示100次检验中如果有5次被检出，则该样品被认为是有差异的，然而事实上并没有差异。Ⅱ类错误是指否定假设是正确的，而实际是错误的，或者样品间没有差异，而实际是存在差异的。Ⅱ类错误发生概率记为 β 风险，这种错误可以通过降低 β 风险来控制。α 和 β 之间存在一定的关系，如当其中一个下降时，另外一个就会上升，这种关系是由判断的数量、产品间差异的量级（即差异影响的大小）以及测试者的敏感度和信度来决定的。

（1）临界值　对每一组统计分析而言，检验统计量都是通过原始数据计算得到的，这也用来确定结果并得到结论，通常用检验统计量和代表该实验显著水平的临界值做比较。若检验统计量超过该临界值，拒绝零假设，该样品被认为有显著差异；若检验未超过临界值，接受零假设，认为没有足够的证据证明样品间是有显著差异的。

（2）p 值　通过检验统计量来计算得到Ⅰ类错误出现的概率。如果概率或 p 值小于测试的显著水平，拒绝零假设，该样品被认为有显著差异。当 p 值小于5%检验的显著水平，意味着Ⅰ类错误出现的概率更小。但当 p 值大于检验的显著水平时，接受零假设，且可能有更大的概率出现错误。

在过去的统计检验中，临界值是最常见的确定假设检验结果的方法，而随着计算机分析数据软件的普及与发展，临界值和 p 值逐渐被人们使用。

思考题

1. 一个感官评价项目需要做哪些准备工作？
2. 简述感官评价中设定的目标具体。
3. 简述如何选择合适的感官评价方法。
4. 感官实验中的处理结构是什么？包括哪些内容？
5. 感官实验中的设计结构是什么？包括哪些内容？
6. 什么是数据转换？常见的数据转换类型主要有哪些？

HAPTER 4

第4章 食品感官评价的基本条件

【学习目的和要求】

了解食品感官评价的相关法律法规；了解食品感官评价员安全和权益的保障措施；了解食品感官评价数据采集的方式；掌握食品感官评价实验室建立的要求；掌握食品感官评价样品制备和呈送的注意事项；掌握感官评价员筛选和培训的要求。

【学习重点】

食品感官评价实验室建立的要求；食品感官评价样品制备和呈送的注意事项；感官评价员筛选和培训的要求。

【学习难点】

感官评价员筛选和培训的要求。

食品感官评价是以人的感觉为基础，通过感官检验食品的各种属性，再经统计分析而获得客观结果的实验方法。在食品感官评价过程中，其结果受客观条件和主观条件的影响。食品感官评价的客观条件包括外部环境条件和样品的制备，主观条件则涉及参与感官评价实验人员的基本条件和素质。外部环境条件、参与实验的感官评价员、样品制备是食品感官评价实验得以顺利并获得理想结果的三个必备要素。只有在控制得当的外部环境条件，精心制备所试样品和参与实验的评价员的密切配合，才能取得可靠而且重现性强的客观评价结果。

4.1 从健康、安全、道德和法律法规多方面考虑

4.1.1 食品感官评价的重要性

感官评价工作人员有责任保证感官评价员的健康、安全，同时考虑评价的道德问题和合法性。感官评价存在导致评价员受到严重伤害的可能，如食物中毒或摄入染毒原料。因此，要考虑到评价的所有方面因素，以此来保证评价流程和评价行为符合法律和道德的要求。这些因素包括对评价人员的保护、样品原料的安全性、样品的生产准备以及评价的方案。有时，感官评价员会被要求采用一些新的方法来评价一些当地市场的产品，如未经批准的新食品或新成分、新的评价方案、效能评价和安全性评价。在这些情况下，需要采取一些额外的措施来保障感官评价员的安全和权益，例如，专业人士的审核以及对评价员不间断的观察。严谨的评价程序要有利于降低感官评价的法律风险，同时告知评价员其健康受到高度的重视，以此来提高评价人员的信心。

4.1.2 相关的法律法规

自1988年开始，我国相继制定和颁布了一系列感官分析方法的国家标准，包括《感官分析　方法学　总论》(GB/T 10220—2012)、《感官分析　术语》(GB/T 10221—2021)、《感官分析方法　不能直接感官分析的样品制备准则》(GB 12314—1990)、《感官分析方法　成对比较检验》(GB/T 12310—2012)、《感官分析方法　三点检验》(GB/T 12311—2012)等、《感官分析　选拔、培训和管理评价员一般导则　第1部分：优选评价员》(GB/T 16291.1—2012)、《感官分析　选拔、培训和管理评价员一般导则　第2部分：专家评价员》(GB/T 16291.2—2010)和《感官分析　建立感官分析实验室的一般导则》(GB/T 13868—2009)等。这些标准一般都是参照采用或等效采用相关的国际标准，具有较高的权威性和可比性，对推进和规范我国的感官分析方法起了重要作用，也是执行感官分析的法律依据。

4.1.3 评价员的保护

1.知情权利

在进行研究前，必须获得所有评价员对参与评价实验的同意书，应告知他们实验的性质、实验中将进食或用到的样品、任何与之相关的风险、拥有可以随时退出评价过程的权利、隐私

保护、遇到不良反应时的医疗救助和赔偿。这些信息需要以口头和/或书面形式告知评价员，同时评价员拥有就此提问的机会。相关注意事项包括：①评价员必须自愿同意参加评价实验。②评价员须具有同意参加实验的法律能力。③评价员有权拒绝任何欺诈行为、欺骗、逼迫、难以达到的操作或其他形式的强迫。④评价员要有足够的知识并理解实验的主题，从而做出明智的决定。⑤在同意参与感官评价之前，评价员要有足够的时间来阅读和理解组织者提供的信息。提供给评价员的信息包括：①研究的性质、时长和研究的目的。②研究的方法和手段。③可能会造成的不便或者危害。④参与研究可能对评价员及其健康或身体造成的影响。

2. 选择权利

在进行感官评价之前，组织人员有责任保证参与评价员的安全以及实验不违背道德。为保证实验安全且符合道德的要求，在挑选评价人员时需要考虑以下问题：

①评价员对实验中的目标产品无过敏症状或不耐反应。

②评价员无相关疾病或正在服用可导致潜在不良反应的药物。

③不能要求评价员接触那些被其视为违背道德或者宗教信仰的产品，如要求素食者进食肉类产品。

④不能要求评价人员接触其厌恶的产品。

3. 健康监测

建议设立长期稳定的工作小组来监测评价员的任何医学特征变化。在选定评价员的基础上，建立评价员的健康档案，包括牙齿健康和任何经常服用的药物，以此来防止评价员进食一些对其存在风险的产品。这些程序可经由专业的健康专家(如医生)在保密情况下来进行操作。在评价的例行间断期间，定期(如每年一次)检查评价员的信息是否正确，并知晓任何变动。其间，评价员需告知任何健康情况的变化，如采用新的药物治疗。在研究过程中，要注意任何非正常的健康状况，即便这种状况与研究无关。应针对评价员因检验引起的不良反应，建立报告、记录、处理和监控机制。当评价员感觉不舒服或产生不良反应需要补救治疗时，应就医治疗。要持续关注并有效解决在研究过程中评价员出现的任何不良反应。

4. 赔偿

与实验相关的伤害和医疗费用应获得赔偿，如针对由“无过失”行为导致的不良后果的赔偿。研究人员需要办理相关保险，特定情况下，雇主/赞助者应按事先声明来提供赔偿；如果是由评价员自身疏忽造成的事故，则无须使用保险赔偿。大多数评价实验的赞助方会要求查阅参与评价员的保险情况以及保持保险有效性程序的有效实施。

4.1.4 样品的安全

样品的准备需要在具有较好条件的实验室开展，同时有/或有适当的卫生措施。当实验由代理机构来开展时，客户有责任确保检验样品的安全，同时这些要求须在合同中体现。

1. 样品成分

为了安全地开展感官评价实验，感官评价工作人员必须了解被评价产品中含有的成分，并提供给评价员相关可能的致敏信息，并在发生不良反应的情况下向医护人员提供信息。在多数情况下，多数商业产品的包装上有成分标注，这些信息也需要记录。评价实验的负责人需要记录产品开发的成分标注和/或配方以及试样品。当评价实验中包含未知配方时，则需要更为谨慎。

2. 样品数量

要考虑评价员短期（单次评价）和长期（整个研究过程或评价员的终生）的消耗或使用的样品量以及如何减小评价可能产生的负面影响。如果单次评价实验中的样品摄入量/使用量大于常规剂量，则要考虑是否超出了推荐每日膳食供给量（RDA）。如果超过，则需要进行安全性评价。一些过度摄入/使用样品可能产生的不良影响以及减小这些不良影响的措施包括：

①长期摄入高能量食品可能导致体重增加（样品经评价后吐出而不是吞下）。

②含酒精食品可能导致慢性反应，并且可能会导致评价员出现酒后驾驶的行为（使用呼吸酒精测试器，提供评价地点的交通服务）。

③有腹泻作用的成分，例如一些水果、油脂、强效增甜剂、脂肪替代品等（减少单次评价中的使用量）。

④过度使用个人卫生产品可能导致皮肤敏感，如每日刮胡等（预先评价过度使用的过敏性以及减少使用的时间和频率）。

⑤在单次评价中，大剂量吸入含酒精成分的香气可能会导致眩晕（使用闻香纸条，降低每次闻的时间和频率以及所闻样品的数量）。

3. 毒理安全

要确定被评价产品及其成分无毒无害，且产品的制作和贮藏的方式不会染毒。通常来说，如用于评价实验的产品符合国家相关法律的要求，需评价的这些产品在评价实验中被认为是安全的。产品中成分的类型、浓度以及产品的生产工艺也需要评价，如需评价来自转基因原料中的成分。要特别关注非本国来源的产品、实验样品、新开发的样品、含有新成分或添加用新工艺生产的成分的产品评价实验。

4. 微生物安全

所有在感官评价实验中使用的样品无论是实验室制备的样品，还是中试生产的产品，都需要确保其微生物安全性。处于市场销售期内的产品则无须再对其微生物进行安全确认，但需要确保产品处于保质期内，如查看“请于××（日期）前食用”或“最好在××（日期）前食用”，同时要将这些样品放置在适宜条件下贮藏。

5. 过敏问题

如待评价样品中存在任何已知过敏成分，需要告知评价员。欧盟有一份过敏原列表，这份表包括含蛋白谷物（小麦、燕麦、大麦、黑麦、卡姆小麦、斯佩耳特小麦和黑小麦）、花生、木本坚果、大豆、芝麻、鱼、甲壳动物、牛奶、鸡蛋、含硫食品（以 SO_2 计，至少大于 10 mg/kg）、芥末、芹菜、羽扇豆、贝类和以这些食物为原料制作的食品。那些可以引起部分人群产生严重过敏反应的成分则需要及时预防。

4.1.5 实验室操作规范

任何实验室都应遵从实验室良好操作规范、安全操作流程和质量控制流程，这些都要符合相关法律法规的要求。要对所有被评价的产品进行风险评估。需要标准的操作流程，对工作人员进行培训并保存培训记录的有关文件。所有参与评价的工作人员或感官评价员需关注防火、事故和紧急情况处置流程。

场所要有符合相关法规要求的良好卫生程序，所有人员必须遵守个人卫生的相关要求。场所要保持洁净，有清洁制度并进行有效监督，并需要建立文档：实验记录（包括实验方案、样品、时间、清洁、分析等），实验手册（包括实验室开展的所有工作），各种标准操作准则，感官评价的方法指南等。

4.2 环境的控制

环境条件对食品感官评价有很大影响，这种影响体现在两个方面：对品评人员心理和生理上的影响以及对样品品质的影响。环境条件包括感官评价实验室的硬件环境和运作环境。在建立食品感官评价实验室时，应尽量创造有利于感官评价顺利进行和评价员正常评价的良好环境，尽量减少评价员的精力分散以及可能引起的身体不适或心理因素的变化，避免判断上产生错觉。

4.2.1 建立感官评价实验室

按照《感官分析 建立感官分析实验室的一般导则》（GB/T 13868—2009）建立感官评价实验室。

1. 范围

该标准规定了建立感官评价实验室的一般条件，实验室区域（检验区、准备区和办公室等）的布局以及不同区域的建设要求和应达到的效果。

感官评价实验室既适用于食品的感官评价，也适用于非食品的感官评价。然而针对特定的用途，实验室需要进行调整。对于特定的检验产品或检验类型，尤其是对于非食品的感官评价，实验室设计常需要进行修改。虽然许多基本原理类似，但本标准未涉及产品检验中的专项检查或企业内部品质控制等对检验设施的要求。

2. 原则

实验室的设计应满足两个条件：①保证感官评价在已知和最小干扰的可控条件下进行；②减少生理因素和心理因素对评价员判断的影响。

3. 实验室的建立

感官评价实验室的建立应根据是否为新建实验室或利用已有设施改造而有所不同。典型的实验室设施一般包括供个人或小组进行感官评价工作的检验区，样品准备区，办公室，更衣室和盥洗室，供给品贮藏室，样品贮藏室，评价员休息室。实验室至少应具备供个人或小组进行感官评价工作的检验区以及样品准备区。感官评价实验室宜建立在评价员易于到达的地方，且除非采取了减少噪声和干扰的措施，应避免建在交通流量大的地段（如餐厅附近）。应考虑采取合理措施以使残疾人易于到达。在评价员进入评价间之前，实验室最好能有一个集合或等待的区域。该区域应易于清洁以保证良好的卫生状况。感官评价实验室的设计见图 4-1 至图 4-12。

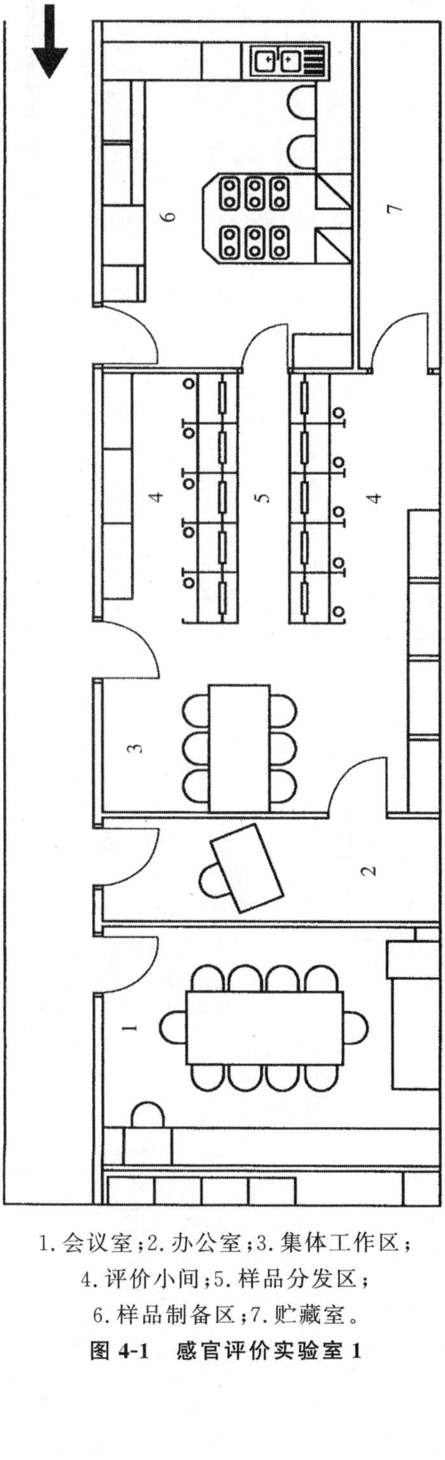

1.会议室；2.办公室；3.集体工作区；
4.评价小间；5.样品分发区；
6.样品制备区；7.贮藏室。

图 4-1　感官评价实验室 1

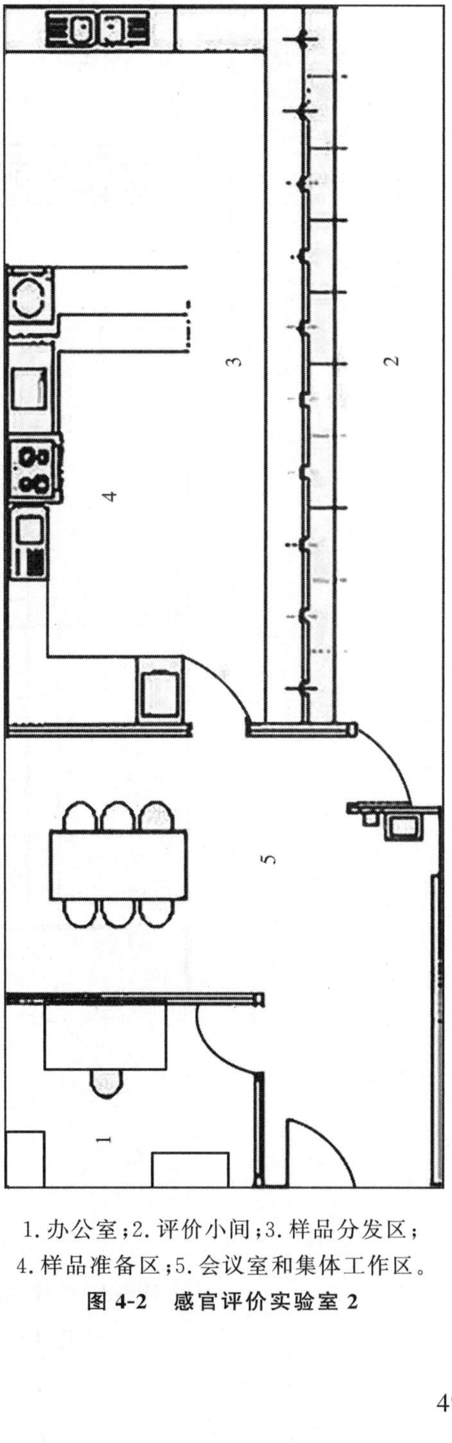

1.办公室；2.评价小间；3.样品分发区；
4.样品准备区；5.会议室和集体工作区。

图 4-2　感官评价实验室 2

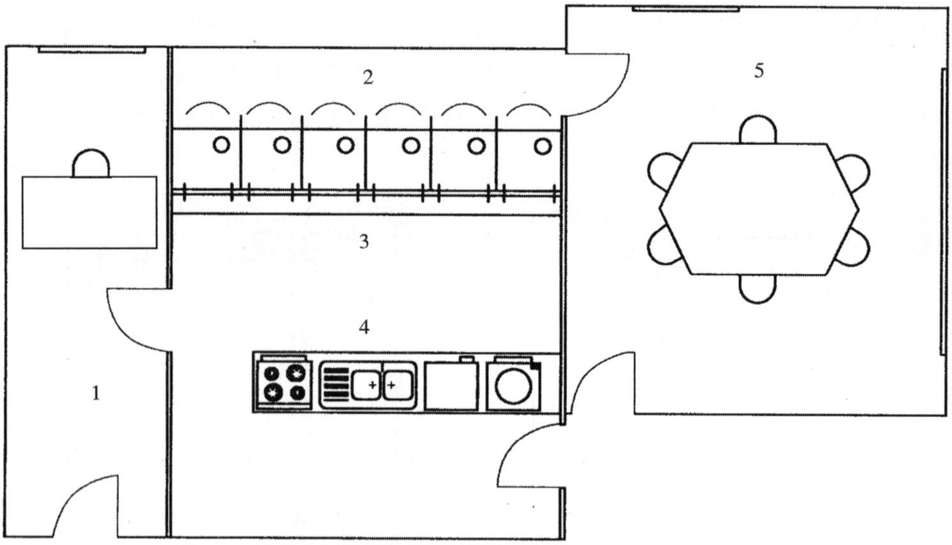

1.办公室;2.评价小间;3.样品分发区;4.样品准备区;5.会议室和集体工作区。

图 4-3　感官评价实验室 3

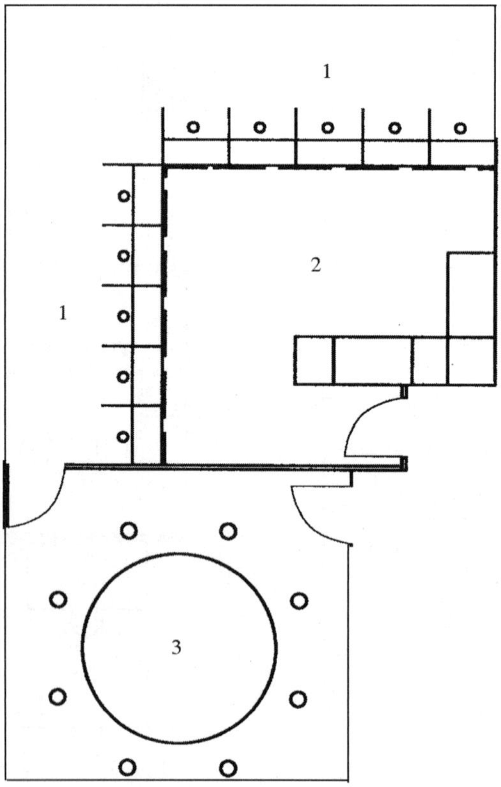

1.评价小间;2.样品准备区;3.会议室和集体工作区。

图 4-4　感官评价实验室 4

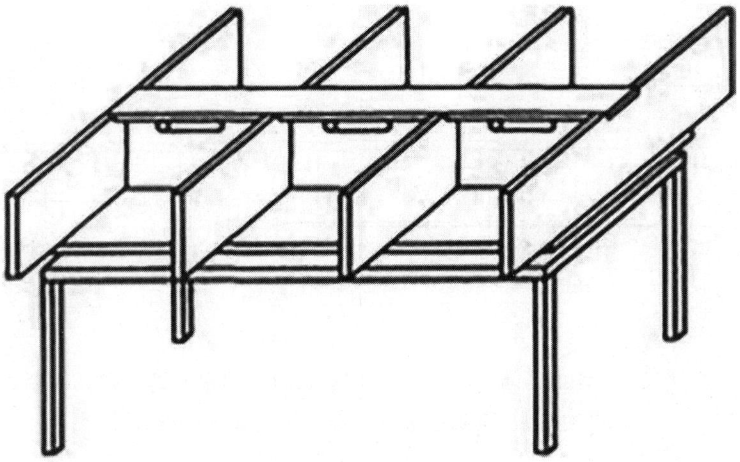

图 4-5　带有可拆卸隔板的桌子

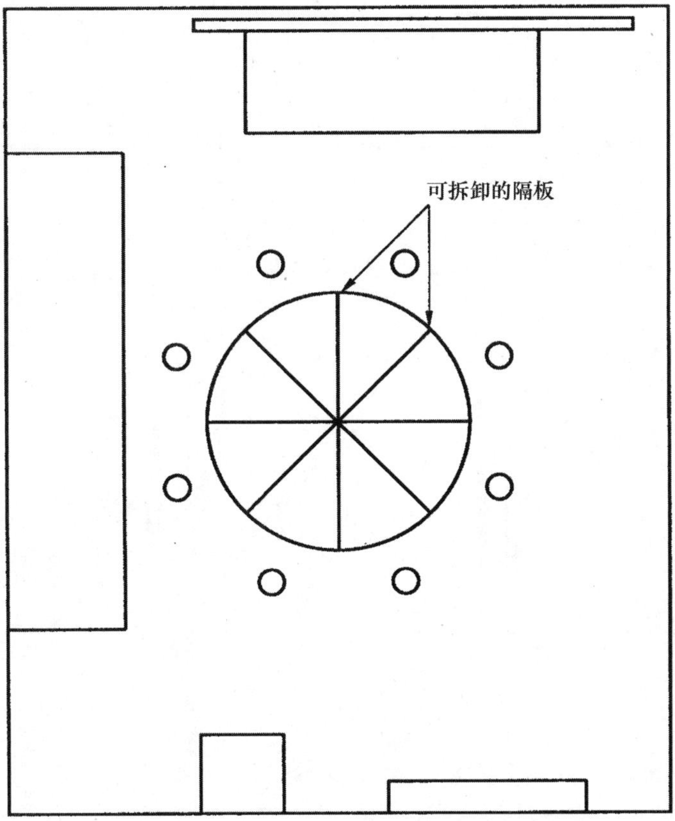

图 4-6　用于个人检验或集体工作的检验区的建筑

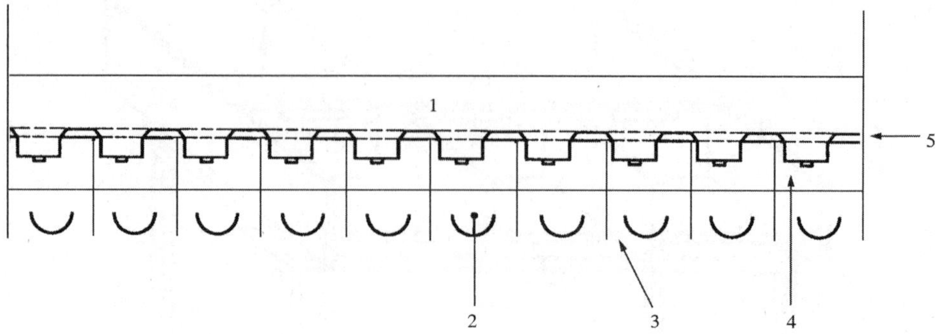

1. 工作台；2. 评价小间；3. 隔板；4. 小窗；5. 开有样品传递窗口的隔断。

图 4-7　用隔板隔开的评价小间和工作台

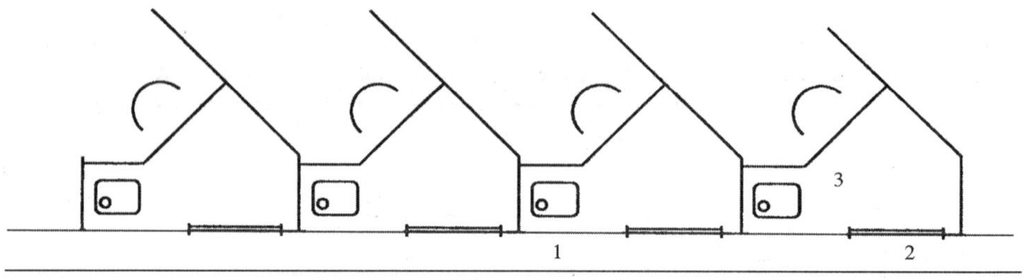

1. 工作台；2. 窗口；3. 水池。

图 4-8　人字形评价小间

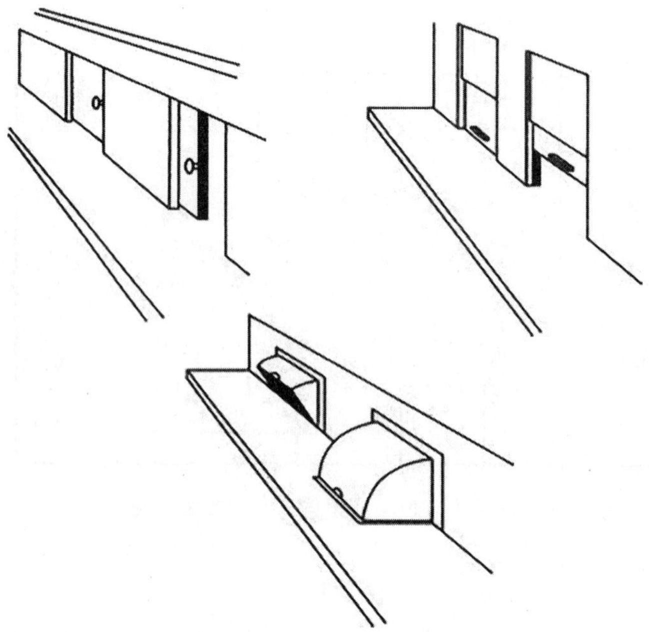

图 4-9　传递样品窗口的式样

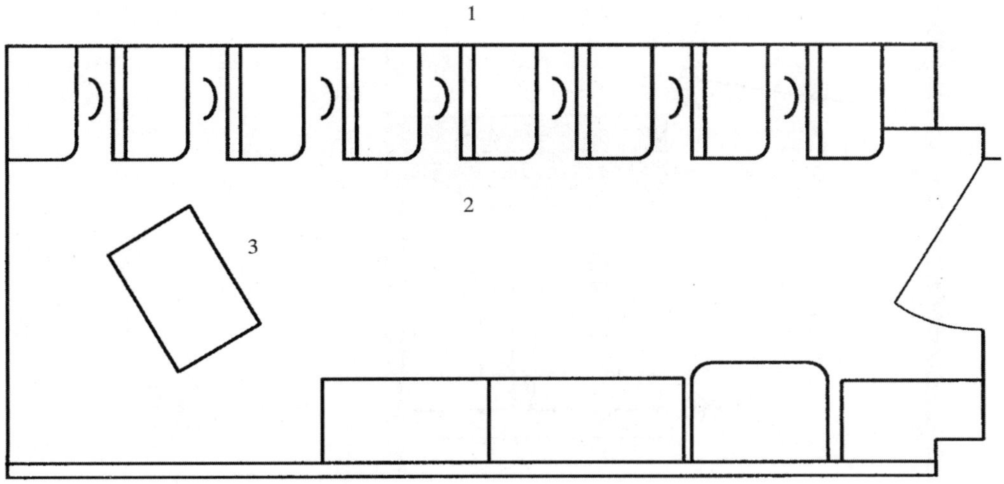

1. 横向布置的评价小间；2. 分发区；3. 检验主持人座位。

图 4-10 设立检验主持人座位的检验区

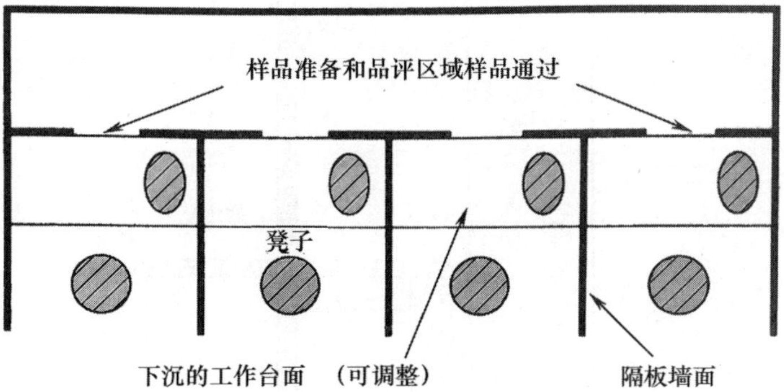

a.平面图

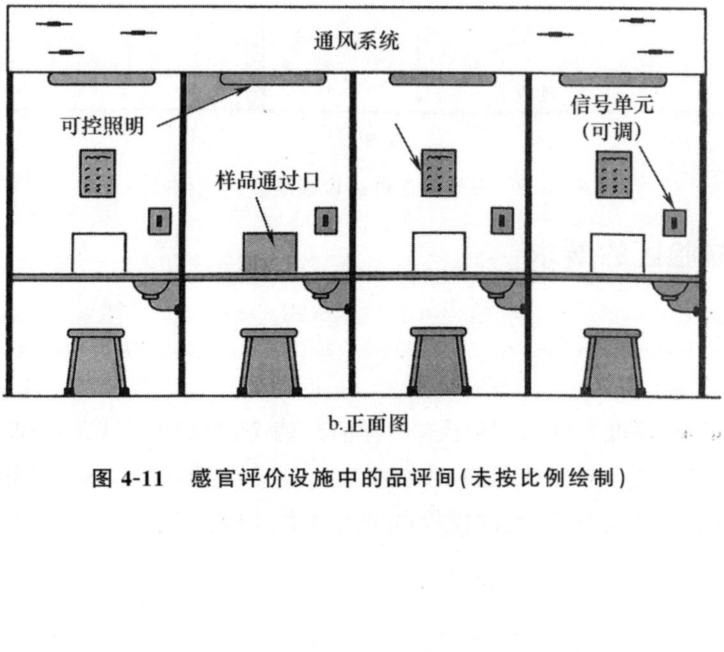

b.正面图

图 4-11 感官评价设施中的品评间(未按比例绘制)

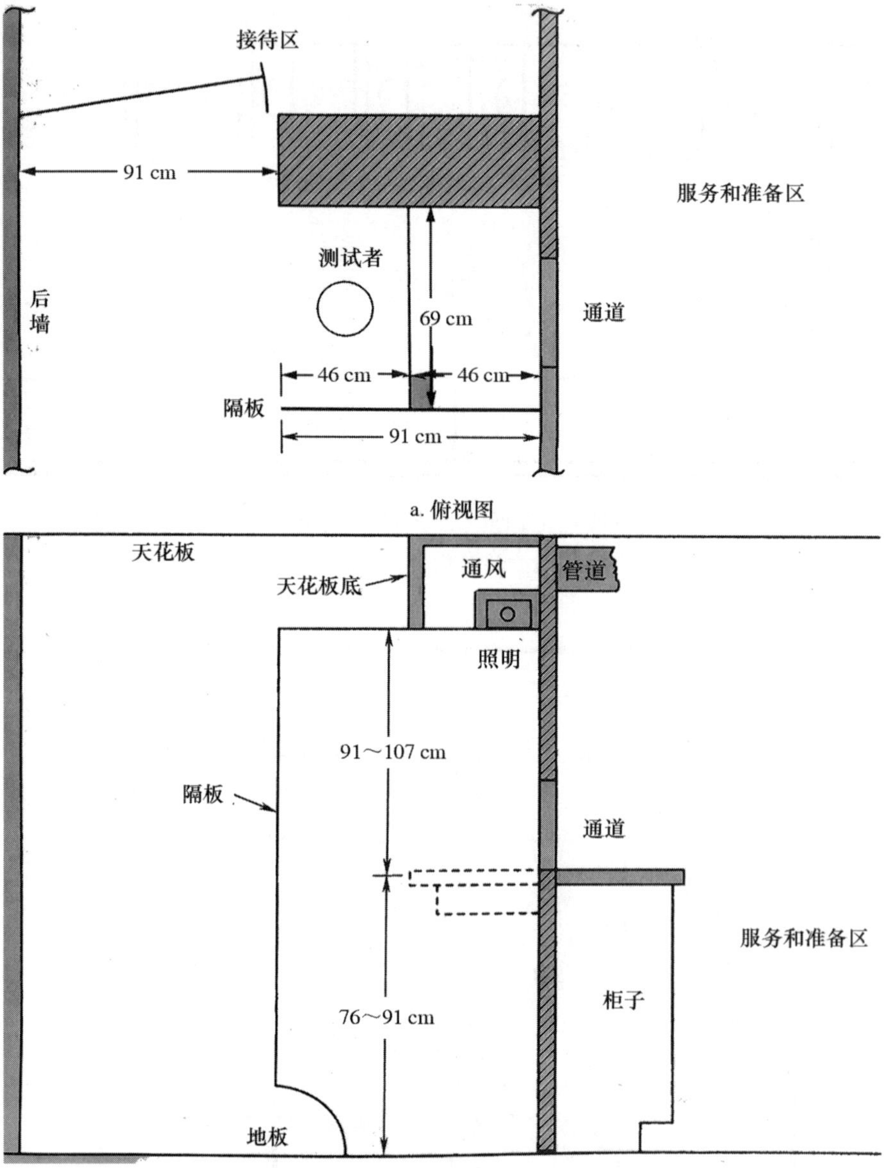

图 4-12　品评间区域的详细描述（仅供参考）

4.2.2　检验区的要求

1. 一般要求

1）位置

检验区应紧邻样品准备区，以便于提供样品。两个区域应隔开，以不同的路径进入，而准备好的样品只能通过检验隔挡上的活动窗口送入检验工作台，以减少气味和噪声等干扰。为避免对检验结果带来偏差，不允许评价员进入或离开检验区时穿过准备区。

各功能区内及各功能区之间的合理布局能使样品准备的工作流程便捷高效。检验区内应保证空气流通,以利于排除样品检验时的气味及来自外部的异味。地板、墙壁、天花板和其他设施所用材料应易于维护、无味、无吸附性。在检验区建立时,水、电、气装置的放置空间要有一定余地,以备将来位置的调整。

2)温度和相对湿度

检验区的温度应可控。如果相对湿度会影响样品的评价,检验区的相对湿度也应可控。除非样品评价有特殊条件要求,检验区的温度和相对湿度都应尽量让评价员感到舒适,一般温度恒定在 21 ℃左右,相对湿度保持在 65%左右。

3)噪声

远离噪声与振动源,避开大楼门厅、楼梯、走廊等,检验区保持安静,任何干扰因素都会影响感官评价人员的注意力,影响正确评价的结果。当感官评价人员遇到难以评判的样品时,这方面的影响会更显突出,必须控制外界对检验区的干扰。分散感官评价人员注意力的干扰因素主要是外界噪声。

4)气味

检验区应尽量保持无气味。一种方式是安装带有活性炭过滤器的换气系统;需要时,也可利用形成正压的方式减少外界气味的侵入。

检验区的建筑材料应易于清洁,不吸附和不散发气味。检验区内的设施和装置(如地毯、椅子等)也不应散发气味,否则干扰评价。根据实验室用途,应尽量减少使用织物,因其易吸附气味且难以清洗。使用的清洁剂在检验区内不应留下气味。

5)颜色

检验区墙壁和内部设施的颜色应为中性色,以免影响对被检样品颜色的评价。宜使用乳白色或中性浅灰色(地板和椅子可适当使用暗色)。

6)照明

感官评价中的照明的来源、类型和强度非常重要。应注意所有房间的普通照明及评价小间的特殊照明。检验区应具备均匀、无影、可调控的照明设施。尽管不要求,但光源应是可选择的,以产生特定照明条件。一般室内光照度为 300～500 lx,外观与色泽的实验,光照度要求为 1 000 lx。

7)安全措施

应考虑建立与实验室类型相适应的特殊安全措施。若检验有气味的样品,应配置特殊的通风橱;若使用化学药品,应建立化学药品清洗点;若使用烹调设备,应配备专门的防火设施。

无论何种类型的实验室都应适当设置安全出口标志。

2. 评价小间

1)一般要求

许多感官评价要求评价员独立进行评价。当需要评价员独立评价时,通常使用独立评价小间以在评价过程中减少干扰和避免相互交流。

2)数量

根据检验区实际空间的大小和通常的检验类型确定评价小间的数量,并保证检验区内有足够的活动空间和提供样品的空间。

3)设置

推荐既可以使用固定的评价小间,也可使用临时的、移动的评价小间。若评价小间是沿着检验区和准备区的隔墙设立的,则宜在评价小间的墙上开一窗口以传递样品。窗口应装有静音的滑动门或上下翻转门等。窗口的设计应便于样品的传递并保证评价员看不到样品准备和样品编号的过程。为方便使用,应在准备区沿着评价小间外壁安装工作台。

需要时,应在合适的位置安装电器插座,以供特定检验条件下需要的电器设备使用。若评价员使用计算机输入数据,要合理配置计算机组件,使评价员集中精力于感官评价工作。例如,屏幕高度应适合观看,屏幕设置应使眩光最小,一般不设置屏幕保护。在令人感觉舒适的位置,安置键盘和其他输入设备,且不影响评价操作。

评价小间内宜设有信号系统,以使评价员准备就绪时通知检验主持人,特别是准备区与检验区有隔墙分开时尤为重要。可通过开关打开准备区一侧的指示灯或者在送样窗口下移动卡片。样品按照特定的时间间隔提供给评价小组时例外。评价小间可标有数字或符号,以便评价员对号入座。

4)布局和大小

评价小间内的工作台应足够大以容纳以下物品:样品、器皿、漱口杯、水池(若必要)、清洗剂、问答表、笔或计算机输入设备。同时工作台应有足够的空间,能使评价员填写问答表或操作计算机输入结果。工作台长最少为 0.9 m,宽为 0.6 m。若评价小间内需增加其他设备时,工作台尺寸应相应加大。工作台高度要合适,以使评价员舒适地进行样品评价。

评价小间侧面隔板的高度至少应超过工作台表面 0.3 m,以部分隔开评价员,使其专心评价。隔板可从地面一直延伸至天花板,从而使评价员完全隔开,同时要保证空气流通和清洁,也可采用固定于墙上的隔板围住就座的评价员。

评价小间内应设舒适的座位,高度与工作台表面相协调,供评价员就座。若座位不能调整或移动,座位与工作台间的距离至少为 0.35 m。可移动的座位应尽可能安静地移动。评价小间内可配备水池,但要在卫生和气味得以控制的条件下才能使用。若评价过程中需要用水,水的质量和温度应是可控的。抽水型水池可处理废水,但会产生噪声。应至少设计一个高度和宽度适合坐轮椅的残疾评价员使用的专用评价小间。

5)颜色和照明

评价小间内部应涂成无光泽的、亮度因数为 15%左右的中性灰色(如孟塞尔色卡 N4~N5)。当被检样品为浅色和近似白色时,评价小间内部的亮度因数可为 30%或者更高(如孟塞尔色卡 N6),以降低待测样品颜色与评价小间之间的亮度对比。照明与检验区要求一致。

4.2.3 集体工作区的要求

感官检验实验室常设有一个集体工作区，用于评价员之间以及与检验主持人之间的讨论，也用于评价初始阶段的培训以及任何需要讨论时使用。

集体工作区应足够宽大，能摆放一张桌子及配置舒适的椅子供参加检验的所有评价员同时使用。桌子应较宽大，以能放置供每位评价员使用的盛放答题卡和样品的托盘或其他用具；其他的物品，如用到的参比样品、钢笔、铅笔和水杯等；计算机工作站（必要时）。

桌子中心既可配置活动的部分，以有助于传递样品，也可配置可拆卸的隔板，以使评价员相互隔开，进行独立评价。最好配备图表或较大的写字板以记录讨论的要点。集体工作区的照明要求与检验区要求一致。

4.2.4 准备区的要求

1. 一般要求

①准备样品的区域（或厨房）要紧邻检验区，避免评价员进入检验区时穿过样品准备区而对检验结果造成偏差。

②各功能区内及各功能区之间布局合理，使样品准备的工作流程便捷高效。

③准备区内应保证空气流通，以利于排除样品准备时的气味及来自外部的异味。

④地板、墙壁、天花板和其他设施所用材料应易于维护、无味、无吸附性。

⑤准备区建立时，水、电、气装置的放置空间要有一定余地，以备将来位置的调整。

2. 设施

准备区需配备的设施取决于要准备的产品类型。通常主要有：工作台，洗涤用水池和其他供应洗涤用水的设施；必要设备，包括用于样品的贮存、样品的准备和准备过程中可控的电器设备以及用于提供样品的用具（如容器、器皿、器具等）。设备应合理摆放，需校准的设备应于检验前校准，清洗设施，收集废物的容器，贮藏设施，其他必需的设施。

用于准备和贮存样品的容器以及使用的烹饪器具和餐具应由不会给样品带来任何气味或滋味的材料制成，以避免沾染样品。

4.2.5 办公室的要求

1. 一般要求

办公室是感官评价中从事文案工作的场所，应靠近检验区并与之隔开。

2. 大小

办公室应有适当的空间，以能进行检验方案的设计、问答表的设计、问答表的处理、数据的统计分析、检验报告的撰写等工作，也能用于与客户讨论检验方案和检验结论。

3. 设施

根据办公室内需进行的具体工作，可配置以下设施：办公桌或工作台、档案柜、书架、椅子、电话、用于数据统计分析的计算器和计算机等，也可配置复印机和文件柜，但不一定放置在办公室中。

4.2.6 辅助区的要求与附加信息

若有条件，可在检验区附近建立更衣室和盥洗室等，但应建立在不影响感官评价的地方。设置用于存放清洁和卫生用具的区域非常重要。新建或改建实验区之前，应对区域依次编码，并在有所改变时进行标注。

4.3 样品的控制

食品样品的制备也会影响最终产品的感官特性。样品制备的方式及制备好的样品呈送至检验人员的方式对检验的结果会有重要的影响。

食品样品的稀释、加工品的加工方法（包括加工温度、加工的时间、加工制品所用基质）的差异都会影响检验结果。准备样品必须平行，实验操作员必须按标准的操作程序进行。样品的呈送器皿和样品的保存等都有可能影响一些产品的感官特性。每一个参数最好都标准化，并且评价员在进行感官评价前就应该学习如何减少实验参数对感官评价的影响。在评价实验中，任何可能提供评价员暗示或影响评价员感受的非实验因子（如样品的温度、容积、大小等）应尽量排除，其具体如下：送交每个评价员检验的样品量应相等，并足以完成所要求的检验次数；同一次检验中所有样品的温度都应一样；每次检验的编码不应相同，推荐使用三位数的随机数编码；评价的样品应使用相同的容器。

4.3.1 样品制备的要求

1. 均一性

所谓均一性就是指制备的样品除所要评价的特性外，其他特性应完全相同。它是感官评价实验样品制备中最重要的因素。在样品制备中要达到均一的目的，除精心选择适当的制备方式以减少出现特性差异的机会外，还可选择一定的方法以掩盖样品间的某些明显差别。对不希望出现差别的特性可选择适当的方法予以掩盖。例如，在品评某样品的风味时，就可使用无味的色素物质掩盖样品间的色差，评价员在品评样品风味时不受样品颜色差异的干扰。

2. 样品量

物理、心理因素，提供给评价人员的实验样品量对他们的判断会产生很大影响，因此，在实验中要根据样品品质、实验目的，提供合适的样品个数和样品数量。感官评价员在感官实验期间理论上可以检验许多不同类型的样品，但实际能够检验的样品数还取决于下列情况。

1）感官评价员的预期值

感官评价员的预期值主要是指参加感官评价的人员事先对实验了解的程度和对实验难

易程度的估计。如果对实验方法了解不够或实验难度较大，则可能会造成拖延实验时间，或降低检验样品数。

2）评价员的主观因素

评价员对被检验样品特性的熟悉程度，以及对实验的兴趣和认识也会影响评价员正常评价的样品数。

3）样品特性

具有强烈气味或味道的样品会使评价员感觉疲劳。通常样品特性强度越高，能够正常评价的样品数就越少。在大多数食品感官评价实验考虑各种影响因素后，每组实验的样品数在4～8个，每评价一组样品后，应间隔一段时间再评。每个样品的数量应随实验方法和样品种类的不同而有所差别，一些实验应严格控制样品数量，另一些实验则不须严格控制，给评价员足够评定的量。通常对于差别实验而言，每个样品的分量：液体控制在30 mL，固体以30～40 g为宜；嗜好实验的样品分量可比差别实验多一倍；描述性实验的样品分量可依实际情况而定，应提供给评价员足够实验的量。

3. 样品温度

恒定和适当的样品温度才可能获得稳定的感官评价结果。样品温度的控制应以最容易感受评价样品的特性为基础，通常是将样品温度保持在该产品日常食用的温度。表4-1列出了几种样品呈送时的最佳温度。

样品温度对感官评价的影响，除过冷、过热的刺激造成感官不适、感觉迟钝外，还涉及温度升高，挥发性气味物质挥发速度加快，影响食品的质构和其他一些物理特性，如松脆性、黏稠性会随温度的变化而产生相应的变化，从而影响评价结果。在实验中，可事先制备好样品，保存在恒温箱内，然后统一呈送，以保证样品温度的恒定和一致。

表4-1 几种食品作为感官评价样品时的最佳呈送温度 ℃

品种	最佳温度	品种	最佳温度
啤酒	11～15	食用油	55
白葡萄酒	13～16	肉饼、热蔬菜	60～65
红葡萄酒、餐末葡萄酒	18～20	汤	68
乳制品	15	面包、糖果、鲜水果	室温
冷冻浓橙汁	10～13	咸肉	室温

4. 器皿

制备样品的器皿应为无色、无气味、清洗方便的玻璃、陶瓷或不锈钢器皿，尽量避免使用易带来气味的塑料器具，还有木制器具也是不能使用的，除了不卫生之外，还容易吸附食品组分并对其他样品产生影响。实验器皿和用具的清洗应选择无味清洗剂洗涤。清洗时，应小心清洗干净并用不会给器皿留下毛屑的布或毛巾擦拭干净，以免影响下次使用。器皿和用具的贮藏柜应无味，不相互污染。

4.3.2 样品呈送的要求

1. 盛放样品的容器

同一实验批次的器皿的外形、颜色和大小应一致。容器的选择很难做出一个严格统一的规定。一般使用一次性容器，比如，各种规格的杯子或碟子，也可以使用非一次性的容器，只要保证每一次实验使用的容器相同即可。同时要确保容器不会对样品的感官性质产生影响，比如，如果被评价的样品是热饮，就不能使用塑料的容器，因为塑料会对热饮料的风味产生负面影响。

2. 样品的大小、形状

如果样品是固体，即使评价员没有觉察到样品大小的差异，样品的大小仍会影响样品各项感官性质的得分；如果评价员能明显觉察到样品之间大小的差异，那么实验结果就更会受到影响，所以固体样品的大小、形状一定要尽可能保持一致；如果样品是液体，则含量要相同。

3. 样品的温度

样品评价的温度应是通常情况下该样品食用的温度，有的实验所用样品在实验前放在冰箱或冷库中保存。在实验开始前，样品要提前取出，有的样品要升温到室温，比如水果；有的需要加热，比如，比萨；有的需要解冻并保持一定低温，如冰淇淋；有的要保持一定非室温的温度，如茶等饮料。总之，按照该食品正常食用温度即可，但要保证每个评价员得到的样品温度一致。

4. 不能直接感官评价样品的制备

有些实验样品由于食品风味浓郁或物理状态（黏度、颜色、粉状度等）而不能直接进行感官评价，如香精、调味品、糖浆等。为此，根据检验目的进行适当稀释，或与化学组分确定的某一物质进行混合或将样品添加到中性的食品载体中，而后按照直接感官评价的样品制备方法进行制备与呈送。不能直接感官评价样品的制备有两种方法。

1）评价样品本身的性质

（1）与化学组分确定的物质混合　如果样品的刺激强度大，则不适合直接评价，须进行稀释，将均匀定量的样品用一种化学组分确定的物质（如水、乳糖、糊精等）稀释或在这些物质中分散样品。每一个实验系列的样品使用相同的稀释倍数或分散比例。这种稀释可能改变样品的原始风味，因此配制时应避免改变所测特性。当确定风味剖面时，有时相同样品推荐使用增加稀释倍数和分散比例的方法。

（2）添加到中性的食品载体中　在选择样品和载体混合的比例时，应避免二者之间的拮抗或协同效应。将样品定量地混入选用的载体或放在载体（牛奶、油、面条、大米饭、馒头、菜泥、面包、乳化剂和奶油等）上面。在检验系列中，被评估的每种样品应使用相同的样品/载体比例。根据分析的样品种类和实验目的选择制备样品的温度。在评估时，同一检验系列的温度应与制备样品的温度相同。

2)评价食品中样品的影响

在一般情况下,使用的是一个较复杂的制品,样品混于其中。在这种情况下,样品将与其他风味竞争。在同一检验系列中,评估的每个样品使用相同的样品/载体比例。制备样品的温度应与评估时的正常温度相同(例如,冰淇淋处于冰冻状态),同一检验系列的样品温度也应相同。表4-2列出了常见的不能直接进行感官评价食品的实验条件。

表4-2 不能直接感官评价食品的实验条件

样品	实验方法	器皿	数量及载体	温度/℃
果冻片	P	小盘	夹于1/4三明治中	室温
油脂	P	小盘	一个炸面包圈或3～4个油炸点心	烤热或油炸
果酱	D、P	小杯和塑料匙	30 g夹于淡饼干中	室温
糖浆	D、P	小杯	30 g夹于威化饼干中	32
芥酱	D	小杯和塑料匙	30 g混于适宜肉中	室温
色拉调料	D	小杯和塑料匙	30 g混于蔬菜中	60～65
奶油沙司	D、P	小杯	30 g混于蔬菜中	室温
卤汁	D	小杯	30 g混于土豆泥中	60～65
	DA	150 mL带盖杯、不锈钢匙	60 g混于土豆泥中	65
火腿胶冻	P	小杯、碟或塑料匙	30 g与火腿丁混合	43～49
酒精	D	带盖小杯	4份酒精加1份水混合	室温
热咖啡	P	陶瓷杯	60 g加入适宜奶、糖	65～71

5.样品的编号

样品在送之前必须编号,不适当的样品编号通常会对评价员产生某种暗示作用。如评价员可能会下意识地把标A的产品分数打得比其他产品高,所以实验组织者或样品制备人员在实验前不能告知评价员编号的含义或给予任何暗示。一般在给样品编号时不使用一位或两位的数字或字母,能够代表产品公司的数字、字母或地区号码也不用来作为编号,样品可以用数字、拉丁字母或字母和数字的组合方式进行编号。在进行数字编号时,最好使用从随机数字表中选择的3位数随机数字(表4-3)。在进行字母编号时,则应避免按字母顺序编号或选择喜好感较强的字母(如最常用字母、相邻字母、字母表中开头和结尾字母等)。同一个样品应编几个不同号码,以保证每个评价员所拿到的样品编号不重复。

表4-3 三位随机数字

随机数字																	
742	648	278	258	797	755	155	159	246	150	983	279	324	934	187	179	270	474
996	897	791	183	770	370	974	841	261	658	338	262	519	806	415	352	415	552
726	523	915	872	843	569	188	409	995	580	568	850	908	495	321	212	714	215
946	262	702	129	138	659	739	526	722	608	441	388	406	215	873	154	917	814

续表 4-3

随机数字																	
812	532	350	274	962	988	361	307	432	528	224	161	690	580	377	498	866	388
791	619	447	131	458	221	624	762	612	207	937	377	328	778	129	409	880	123
504	564	624	534	292	436	543	397	725	351	138	904	307	547	186	247	594	698
719	368	109	276	647	362	676	641	587	846	981	233	781	341	412	155	591	421
710	830	961	305	920	192	612	557	283	937	476	584	839	613	744	642	933	344
532	930	238	625	303	382	581	700	477	486	960	186	227	398	699	869	282	407
976	404	862	859	221	452	674	314	340	795	697	994	502	349	931	712	512	523
402	941	226	995	533	163	847	779	897	513	649	694	980	142	132	492	102	827
675	826	751	139	683	509	824	255	494	749	989	637	979	722	450	570	670	610
569	209	187	353	939	263	715	356	813	320	373	664	184	311	614	635	478	195
175	255	412	822	329	138	390	669	240	885	225	792	641	567	301	306	453	122
843	479	843	136	368	341	714	721	873	933	303	817	756	609	289	365	720	334
674	923	697	364	739	617	469	842	464	969	414	758	288	460	993	727	471	136
838	917	187	608	134	421	487	143	338	828	318	906	865	312	654	716	684	189
136	174	394	145	932	882	690	784	429	750	585	860	768	774	337	517	885	177
925	203	683	809	545	503	723	477	432	361	929	173	459	435	581	697	851	532

6. 样品的呈送顺序

样品呈送应遵循“平衡”的原则，让每一个样品在每个位置上出现的概率相同或采用圆形摆放法。比如，给 3 个样品 A、B、C 进行打分，这三种样品的所有可能的排列顺序：ABC—ACB—BCA—BAC—CAB—CBA，所以这个实验需要评价员的数量就应该是 6 的倍数。在此基础上，样品呈送与实验设计有关，可以把全部样品随机分送给每个评价员，即每个评价员只品尝一种样品，比如，5 种样品由 5 个不同的人来品尝，或者 5 种样品由 5 组人来品尝，每组人只品尝一种样品，然后取平均值；也可以让所有参与实验的评价员对所有样品进行品尝，如参加实验的是 5 人，有 3 个实验样品，这 5 人都对 3 种样品进行品尝。后一种方法是感官评价经常使用的一种方法。考虑到感官敏感性，评价时间一般选择在上午或下午的中间时间，评价时要有一定的时间间隔。

4.4　评价员的控制

食品感官的系统分析就是在特定的实验条件下利用人的感官进行评价。参加感官评价人员的感官灵敏性和稳定性会严重影响最终结果的趋向性和有效性。由于个体间的感官灵敏性差异较大，许多因素会影响感官灵敏性的正常发挥。因此，感官评价员的选拔和培训是感官评价实验结果可靠和稳定的重要条件。

4.4.1 感官评价员的类型

各种实验对感官评价员的要求不完全相同，而且能够参加食品感官实验的人员在感官评价上的经验及相应的训练层次也不相同。根据《感官分析　术语》(GB/T 10221—2021)及《感官分析　选拔、培训与管理评价员一般导则　第1部分：优选评价员》(GB/T 16291.1—2012)，评价员的类型如下。

1. 评价员

评价员是指参加感官分析的人员。其可以是尚未完全满足判断准则的准评价员和已经参与感官评价的初级评价员。

2. 优选评价员

优选评价员是指挑选出的具有较高感官分析能力的评价员，是经过选拔并受过培训的评价员。

3. 专家评价员

专家评价员是指具有高度的感官敏感性和丰富的感官分析方法经验，并能够对所涉及领域内的各种产品做出一致性的、可重复的感官评价的优选评价员。

4.4.2 感官评价人员的选拔

感官评价是用人来对样品进行测量。因此，感官评价人员的自身状况对整个实验是至关重要的。为了减少外界因素的干扰，得到正确的实验结果，就要在感官评价人员上做好初选、筛选的工作。感官评价员选拔的第一步就是初选，淘汰那些明显不适宜作感官评价员的候选者。初选合格的候选评价员将参加筛选检验。

1. 感官评价员的初选

1)获取候选评价员背景资料的方式

候选评价员的背景资料可通过候选评价员自己填写清晰明了的调查表以及经验丰富的感官分析人员对其进行面试综合得到。

2)候选评价员背景资料调查内容

(1)兴趣和动机　对感官分析工作以及被调查产品感兴趣的候选人，比缺乏兴趣和动机的候选人更有积极性并能成为更好的感官评价员。

(2)对食品的态度　应确定候选评价员厌恶的某些食品或饮料，特别是其中是否有将来可能评价的对象，同时应了解是否存在文化、种族或其他方面的原因而不能食用的某种食品和饮料，那些对某些食品有偏好的人常常会成为好的描述性分析评价员。

(3)知识和才能　候选人应能说明和表达第一感知，这需要具备一定的语言表达能力，同时具备思想集中和保持不受外界影响的能力。如果只要求候选评价员评价一种类型的产品，掌握该产品各方面的知识则利于评价，那么就有可能从对这种产品表现出感官评价才能的候选人中选拔出专家评价员。

(4)健康状况　候选评价员应健康状况良好，没有影响他们感官的功能缺失、过敏或疾病，并且未服用损害感官能力进而影响感官判定可靠性的药物。了解感官评价员是否戴有假牙是很有必要的，因为假牙能影响感官对某些质地味道等特性的评价。感冒或其他暂时状态（如怀孕）不应成为淘汰候选评价员的理由。

（5）表达能力　在考虑选拔描述性检验员时，候选人的表达和描述感觉的能力特别重要。这种能力可在面试以及随后的筛选检验中考察。

（6）可用性　候选评价员应能参加培训和持续的感官评价工作。那些经常出差或工作繁重的人不宜从事感官评价工作。

（7）个性特点　候选评价员应在感官分析工作中表现出兴趣和积极性，能长时间集中精力工作，能准时出席评价会，并在工作中诚实可靠。

（8）其他因素　候选评价员在招募时需要记录的其他信息有姓名、年龄组、性别、国籍、教育背景、现任职务和感官分析经验。抽烟习惯等资料也要记录，但不能以此作为淘汰候选评价员的理由。

3）候选评价员筛选常用表

（1）风味评价员筛选调查

个人情况：

姓名：________________　性别：________　年龄：________

职业：________________　地址：____________________________________

联系电话：______________________

你从何处听说我们这个项目？____

时间：

①一般来说，一周中，你的时间怎样安排？空余时间是哪天？

____

②从×月×日到×月×日之间，你是否要外出，如果外出，需要多长时间？

____

健康状况：

①你是否有下列情况？

戴假牙______________

糖尿病______________

口腔或牙龈疾病______________

食物过敏______________

低血糖______________

高血压______________

②你是否在服用对感官有影响的药物，尤其对味觉和嗅觉？

____

饮食习惯：

①你目前是否在限制饮食？如果有，限制的是哪种食物？

____

②你每月有几次外出就餐？______________________________

③你每月吃速冻食品有几次？______________________________

④你每月吃几次快餐？______________________________

⑤你最喜欢的食物是什么？______________________________

⑥你最不喜欢的食物是什么？______________________________

⑦你不能吃什么食物或是否有宗教禁忌？______________________________

⑧你不愿意吃什么食物？______________________________

⑨你认为你的味觉和嗅觉辨别能力如何？______________________________

	嗅觉	味觉
高于平均水平	________	________
平均水平	________	________
低于平均水平	________	________

⑩你目前的家庭成员中有人在食品公司工作吗？

____

⑪你是否抽烟？______________________________

风味小测验：

①如果一种配方需要香草香味物质，而手头又没有，你会用什么代替？____________

②还有哪些食物吃起来像奶酪？______________________________

③为什么往肉汁里加咖啡会使其风味更好？______________________________

④你怎样描述风味和香味之间的区别？______________________________

⑤你怎样描述风味和质地之间的区别？______________________________

⑥用于描述啤酒的最适合的词语(一个或两个字)：______________________________

⑦请对食醋的风味进行描述。______________________________

⑧请对可乐的风味进行描述。______________________________

⑨请对某种火腿的风味进行描述。______________________________

⑩请对苏打饼干的风味进行描述。______________________________

(2)香味品评人员筛选调查

个人情况：

姓名：____________　性别：________　年龄：________

职业：____________　地址：______________________________

联系电话：________________

你从何处听说我们这个项目？______________________________

时间：

①一般来说，一周中，你的时间怎样安排？哪一天有空余的时间？

____

②从×月×日到×月×日之间，你是否要外出，如果外出，需要多长时间？

健康状况：

①你是否有下列情况？

鼻腔疾病 ________

低血糖 ________

过敏史 ________

经常感冒 ________

②你是否在服用一些对感官有影响的药物，尤其是对嗅觉？

日常生活习惯：

①你是否喜欢使用香水？ ________

如果用，是什么品牌？ ________

②你喜欢带香味还是不带香味的物品？如香皂等。 ________

陈述理由：________

③请列出你喜爱的香味产品。 ________

它们是何种品牌？ ________

④请列出你不喜爱的香味产品。 ________

陈述理由：________

⑤你最讨厌哪些气味？ ________

陈述理由：________

⑥你最喜欢哪些气味或者香气？ ________

⑦你认为你辨别气味的能力在何种水平？

高于平均水平 ________ 平均水平 ________ 低于平均水平 ________

⑧你目前的家庭成员中有人在香精、食品或者广告公司工作吗？ ________

如果有，是在哪一家？ ________

⑨品评人员在品评期间不能用香水，在品评小组成员集合之前 1 h 不能吸烟，如果你被选为候选评价人员，你愿意遵守以上规定吗？

香气检测：

①如果某种香水类型是“果香”，你还可以用什么词汇来描述它？ ________

②哪些产品具有植物气味？ ________

③哪些产品有甜味？ ________

④哪些气味与“干净”“新鲜”有关？ ________

⑤你怎样描述水果味和柠檬味之间的不同？ ________

⑥你用哪些词汇来描述男用香水和女用香水的不同？ ________

⑦哪些词语可以用来描述一篮子刚洗过的衣服的气味？ ________

⑧请描述一下面包坊里的气味。 ________

⑨请你描述一下某种品牌的洗涤剂气味。＿＿＿＿＿＿＿＿＿＿

⑩请你描述一下某种品牌的香皂气味。＿＿＿＿＿＿＿＿＿＿

⑪请你描述一下地下室的气味。＿＿＿＿＿＿＿＿＿＿

⑫请你描述一下某食品店的气味。＿＿＿＿＿＿＿＿＿＿

⑬请你描述一下香精开发实验室的气味。＿＿＿＿＿＿＿＿＿＿

(3)口感、质地品评人员筛选调查

个人情况：

姓名：＿＿＿＿＿＿　性别：＿＿＿＿　年龄：＿＿＿＿

职业：＿＿＿＿＿＿　地址：＿＿＿＿＿＿＿＿＿＿

联系电话：＿＿＿＿＿＿＿＿

你从何处听说我们这个项目？＿＿＿＿＿＿＿＿＿＿

时间：

①周一至周五，一般你哪一天有空余的时间？

＿＿＿＿＿＿＿＿＿＿＿＿＿＿＿＿＿＿＿＿

②从×月×日到×月×日，你是否要外出？如果外出要多长时间？

＿＿＿＿＿＿＿＿＿＿＿＿＿＿＿＿＿＿＿＿

健康状况：

①你是否有下列情况？

戴假牙　＿＿＿＿＿＿

糖尿病　＿＿＿＿＿＿

口腔或牙龈疾病　＿＿＿＿＿＿

低血糖　＿＿＿＿＿＿

食物过敏　＿＿＿＿＿＿

高血压　＿＿＿＿＿＿

②你是否在服用对感官有影响的药物，尤其对味觉和嗅觉？

＿＿＿＿＿＿＿＿＿＿＿＿＿＿＿＿＿＿＿＿

饮食习惯：

①你之前是否正在限制饮食？如果有，是哪一种食物？＿＿＿＿＿＿＿＿＿＿

②你每月有几次外出就餐？＿＿＿＿＿＿＿＿＿＿

③你每月吃速冻食品有几次？＿＿＿＿＿＿＿＿＿＿

④你每月吃几次快餐？＿＿＿＿＿＿＿＿＿＿

⑤你最喜欢的食物是什么？＿＿＿＿＿＿＿＿＿＿

⑥你最不喜欢的食物是什么？＿＿＿＿＿＿＿＿＿＿

⑦你不能吃什么食物？＿＿＿＿＿＿＿＿＿＿

⑧你不愿意吃什么食物？＿＿＿＿＿＿＿＿＿＿

⑨你认为你的味觉和嗅觉的辨别能力如何？＿＿＿＿＿＿＿＿＿＿

	嗅觉	味觉
高于平均水平	______	______
平均水平	______	______
低于平均水平	______	______

⑩你目前的家庭成员中有人在食品公司工作吗？

______

⑪你目前的家庭成员中有人在广告公司或市场研究机构工作吗？

______

质地测验：

①你如何描述风味和质地之间的不同？

______

②请在一般意义上描述一下食品的质地。

______

③请描述一下咀嚼食品时能够感到的比较明显的几个特性。

______

④请对食品当中的颗粒做一下描述。

______

⑤描述一下脆性和易碎性之间的区别。

______

⑥马铃薯片的质地特性是什么？

______

⑦花生酱的质地特性是什么？

______

⑧麦片粥的质地特性是什么？

______

⑨面包的质地特性是什么？

______

⑩质地对哪一类食品比较重要？

______

2. 感官评价员的筛选

食品感官评价员的筛选工作要在初步确定感官评定候选人后进行。筛选是指通过一定的筛选实验方法观察候选人员是否具有感官评定能力，例如，普通的感官分辨能力、对感官评定实验的兴趣、分辨和再现实验结果的能力和适当的感官评价员素质（合作性、主动性和准时性等）。根据筛选实验的结果获知参加筛选的人员在感官评价实验上的能力，以此决定候选人员适宜作为哪种类型的感官评价或淘汰不符合参加感官评价实验条件的候选人员。

筛选实验的主要检验内容包括对候选人感官功能的检验，对候选人感官灵敏度的检验，对候选人描述和表达感官反应能力的检验。

1)区别检验感官评价员的筛选

区别检验感官评价员的筛选目的是确定感官评价员区别不同产品之间性质差异的能力以及区别相同产品某项特性程度大小或强弱的能力。筛选工作可以通过匹配实验、区别实验和排序/分级实验来完成。

2)分析或描述性实验评价员的筛选

分析或描述性实验感官评价员的筛选目的是确定评价员对感官性质及其强度进行区别的能力、对感官性质进行描述能力以及抽象归纳的能力。筛选工作可以通过敏锐性实验、排序/分级实验以及面试等形式来完成。无论采用何种方式筛选感官评价员，在感官评价员的筛选过程中都应注意以下几个方面的问题。

①最好使用与正式感官评定实验相类似的实验材料。这样既可以使参加筛选实验的人员熟悉实验中要接触的样品的特性，也可以减少由样品间差距而造成人员选择不适当。

②在筛选过程中，根据各次实验的结果随时调整实验的难度。难易程度取决于参加筛选实验人员的整体水平，以大多数人能够分辨差别或识别出味道(气味)，但其中少数人员不能正确分辨或识别为宜。

③参加筛选实验的人数要多于预定参加实际感官评定实验的人数。若是多次筛选，则应采用一些简单易行的实验方法，并在每一步筛选中随时淘汰明显不适合参加感官评定的人选。

④多次筛选以相对进展为基础，连续进行，直至挑选出人数适宜的最佳人选。

⑤在感官评价员的筛选中，感官评价实验的组织者起决定性的作用。他们要收集有关信息、设计整体实验方案、组织具体实施、对筛选实验取得进展的标准和选择人员所需要的有效数据做出正确判断，达到筛选目的。

3. 感官评价员的培训

经过一定程序和筛选实验挑选出来的人员常常还要参加特定的培训才能真正适合感官评价的要求，以保证评价员都能以科学、专业的精神对待评价工作，并在不同的场合及不同的实验中获得真实可靠的结果。

1)培训目的

(1)提高和稳定感官评价员的感官灵敏度　通过精心选择的感官培训方法，可以增加感官评价员在各种感官实验中运用感官的能力，减少各种因素对感官灵敏度的影响，感官能经常保持在一定的水平之上。

(2)降低感官评价员之间及感官评价结果之间的偏差　通过特殊的培训，可以保证感官评价员对他们所要评价的物质的特性、评价标准、评价系统、感官刺激量和强度间关系等有一致的认识。特别是在用描述性词汇作为分度值的评分实验中，培训的效果更佳明显。通过培训，感官评价员能对评分系统所用描述性词汇所代表的分度值有统一认识，减少感官评价员之间在评分上的差别及误差方差。

(3)降低外界因素对鉴评结果的影响　经过培训后，感官评价员能增强抵抗外界干扰的能力，并将注意力集中于实验中。在培训中，感官评价组织者不仅要选择适当的感官评价实验以达到培训的目的，也要向受培训的人员讲解感官评价的基本概念、感官分析程度和感官评价基本用语的定义和内涵，从基本感官知识和实验技能两方面对感官评价员进行培训。

2)培训内容

(1)培训的基本内容　根据实验目的和方法的不同，评价员所接受的培训也不相同，但基本内容是相同的。

首先，要向评价员详细介绍样品处理方法、打分表的使用及实验目的等内容；其次，对评价员进行培训，其应熟悉以下内容。

①评定过程必须让所有评价员事先明确，如一次品尝多少样品、递送方式(杯子、勺子、吸吮、轻嗅、咀嚼)、品尝时间的长短(吸吮、闻、咬或咀嚼)、品尝后样品处置(吞咽、吐出、脱离接触等)。

②打分表的设计包括评价的指令、问题、术语和判断的尺度，这些都必须让所有评价员理解和熟悉。

③评价方式，即感官评价要使用哪种检验或分析方法(差异分析、描述性分析、嗜好检验、接受性检验)。

所有的感官评价员都必须牢记掌握以上几点，每次实验前都要合理部署，并在实验中灵活运用，这样才能成为合格的感官评价员。

(2)不同类型感官评价员的培训

①区别检验感官评价员的培训　在实验前，要告诉感官评价员一些注意事项。比如，在培训期间，尤其在培训的开始阶段不能接触或使用有气味的化妆品及洗涤剂；避免味觉感受器官受到强烈刺激，不能喝咖啡、嚼口香糖、吸烟；除嗜好性感官实验外，评价员在评价过程中不能掺杂个人情绪；如果评价员感冒、头痛或睡眠不足，则不应该参加实验等。在实验开始时，要认真向评价员讲解本次实验的正确步骤，要求评价员阅读实验指导书并严格执行。正式培训时，遵循由易到难的原则来设计培训实验，让感官评价员理解整个实验。

②描述检验感官评价员的培训　首先，向受训人员介绍一些描述性词汇，包括外观、风味、口感和质地方面的词汇，让他们能够了解各种不同类型食品的感官特性。其次，准备一些差异比较小的样品，让受训人员对这些样品进行区别和描述。这时可能出现的问题是原本相同的样品得到的评价却不相同，同一个样品几次得到的结果不一致。经过一定时间的培训，评价结果会一致合理。最后，让受培训人员对几个不同产品进行评价，并进行反复的培训，增强感官评价员的时间控制能力。

在每次感官评价实验完成后，评价员都应集中在一起，对结果和不同观点进行讨论，使意见达成一致，这对提高评价员的描述和表达能力具有十分重要的意义。

3)培训注意的问题

①在培训期间，可以通过提供已知差异程度的样品做单向差异分析或通过评析与参考样品相同的试样特性，了解感官评价员培训的效果，决定何时停止培训，开始实际的感官评价工作。

②参加培训的感官评价员应比实际需要的人数多。一般参加培训的人数应是实际需要的评价员人数的1.5～2倍，以防因疾病、度假或因工作繁忙造成人员调配困难。

③若已经接受培训的感官评价员在一段时间内未参加感官评价工作，要重新接受简单

的培训，之后才能再参加感官评价工作。

④在培训期间，每个参训人员至少应主持一次感官评价工作，负责样品制备、实验设计、数据收集整理和讨论会召集等，每一位感官评价员都应熟悉感官实验的整个程序和进行实验所应遵循的原则。

⑤除嗜好性感官实验外，在培训中应反复强调实验中客观评价样品的重要性。评价员在评析过程中不能掺杂个人情绪。所有参加培训的人员应明确集中注意力和独立完成实验的意义，尽可能避免评价员之间的谈话和讨论，评价员独立进行实验，从而理解整个实验，逐渐增强自信心。

⑥在培训期间，尤其是在培训的开始阶段应严格要求感官评价员在实验前不接触或避免使用有气味的化妆品及洗涤剂，避免味觉感受器官受到强烈刺激，如喝酒、咖啡、嚼口香糖、吸烟等；在实验前 30 min 内不要接触食物或者有香味的物质；如果在实验中有过敏现象，应立即通知评价小组负责人；如果有感冒等疾病，则不应该参加实验。

⑦在实验中，应留意评价员的态度、情绪和行为的变化。有些感官评价的结果不好，可能是由于评价员的状态不好，而实验组织者不能及时发现而造成的。

4.5 数据的采集

感官评价数据采集的方式有多种。一般来说，因根据感官评价的目标及经费情况选择数据采集的方式。

4.5.1 纸张

采用传统纸和笔的方式来采集数据具有一定的优势：价格相对便宜；与计算机数据采集相比，不受技术故障的影响；设计感官评价表不需要或仅需要基本的计算机基础；纸质感官评价表形式比较灵活，可用于多个场合、所有类型的消费者，并且不需要额外的电源或技术支持。其缺点是当针对平衡样品呈送顺序设计问卷时，比较费时；纸质表格容易丢失；数据导入电脑进行分析的过程中有可能会出错；在数据分析时需要购买额外的分析软件。

4.5.2 计算机采集系统

计算机数据采集系统比较规范，现在已有很多公司可为感官评价定制软件。计算机数据采集系统具有很多优势。尽管初期使用计算机采集系统需要进行培训，但在实验设计和开展实验上提供了很多感官评价的方法，同时检验数据可以自动保存为后期分析所需要的格式，节约了大量的时间。大多数计算机采集系统都内置分析软件，从而可对数据进行快速分析并生成分析报告。同样，计算机采集系统也具有相应的缺点：要求评价人员具有基本的电脑操作技能；初期建设成本较高，电源或技术故障不仅易导致数据丢失，还会导致因取消评价实验而带来的不便。显示器产生的光对产品的测试条件会有影响，因此，在光线参数比较重要的评价实验中（如评价颜色），要慎重考虑是否使用计算机采集系统。

4.5.3 便携式系统及网络

无线技术及网络可以实现将待分析数据从远程中央数据库快速下载至多个地点。家庭网络的普及使得大规模的、全球化的消费者调查成为可能。任何愿意参与的消费者都可以在网上找到由一些公司提供平台支持的在线消费者调查问卷。这种方式的缺点是参与调查的人员不能得到"样品",且无法核实参与调查的个人身份。互联网不仅可以用于传统的消费者类型的调查研究,也用于组合分析类型的调查研究。如通过聊天群或论坛的形式可以进行定性分析工作。此外,互联网还为培训型的感官评价小组提供在家评价产品及在线填写问卷的机会。网络和电子技术的发展为在线进行感官评价和消费者检验提供了更多的机会。

4.5.4 定性研究

当一项研究的目的更倾向于定性研究时,可以采用焦点小组和人类学研究方法来获得与感官评价相关的数据(人类学研究是基于对受访者行为的描述性观察)。在这种情况下,多采用手写笔记、录音、录像机、照相机等方式进行数据采集。

思考题

1. 食品感官评价实验室通常包括哪几个部分?各部分的平面布局有哪些基本要求?
2. 样品检验区的环境应如何控制?
3. 样品制备区应满足哪些要求?
4. 食品感官评价时对样品的制备有哪些要求?
5. 对于不能直接进行感官评价的样品应如何处理?
6. 食品感官评价时呈送样品应注意些什么?
7. 感官评价员分为几类?各类感官评价员的特点和要求是什么?
8. 候选感官评价员应具备哪些基本要求?如何对候选感官评价员进行初选?
9. 对候选感官评价员的筛选包括哪些内容?
10. 感官评价员的培训目的和培训中的注意事项有哪些?

HAPTER 5

第5章 感官评价的定量检测/检验

【学习目的和要求】

掌握标度的概念及选择标度应遵循的原则；掌握名义标度的含义、用途及数据分析方法；掌握顺序标度的含义及常用类型；掌握等距标度的含义、类型及数据分析方法；了解比率标度的含义及数据分析方法；了解几种优选测量技术——喜好标度、脸谱标度、情感等级标识标度及喜好标度的特点及应用。

【学习重点】

名义标度的含义、用途及数据分析方法；顺序标度的含义及常用类型；等距标度的含义、类型及数据分析方法。

【学习难点】

标度选择应遵循的原则；比率标度的含义及数据分析方法。

测量技术是感官评价必要的组成部分。本章描述 4 种基础类型的测量技术：名义标度、顺序标度、等距标度和比率标度。确认每种标度类型的特性，并提供一些在产品感官评价中的应用实例。

5.1 概　　述

测量方法在感官评价这门学科中占有重要地位。为了用描述性与推论性的统计方法对感官评价结果进行分析，利用测量方法将刺激的响应量化是非常关键的。依此获得的统计数据可为测试人员评价产品提供理论依据。

心理学在从哲学向实验科学演化的过程中开发了许多不同类型的标度方法。在开发衡量人类行为的新方法和新标度方面贡献巨大。但每种标度都伴随着关于不同适用性以及如何能达到最好测量方法的争论。这种争论持续至今，早期的文章都对这一问题与测量方法的历史进行了详细的讲述，近期关于这一问题的讨论并没有结束。Guifod 在《心理测量方法》中记载了脑力(例如智商测试)与心理物理学(也就是通过数学语言来描述物理刺激变化和感知强度之间的关系)这两个不同研究领域的调查者行为测量的早期进展。

Ekman 和 Sjöberg 沿着这两种不同但思路平行的测试理论与经典的心理物理学道路，也对标度理论与方法的发展进行了对比、讨论。他们根据研究偏爱度和标度应用的差异，把上述两方面的发展划分为两个完全不同的研究思路：一个是关于产品偏爱度的测量；另一个是对产品感知的心理物理学研究。与产品偏爱度测量有关的标度理论的代表性实例可参见 Thurstone 的文章，心理物理学方面的标度理论可以在 Stevens 的文章中找到代表性实例。

标度的主要进展来自 Thurstone 学派关于比较和分类判断方面的假说和规程以及来自 Stevene 的比率标度法(例如量值估计)。已经获得充分证实的是，从分类标度实验中获得的数据与从比率标度实验中获得的数据存在着差异。

专业评价员对于分类标度和比率标度的争论持务实态度和折中态度(除非某些人在从事科学研究)。恰当的构造分类标度可以让感官评价专业人员确定产品的相似度或特定感官属性(例如颜色、香气)差异的量级，如果想用数学表达式来描述配料浓度和感知强度之间的关系，那么应用量值估计之类的比率标度程序是较为恰当的选择。但数学公式只有在感官评价专业人员实际应用时才能体现出价值。因此，在选用标度时一定要基于实际需要。

5.2 测量的组成——标度

5.2.1 标度的含义

感官检验是一门度量的科学，度量是将感官体验进行量化的关键一步，在此基础上才能将数据进行统计分析。在感官检验中，标度方法是感官体验的量化方式，通过这种数字化处理，感官评价可以称为基于统计分析、模型、预测等理论的定量科学。标度法既能使用数据来表达样品性质的强度(甜度、硬度、柔软度),也可使用词汇来表达对该性质的感受(太软、正合适、太硬)。如果使用词汇,应该将词汇和数字对应起来,比如,非常喜欢=9,非常不喜欢=1,这样就可以将这些数据进行统计分析。

标度方法被广泛用于需要量化的感觉、态度或喜好倾向性等各种场合,标度技术是基于感觉强度的心理物理学模型。增强物理刺激的能量或增加食品组分的浓度或含量会导致其在感觉、视觉、嗅觉或味觉方面有多大程度的增强。

5.2.2 标度方法应遵循的原则

在组织和实施一个测试之前,评价员需要完成前期工作,其中包括对特定的测试选择合适的标度。由于测试目标、测试人员的资格以及产品特性的差异会对结果产生影响,所以这些工作要在确定测试方法和标度之前完成。在大多数情况下,这些问题是相互依存的,也就是说,任何一个问题的处理都会影响另一个问题的决定。在选择标度之前,一定要事先了解测试目标、测试人员的组成和预期的信息类型。在考察不同标度的可行性之前,对一些实际的问题进行检查将是很有帮助的。为体现响应标度的最大价值,应遵循以下几方面原则。

1. 清晰易懂

问题或标度中使用的词语对于测试者来说必须熟悉,易于理解且语义清晰。这些词语必须易于与产品及工作相联系,使测试员能够感觉到它们是如何被应用于测试中的。这些词语对于测试员与感官评价专业人员有特殊的、积极的意义,但对于测试员的意义更大,尤其是让典型消费者来担任测试员时。假设消费者可以和特定的项目团队成员一样能够理解专业术语的含义是具有很大风险的。在某些情况下,有必要为特定的问题添加一些注解,以帮助消费者更好地理解。消费者对词语的应用是很复杂的,他们会用不同的词语来代表同一种感觉,或者用同一种词语来代表不同的感觉。因此,感官实验设计人员必须考虑为每个词语提供上下文环境,或者在记分卡上提供一组可以应用的词语。

2. 易于执行

在描述工作和响应标度的问题和词语都容易理解且意义明确的基础上,任务和标度必须易于执行,否则,会引起测试员的挫败感,增加测量的误差,对不同产品提供较少的差异性响应。虽然从理论的角度来看某些特定的标度可能是较好的选择,但它产生的最终结果可能并不比一个简单可行的标度产生的结果有用。其他需要考虑的实践过程中的问题包括问题之间的标度转换;标度类别中相似标度的序号转换或者标度量级的改变。然而,消费者不会逐条阅读测试说明、标度结构转换以及测试指引。对于这样做所引发的问题(例如敏感度降低)并不十分清楚,这些问题是无法在测试完成之后采取补救措施的。

3. 保持客观

测试结果并不是所有标度的加工产物,标度应该是一个“零”工具,对测试结果不会造成任何影响。不平衡的标度会导致偏见性的结果,因为它会降低不具代表性的响应的期望概率。这种不平衡的标度已经被证实对没有明显优势的产品会产生一定的偏见。

4. 具有相关性

这和标度的有效性有关，标度的测量领域(如产品属性、特征、消费者态度等)应和测量目的相关。例如，偏爱标度应该能够测量偏爱，而品质标度应该能够测量品质，以一种结果推断另一种结果是不明智的。当测试员或测试申请者看不到特定的标度与任务的相关性时，收集的数据与最终结果的可信度就会降低。

5. 对差异敏感

并不是所有的标度在测量差异性时敏感度都一致。标度长度与标度类别项的数目是影响标度敏感性的主要因素。例如，有人仅仅根据所提供的类别编号就开始怀疑标度的敏感度的差异性。与任何文字和数字(数值标度)的影响无关，这是一个纯粹的数学问题，事实上，3 点标度的敏感度要低于 5 点标度(约低 30%)，同时它们的敏感度又都低于 7 点标度与 9 点标度。

6. 可用于多种统计分析

对响应进行统计分析是通过应用更多和更强大的统计分析来增加对已发生显著性事件的识别概率。这并不意味着那些适用于功能不是很强大的统计分析手段的标度是没有价值的，只是它们的灵活性和敏感性比较低，所以难以阐明它们的有效性。

5.2.3 标度的分类

正如存在不同类型的测试方法一样，同样存在提供不同种类信息的不同类型的标度。为了更好地阐明这点，Steven 提出了标度分类方法。尽管 Coombs 认为该分类方法的限制过多，但因为其相对易于执行，所以至今仍然是被频繁使用的分类系统。该系统确实适用于讨论标度的分类。不同类标度的区别是基于测量方法固有的顺序与间隔特性，也就是说，标度的性质取决于它们是如何被分配的。Steven 假设了四种标度分类：名义标度、顺序标度、等距标度、比率标度。

1. 名义标度

1)名义标度的含义

名义标度是按现象性质差异进行的辨别与区分，用数字对某些事件进行标记的一种方法。测量结果形成定类变量，定类变量的值是以文字表述的，可以用数值标识，但它只是一个虚拟的变量，仅起标签的作用，各类别间是平等的，没有高低、大小、优劣之分。它并不能反映其顺序特征，仅仅作为便于记忆或处理的标记，用于分类或命名。

利用这一标度，各单项间的比较只是说明它们是属于同一类别还是不同类别(相等与不相等的结果)，而无法得到关于顺序、区别程度、比率或差别大小的结果。对数字唯一的要求就是它们不能相等，需要保证已归类的项目或响应不会被归到其他类别中。在不丢失任何信息或在统计学处理允许改变的范围内，可以用字母或其他符号来代替数字。例如，在统计中，我们可以将产品的类别用数值进行编码处理：1 代表肉制品，2 代表乳制品，3 代表粮油制品等。

2)名义标度的用途

(1)用于标记和分类　在感官评价中，常用数字来进行标记和分类。例如，当需要掩饰产品真实身份时，可以用三位数字的编码对产品进行标记与追踪。

图 5-1 所示为一个应用名义标度的例子。在这个特定的应用中，并不涉及实际产品，然而，结果却可以用来判定使用空气清新剂最频繁的房间。该信息可以帮助确定适宜香型类型和选择未来产品研究的定位。

姓名　　　　编号　　　　日期

你最经常将空气清新剂用于家里的什么地方？请根据需要自行勾选。

□浴室	□车库
□厨房	□起居室
□卧室	□餐厅
□衣橱	□客厅
□走廊	

图 5-1　收集产品应用特点信息的名义标度记分卡

(2)人口统计数据以及对产品的使用行为进行分类　名义标度还可以用于受访者的人口统计数据(例如年龄、性别和收入)以及对产品的使用行为进行分类。在多种不同的标度类别中，名义标度的另一个特点就是排序的完全独立性。在不改变问题的逻辑或者结果的处理方法时，可以对排序进行更改。

3)名义标度的数据分析

名义标度允许使用的数学方法包括频率计数和分布、众数(拥有最多答案数量的类别)、卡方检验(χ^2检验)与列联系数。

(1)χ^2检验　χ^2检验可以对频率计数和分布进行比较，以确定它们之间是否存在差异，比较数据频率间的差异，以将它们归为两类或者更多的类别，确定真实响应与期望值之间的差异，或者比较一系列类别中两组或更多组数据之间频率的差异。从图 5-1 的记分卡中所得到的数据符合该类分析。

(2)列联系数　当相同的主体被归为两种变量或属性，每种变量或属性又含有两种或更多的类别项时，就可以进行 χ^2 计算。例如，判断受访者中的两个收入群体与性别之间是否存在相关性(表 5-1)，计算公式为：

$$C=\sqrt{\frac{\chi^2}{\chi^2+N}}$$

式中，$C<1.0$，并且取决于计算中所涉及类别项的数量。正如 MeNemar 所注意到的，在一个 2×2 的表格中，C 的最大值为 0.707 1，实际计算值越接近该最大值，相关性就越强。

表 5-1 收入与性别的相关性

性别	收入	
	低	高
男性	A	B
女性	C	D

(3)频率计数和分布　通过对频率的排序或百分比对名义标度的数据进行转换。这些数据在转换之后可用统计方法进行分析，而这些方法通常在有序数据和比例中是受限的(例如，处理比例的 t 检验)。在这种情况下，使用这些推理性的分析方法之前，需谨慎考虑是否已经将所有数据转换完成。

4)名义标度的局限性

在名义标度中，数值仅仅是用于分析的一个标记、一个类型，利用这一标度各单项间的比较可以说明它们是属于同一类别，还是不同的类别，但无法得到关于顺序、强度、比率或差异大小的结果。名义标度易于被测试人员执行，只需要有限的测试时间与计算方法，就能够快速地为测试申请者提供结果。除了可能将响应错误归类外，另一个严重的局限性在于受访者本身可能会提供差异性的数据。有些测试者在回答开放式问题(例如，你最喜欢这个产品的哪些方面)时可以给出许多评论，而有些测试者面对开放式问题时只能给出简洁的回答，甚至难以回答问题。正如许多年前 Payue 所注意到的，在研究的初期阶段，开放式问题具有一定的价值，但是在任何测试的后续阶段，封闭式问题可以提供更多的信息，对达成测试目的更有帮助。

2. 顺序标度

1)顺序标度的含义

顺序标度是对产品的一些特性、品质或观点按现象顺序差异进行的辨别与区分。测量结果形成定序变量，定序变量确切的值是用文字表述的，也可以用数值标识，但数值表示的是感官感觉的数量或强度，并不说明关于产品间的相对差别，仅起标签作用，但各类别间有高低、优劣之分，用于排序或分级，不能随意排列。

顺序标度使用的数字或词语表示从“高”到“低”或从“最多”到“最少”等，以代表一组产品的一些属性。这种方法既不能对感知到差别的程度下结论，也不能对差别的比率或数量下结论。如可以用数字对饮料的甜度进行排序或对某种食品的喜好程度进行排序。但排在第四的产品的某种感官强度并不一定就是排在第一的产品的 1/4，它与排在第三的产品间的差别也不一定就和排在第三与第二的产品间的差别相同。顺序标度中的类别项并不是不可互换的。

2)顺序标度的类型

(1)排序　排序是顺序标度中最为常用的类型。排序是一种操作起来相对简单的方法，已制定出一系列关于产品排序的程序步骤。最直接的操作是让测试员对一组产品进行排列或分类，每种成功排序的产品都具有更多(或更少)的特质。例如，将一组产品按甜度从高到低排序，或者按喜爱度从高到低排序。这种程序对易于进行手头操作的产品来说执行起来较为便捷，诸如一系列的纺织品或一系列的罐装液体。然而，对于那些没有装在密封容器中的产品，特别是食品和饮料来说，操作过程中可能会造成产品的遗撒，这种可能发生的风险促使对测试程序做出调整。例如，让测试者列出与排序结果相应的产品编码比直接对产品进行排序更可行，如图 5-2 所示。

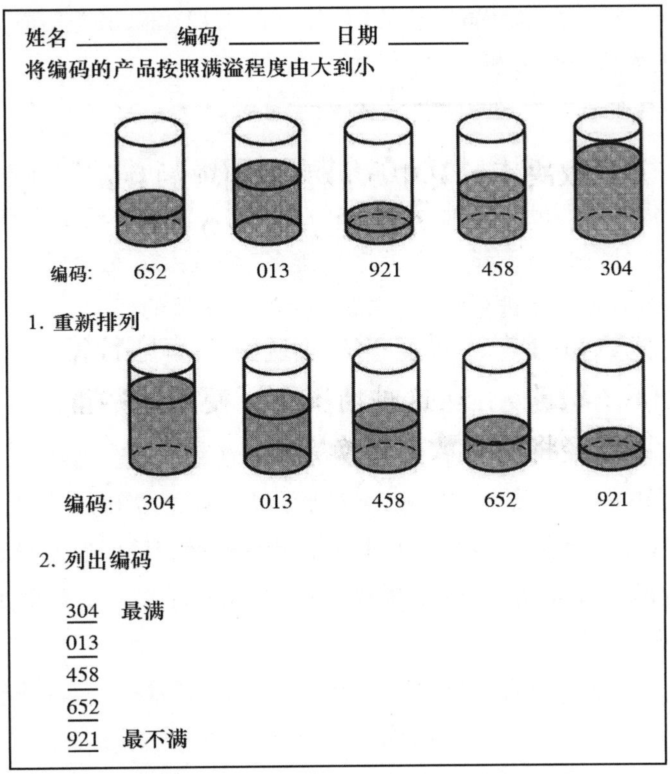

注：1. 对产品重新排列；2. 列出产品排列结果的相应编码。在前者操作中，产品被移动了；在后者操作中，测试人员只需记录排序结果，无须移动产品。

图 5-2 产品直接排序测试的案例

(2)成对比较检验　成对比较检验是顺序标度的一种特殊用法，包括定向差别检验（哪个样品更甜）与成对偏好测试。为了达到讨论的目的，应注意两个产品排序测试所得数据的二进制格式。Guiford 对成对比较检验中将二进制数据转换为间隔数据的规程进行了讨论。在多维标度中，Shephard 描述了从多重成对比较中获取的“局部度量”数据的规程。这些方法都是基于“在两个样品中，排在首位和第二位的样品之间总会存在一定的间隔或距离”这一事实而进行的强迫性选择。后一种计算方法在实验室中进行的感官评价排序测试中应用较少。尽管如此，这种方法为了解关于刺激的庞大数组提供了机会（如产品或者一些理念描述），所有刺激都要进行互相比较，测试人员被限制，只能做出强迫性的选择响应，所有结果都通过间隔数据进行描述。

(3)偏爱检验　顺序标度常被用于感官评价的偏爱检验,很多数值标度中产生的数据是序级数据,在这些标度方法中,选项间的间距在主观上并不是相等的。如在评价产品的风味时可采用"很好-好-一般-差-很差"等形容词来进行描述,但这些形容词间的主观间距是不均匀的。评价为"好"与"很好"的两个产品的差别比评价为"一般"和"差"的产品间的差异要小很多。我们在进行统计分析时通常会将上述的形容词用数值表示出来,而这些数据是等距的,如我们可以用1～5来表示产品风味的"很好、好、一般、差、很差",然后统计每种产品风味的平均值,再对平均值进行分析。

3)排序检验的局限性

如果产品是同时呈送给测试人员的,那么排序测试将是一种直接的方法,因为它不用依靠记忆来完成。在获得任何响应之前,产品以自身的框架作为参照系,使用并不复杂的统计学假设与应用程序就可以进行测试。除了进行排名,测试人员无须对每个产品提供任何数字或者分数以及用词语对产品进行描述,这都是带有偏向性的任务。

4)排序测试的数据分析

采用几种不同的方法分析排序测试的数据,包括那些适用于名义标度的方法,特别是非参数性方法。其具体适用的方法包括 Wilcoxon 符号秩检验,曼-惠特尼 U 检验、克鲁斯卡尔-沃卡斯检验、Friedman 检验、卡方检验(χ^2 检验)以及肯德尔和谐系数。此外,Karmer 开发出了一套表格用来快速测定一组产品的排序结果是否存在显著性差异,不过,这些表格后来被证实存在一些错误,Joanes 与 Newell 和 MacFarlane 的文章中提供了关于排序数据更为精确的指导与分析。

使用等级标度可以抵消由直接排序法获得的有限信息的缺陷。这些标度为测试者提供了一个完整的连续系统或者有序分类的连续系统。作为一种标度类型,等级标度也许是感官评价当中应用最广泛和最古老的一种测量标度。这种耐用性主要归功于它们易于制定和实施,可采用大量的统计学检验方法对其结果进行分析,且实践证明其的确是切实有效的。

等级标度的分类可以在最少的5种到最多的12种之间变化,而大部分标度的响应类别项只有8种或10种。有些标度用词语和(或)数字来标注每个类别项,而有些标度则仅用词语和(或)数字来标注极端的类别项,最困难的问题是类别项的数量和用于标注类别项的具体用词。在 Cloninger 等对一系列等级标度的结果运用了多种标准和转换方法后,得出的结论是5点标度比其他具有更多类别项的标度更为适用。

测量产品的品质并不等同于区分特定产品的差异性,也就是说,产品之间虽然会在偏爱性上存在感知差异,但两个产品在"品质"标度上面的评分差距可能并不会十分显著,所以很有可能出现偏爱度不同的产品而品质却相同的情况。

产品之间的差异程度可通过打分来确定。如果基于产品的品质进行评价,很难确定产品需要在哪些方面进行改进。此外,采用10～12人的评价小组来判断产品的品质也会存在很大的风险,这个任务不适合由评价小组来完成。在此讨论的目的是关注使用那些最不可能引起误解的词语以及不暗含品质意味的词语。使用从低到高并结合词语强度的测量方法，可以给测试员做出很好的说明（给出可以代表感官测量的产品的例子），在不需要对测试员进行广泛培训的情况下，这种方法在感官评价中是一种非常成功的规程，它可以实现最佳的灵敏度和最小的差异性。

3. 等距标度

1）等距标度的含义

等距标度是按现象绝对数量差异进行辨别与区分的，测量结果形成定距变量，定距变量的值以数字表述，有计量单位，可以进行加减运算。等距标度反映的是主观间距相等的标度，得到的标度数值表示的是实际的差别程度，其差别度是可以比较的。各类别间有自然的大小之分，但没有绝对的零点，不能乘除计算。用于测量量级，假设标度中两点之间的距离是相等的。

等距标度可以通过一个线性变换。在所有的感官检验中很少有完全满足等距标度的标度方法，通常的快感标度可以认为是等距标度。在等距标度中，两点间的间隔或者距离是相等的；此外，标度还具有任意零点，所以在测量属性方面不存在“绝对的”数值。等距标度可以由成对比较、排序，或者等级评价构成，也可以包含等分法、感官等距法以及类别等距法。

月历是一个典型的等距标度的例子，其中每一天都构成了相等的时间间隔。真实的或合理的零点对月历的有效使用是毫无影响的，无论间隔出现在每月的前期，还是出现在后期，每天之间的间隔都是独立的。例如，月份中的第 3 天和第 5 天之间的时间间隔等同于第 13 天和第 15 天之间的时间间隔。任何一个的 x d 的间隔都等同于其他任意时间中心 x d 间隔。

2）等距标度的类型

在上述讨论中对一些顺序标度中的等距间隔进行了注释，同时需要谨慎假设任何一个顺序等级标度是等距标度。相对来说，只有少数等距标度，才能发展到可以直接制定相等间隔标度的程度。专业评价人员最熟悉的两个等距标度是 9 点喜好标度和图示评价量表。

图示评价量表（有时也称线型标度）由 Anderson 的工作发展而来。它利用了一种函数性的测量规程。该规程要求测试员在预备阶段就要面对他们将要测量的刺激，然后让他们体验到极端的刺激，即为他们提供位于标度末端的产品实例。这两个步骤结合一个线型标度就能够获得具有数学意义的等距响应行为。在描述性分析中，应用线型标度已经被证明是非常有效的。在对数百次使用该类型标度的测试进行分析后，这种标度的等距特性已经非常清楚。

Lawless 和 Malone 在使用未经训练的测试员测试时，发现线型标度与其他用于感官评价的标准标度相比几乎是等价的。由于标度的最佳使用条件需要测试员对该标度具备一定的实践经验，所以我们认为有经验的测试员可以使标度更灵敏。如图 5-3 所示为一个关于线型标度的实例。线型标度的一个独特优势是不需要标示与响应相关的任何数值以及使用有限的词语以使词语偏见最小化。只要通过测量线段左边终点与垂直线之间的距离就能够获得可以用于数学运算的数值。

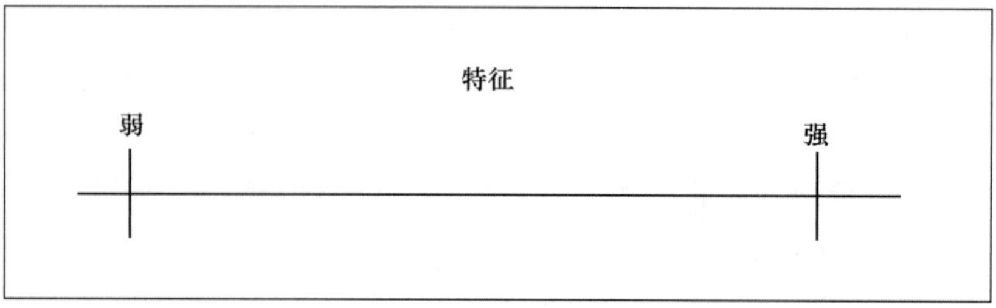

图 5-3　一个线型标度——图示评价量表的范例

3)等距标度的数据分析

等距标度被认为是真正的定量标度,大部分的统计规程都适用于它的结果分析,包括平均值、标准偏差、t 检验、方差分析、多重极差检验、积矩相关、因子分析和回归分析等。此外,还可以把数值化的答案转换成序列,使用标准秩次统计来对数据进行分析。

要求测试者在水平线上,能反应性状强度的位置上画一条垂直线。两条垂直线的参比表明了性状强度从微弱到强烈的连续性。

4. 比率标度

1)比率标度的含义

比率标度是指按现象绝对差异与相对差异进行辨别与区分,采用相对的比例对感官感觉到的强度进行标度的方法。这种方法假设主观的刺激强度(感觉)和数值间是一种线性关系,比率标度的数据所呈现的特性和等距标度数据类似。此外,比率标度两点之间保持恒定的比率并且具有绝对零点。测量结果形成定比变量,定比变量确切的值也以数字表述,有计量单位,可以加减,也可以乘除,用于测量量级,假设标度中两点之间的比率是相等的。

如一种产品的甜度数据是 10,则 2 倍甜度的产品的甜度值就是 20。在实际应用中,由于标度过程中容易产生前后效应和数值使用上的偏见,这种线性关系就会受到很大的影响。

2)量值估计

Stevens 描述了具备比率特性的心理物理学标度制定过程的四种操作规程,分别是:量值估计、量值产生、比率估计与比率产生。其中,量值估计最常用于比率标度数据的开发。这主要是因为组织实施方面的因素。由于无须制定详尽的记分卡,实验人员组织测试变得相对容易。此外,与量值产生和比率产生相比,量值估计需要的产品量是最小的。

在量值估计实验中,测试员需要为每个刺激分配一个数值(这个数值既不能小于零,也不能是分数)。这个数值代表着对刺激或某些特性(例如响度、亮度、甜度和臭味强度等)的感知强度。研究人员发现,当呈现给测试员一系列不同强度的刺激时,采用上述任何一种比率标度规程并配合相应的响应处理方法，相等的刺激比率都会产生相等的响应比率。Stevens 把这种规律称为"心理物理定律"(psychophysical law)，其数学表达式为：

$$\psi = ks^n$$

式中，ψ 为刺激响应的几何平均值；k 为常数；s 为刺激强度；n 为指数，等同于曲线的斜率。

Engen 与其他一些人把这个公式称为幂次定律。当把比率标度的实验数据标注在双对数坐标系中时，刺激强度与感知强度之间便会呈现出线性关系。在该背景下，Stevens 得出结论，除比率标度外的其他标度都是带有偏见性的，不应被用于测量修复性连续群。所谓修复性连续群，是指附加的刺激，如响度和亮度。而置换性连续群则是指那些涉及置换或者变化的刺激，如两个刺激之间的定位。

3)比率标度在测量中的作用

比率标度对于心理物理学有着重要的影响，但人们对于它在测量中所起的作用却有相当大的争议，尤其是它声称对于其他标度所具有的优越性。对于评价专业人员来说，比率标度对感官评价的影响，特别是量值估计在感官评价中的应用一直存在争议，几乎达到混乱无序的状态。该方法的支持者强调了使用量值估计的优势，包括可以避开比大多数标度中常见的用词选择问题，并且为产品的响应提供了直接可以测量的数值。此外，他们还声称，由于测试任务的说明非常简单，所以任何个人在没有详细说明的情况下也可以充当测试员，而且由于消除了数值的限制，使数字上的偏见也被进一步削弱。从 20 世纪 70 年代的早期开始，只有少数出版物未能利用或提及这一方法。然而，人们很快便意识到需要给测试员，特别是为消费者提供更多的指引，因为测试规程并不比其他方法更易于学习，一些消费者往往需要花大量的时间来学习这项规程。此外，对于数字的使用并没有预见性。例如，有些人会使用相对较窄的数字范围(如从 1～10 等距递增)，而另外一些人则偏向于使用较宽的数字范围(1～1 000)。实际上，每个测试员都可能有特殊的数字使用模式，所以数字偏见是无法根除的。

在产品感官评价领域的范围内，比率标度优越性的问题一直都无法得到令人满意的答案。涉及不同产品的研究结果表明，相对于其他标准的感官测试方法，比率标度并没有表现出任何实质性的优势。比率标度是在探究测量过程的背景下发展起来的，反过来又希望它能很好地解释刺激—响应之间的关系。心理物理学函数的图形可以把响应与一系列刺激联系起来，对这一事实进行数学化的阐明，为研究这一课题开辟了新的前景。

4)比率标度的数据分析

传统的比率标度数据分析包括指数或者直线斜率的计算，以刺激强度的递增函数来代表感官强度的增加。

数据分析的第一步是将所获得的响应标准化，以消除测试员之间和测试员本身的变异。最常用的标准化方法是将原始的刺激与响应数值转换为对数(lg)形式，使每个测试员对每个样品的对数平均值就等于几何平均值。转换成对数形式缩小了数据的数值范围，却会得出极端的正偏态。为了避免因此而受到的非议，Powers 等描述了一种无须对数转换的标准化方法。在这两种情况下，标准化的概念都符合 Stevens 所支持的观点，认为变异性代表了测量误差，因此应该在数据分析时消除。幸好不是所有研究者都支持这样的观点，他们选择利用方差的方法为所得到的响应建立置信水平。这是极其重要且不应被忽视的一点。由于产品和测试员都存在不同，因此我们使用测试小组以及对一组产品进行评估以使感兴趣的响应变量量化，以及更好地了解和说明测试本身的差异性或者非测试性变量。

对量值估计的整个实验数据矩阵进行转换与标准化之后，进行曲线拟合。最佳拟合曲线可以通过最小二乘法来确定，由此产生的方程式形式如下：

$$\lg 响应 = \lg 截距 + (斜率 \times \lg 刺激)$$

式中，斜率等于前文公式 $\psi = ks^n$ 中的指数 n，然后把数据绘制在双对数坐标系中，纵坐标代表平均响应的对数值，横坐标代表刺激的对数值。

在名义标度、顺序标度与等距标度中，所描述的方差分析（analysis of variance，ANOVA）与其他的统计学方法也可应用于比率标度数据的处理。不过，在使用诸如方差分析之类的方法对量值估计的响应数据进行统计学的显著性判定时，会遇到一些实际的问题。原始的响应值在一般情况下都存在正偏，会随着平均强度得分的增加转变为较大的方差。在 Engen 所报道的例子中，最高浓度的原始得分范围是 7.5～150，其平均值是 45.95，而标准偏差是 38.66；最低浓度的原始得分范围是 0.5～75. 其平均值是 6.68，而标准偏差是 13.6。这种情形显然严重违反了方差分析所基于的齐次性与分布假设。此外，较大的标准偏差可能与较高的平均值一起导致了较大的误差项，增加了出现Ⅱ型错误的可能性。

5.3 优选的测量技术

5.3.1 喜好标度

1. 喜好标度的特点及应用

由于 9 点喜好标度（9-point hedonic scale）在测量产品接受度与偏爱度方面的普遍适用性，其在所有标度和测试方法中占据着独特的地位。这个标度是由 Jones 等与 Peryam 和 Pilgrim 制定的，在这些文献当中可以找到相关的具体描述。研究人员通过改变类别的长度与编号研究了大量不同的标度，同时对如何选择每个类别最恰当的用词进行了研究。这项研究产生了具有 9 点类别与 9 种表述的标度方法。正如图 5-4 所示，喜好标度的描述非常简单，并且实践证明，同样易于使用，因此喜好标度在世界范围内（经过翻译）被广泛应用于评估各种食品、饮料、化妆品和纸制品等的可接受度。

测试员的任务是在标度中圈出最能代表其对产品态度的选项，其也可以在临近选项的

姓名__________ 编号__________ 日期__________

请在标度中圈出最能代表你对产品态度的选项

极其喜欢

非常喜欢

一般喜欢

轻微喜欢

不喜欢也不讨厌

轻微不喜欢

一般不喜欢

非常不喜欢

极其不喜欢

图 5-4 一个 9 点喜好标度的实例

地方绘制上标注用的方框。响应经过计算转换为数值：极其喜欢等于 9，极其不喜欢等于 1。

喜好标度是由评估几百种食品的可接受度而制定的，此后，在为军队提供食品的进一步研究中得到了再一次的验证。这些研究证实了喜好标度的信度和效度已达到了令人满意的水平。其中特别有价值的发现是响应具有稳定性，以及这些数据可以作为任意一个特定产品类别的感官基准。一个产品的平均值和标准差可能是(6.47±1.20)，一系列竞争产品的测试通常会得到产品的排序，若平均值在这个范围内，那么就是稳定的，也就是说，该结果与评价小组的大小和所在区域无关。毫无疑问，对于一些产品来说，在消费者人群中，子集的改变可能会改变产品的排序，然而，基准的有效性并没有因此丧失。对于那些寻求建立自己产品的数据库或者寻求配方变化以及产品追踪的快速评估方法的公司来说，这种程度的稳定性尤为重要。除此之外，如果了解到某个产品的平均得分为(6.02±1.50)，就能以此为参考框架来判断哪些得分是可能的。如果管理者期望产品的得分大于 7.5，或者营销方要求产品获得一定的分数(例如得分为 7.0)以推进项目进行，这个参考框架将会非常有用。在后面的情况中，感官数据库还能在没有达到行动标准时起到预警系统的作用。尽管感官接受度的测试结果并不适用于这种情况，但并不难理解在通常情况下这是唯一可利用的接受度信息。对 9 点喜好标度的数据进行诸如方差分析的参数性统计分析会提供关于产品差异性的实用信息，并且该标度获得的数据不应违背正态假设(与 O'Mahoney、Vie 等的观点相反)。图 5-5 为 222 名消费者使用 9 点喜好标度对 12 个产品接受度进行评价的结果。图 5-5 中“S”形的曲线表明得分是呈正态分布的。许多其他涉及成千上万消费者的测试已经证实，9 点喜好标度在提供产品偏爱度的排序方面是非常有效的，并且该标度与等距标度非常接近。

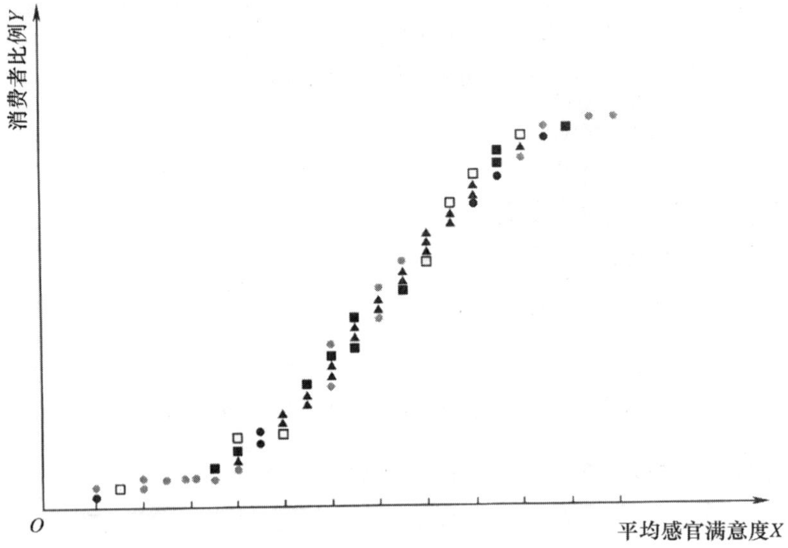

Y 轴是消费者比例的累计百分数；X 轴是以 0.5 为单位；从 2.0～7.5 的标度部分。

图 5-5　12 种产品经过 222 名消费者采用 9 点喜好标度进行评价的结果

2. 喜好标度的数据分析

把喜好标度的数据转换为排序或者成对偏爱测试数据比较容易实现。只需在喜好标度中统计出给某种产品的打分高于另一种产品的测试者的数值，就可以采用 $p=1/2$ 或二项分布对结果进行分析，并获得关于两种产品偏爱度的结果。

在儿童担任测试员的情况下，去掉标度中点类别（指“既不喜欢也没有不喜欢”类别）或一些其他的类别（“适度喜欢”与“适度不喜欢”），这些类别已经被证明是不成功的或是没有实际价值的。普遍性的看法认为，应该避免中点的存在，因为它会降低产品间的差异显著性，不过，这个偏见性的观点并没有得到系统研究的证实。针对中等强度类别的类似论点也同样不成立。还有一些感官专业人士关注基于实验者角度的标度双极性，以及标度数学处理方法的单极性，很难去测定消费者是否认为标度具有双极性。根据经验，消费者在某种程度上会以能解释清楚用途的等距间隔的方式进行回应。尽管期望测试员能领会双极标度的困难性是合理的（通常会因为标度缺乏中立点或中点而具有更多的变异性），但目前并没有找到恰当的证据来证明这一点（在超过 25 个国家的广泛人群中，采用该标度进行成千上万次测试后得到的结论）。计算问题似乎同样显得微不足道，因为数字的使用与得分差异性是否具有显著性相比并不重要。总之，9 点喜好标度是一种独特的标度，可以提供可靠与有效的结果。试图对这种标度进行置换或改良的努力至今都没有获得成功，因此应该有信心继续使用 9 点喜好标度。

5.3.2　脸谱标度

1. 脸谱标度的含义

这类标度主要是提供给儿童和阅读或理解技能存在障碍的人使用。如图 5-6 所示，它们可以被描述为一系列从微笑到皱眉排序的面部表情的线形图，或者被绘制成一个受欢迎的卡通人物。面部表情可以配上被分成 5 个、7 个或 9 个类别的相应的描述性短语。为了便于计算，与其他标度一样，需要将每种面部表情一对一地转换成数值。

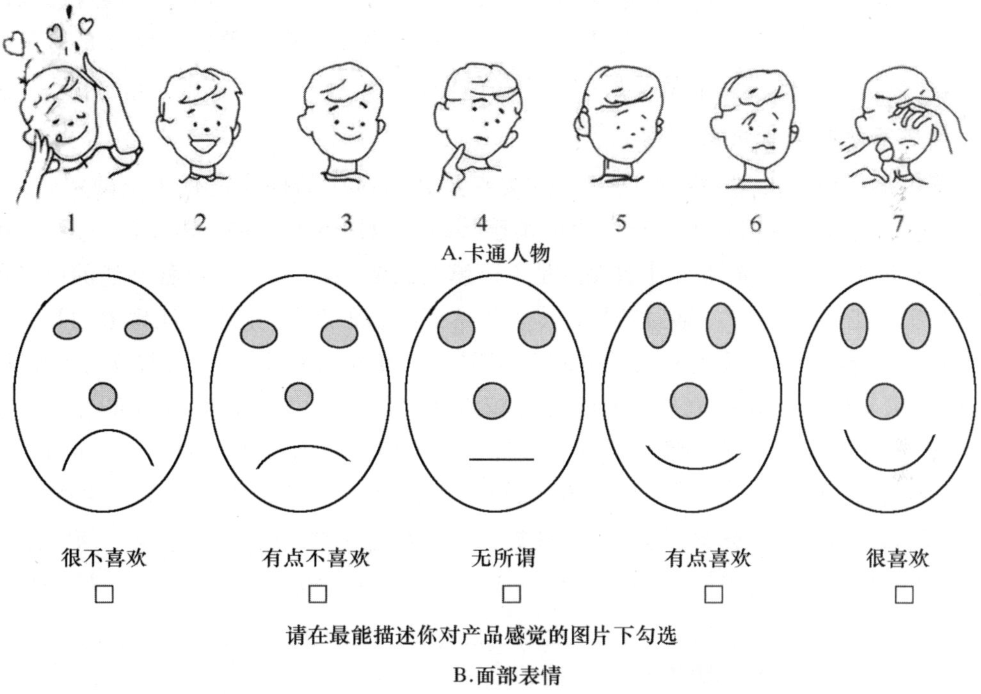

图 5-6　两个脸谱标度的例子

2. 脸谱标度的特点

脸谱标度是一种常用的标度类型，具有显著的优点。然而，它带来的问题远比能解决的问题要多。年龄很小（≤6 岁）的儿童会因图片而分心，甚至会被皱眉表情的含义所干扰。该标度会给测试带来不良的影响，并且可能引发复杂的视觉以及概念变量。对于一个孩子来说，将产品与代表测试员态度的脸谱相匹配是一项复杂的认知任务，事实上，它可能比其他的典型标度规程更为复杂。例如，在一项用于儿童用药香精的研究中，可以观察到儿童倾向于使用标度中快乐微笑表情的部分，因为他们认在服用药物后应当感觉更好。根据对缺乏差异性的产品进行的访谈，以及研究者对改变产品配方的需求，认为并没有必要改变产品配方，而是需要重新制定不会让孩子们误解的标度。

5.3.3　情感等级标识标度

1. 情感等级标识标度的含义

情感等级标识标度（labeled affective magnitude scale，LAM）是新制定的标度之一，可以有效测量产品的喜爱度或者刺激。它是一种分类标度，但却具有比率标度的特性，比如，基于比例关系将描述喜爱度的短语标注在直线的旁边。在该标度的制定过程中用到了量值估计，基于目前标准的 9 点喜好标度的标注，采用比例缩放的方法确定最高等级与最低等级的标注。测试结果表明，该标度的信度和效度是可以信赖的；与其他标度相比，对测试员高度喜爱的一组食品能实现更好的区分；与喜好标度和量值标度具有高度的关联性；是一种使用友好型的标度。作为一种比率标度，情感等级标识标度需要满足统计推断分析的假设，并且允许结果中涉及比例形式的表述（例如，如果某种产品在标度的单位上评分是另一种产品的两倍，那么该产品的喜爱度就是另一种产品的两倍）。

2. 情感等级标识标度的应用

情感等级标识标度需要对标度中的分类点及其相对应的标注进行精确的定位。图 5-7 所示为一个即将呈现给消费者进行评价的情感等级标识标度的实例。需要注意的是，标度中没有任何数值点。“在标度上标注数值点是不谨慎的做法，因为数值与语言标注的语义所蕴涵的比例关系不能一一对应”。通过转换标度可以达到分析的目的，通常以能想象的最不喜爱的程度为 0，能想象的最喜爱的程度为 100 进行转换。该标度的分析方法与 9 点喜好标度类似，可以使用诸如方差分析的参数性统计分析方法。尽管前文已经指出基准或历史数据的重要性，但这并不阻碍研究人员将情感等级标识标度用于目前或未来的测试。例如，如果某个公司的历史数据是基于 9 点喜好标度的，则可以将情感等级标识标度的结果在代表其相应含义的 1～9 的数字中转换。此外，与计算 9 点喜好标度各类别的响应频率的常用方法类似，情感等级标识标度各类别的响应频率也适合采用这种方法进行统计输出（表 5-1）。

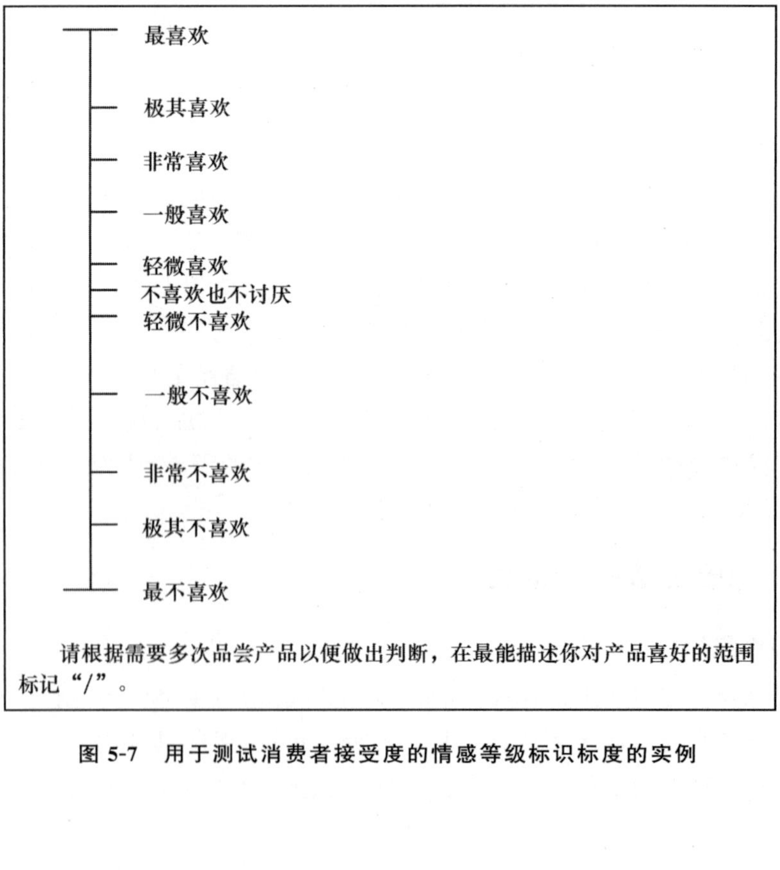

图 5-7　用于测试消费者接受度的情感等级标识标度的实例

表 5-1　用于计算情感等级标识标度响应频率的分布*

情感等级	上限	标度	下限	氛围
最喜欢		100	94	7
极其喜欢	93	87	83	11
非常喜欢	82	78	73	10
一般喜欢	72	68	62	11
轻微喜欢	61	56	53	9
不喜欢也不讨厌	52	50	48	5
轻微不喜欢	47	45	40	8
一般不喜欢	39	34	28	12
非常不喜欢	27	22	17	11
极其不喜欢	16	12	6	11
最不喜欢	5	0		6
				101

注：* 共有 101 个值可供消费者选择。当值为 94～100 时，结果归类于“最喜欢”；当值为 83～93 时，结果归类于“极其喜欢”。

思考题

1. 什么是标度？选择标度时应遵循哪些原则？
2. 什么是名义标度？名义标度主要应用于哪些方面？
3. 试述名义标度常用的数据分析方法。
4. 什么是顺序标度？数据分析的类型有哪些？
5. 简述等距标度的含义及其类型。
6. 试述几种常用的测量技术的含义及特点。

CHAPTER 6

第6章 差别检验

【学习目的和要求】

了解感官评价的基本方法；了解差别检验测试的组成结构；掌握差别检验的主要方法；掌握多个样本平均数间的差异检验数据处理方法；掌握差别检验实验设计的基本方法；掌握差别检验数据的基本类型及数据分布特点。

【学习重点】

总体差别检验的方法及其应用；性质差别检验的方法及其应用。

【学习难点】

利用差别检验方法评定样品在感官性质上是否有差异；根据实际情况，正确制定实验方案；收集检验结果，进行统计分析，评价检验结果的可靠性。

差别检验是一种非常有效的感官评价方法，主要用来判别两个样品或更多的样品间是否存在差异或相同点。得到的数据可以通过统计学显著性检验来分析，并确定样品间是否存在差异或相同点。

6.1 差别检验概述

当感官评价专业人员想要确定两个样品之间是否有可察觉的差别时，应采用差异检验的方法。如果是两个化学成分不同的样品，人们就可能感觉不到其中的差别。当产品开发者利用不同的配料重新生产一种产品，而又不希望消费者觉察到这种差别时，他们正是利用了这种可能性。例如，某冰淇淋生产商想要用一种较为便宜的香草风味物质代替溢价香草冰淇淋中使用的另一种昂贵的香草风味物质，但是生产商又不希望消费者觉察到产品的不同，这时就需要进行一次适当的具有足够检验力的差异检验，以确保人们觉察不出两种冰淇淋产品之间的差别，从而降低公司在进行风味物质替换时的风险性，这是感官差异检验的理想应用。

6.2 感官评价方法

通过感官评价可以回答几个问题：待评价样品是否有差异？这种差异的本质是什么？这种差异是否可被接受？感官评价主要分为主观和客观两种。主观感官评价主要由经培训的评价人员完成，得到的数据主要针对产品的性能。其中主观感官评价又包括差别检验和描述性检验。差别检验主要用来判别待测样品间是否有差异；描述性检验主要用来辨别感官差异的本质以及差异的程度。客观感官评价主要是情感检验或称为消费者检验。客观感官评价由未经培训的评价人员完成，得到的数据主要为接受度、喜好、偏爱等方面。

感官评价在本质上可以说是基于感觉差别的一种心理测量。因此，以“差别”为核心，按感官评价在研发生产、质控、流通、消费整个产品生命链的各个环节中可解决的问题，将其采用的技术方法分为以下几类（表 6-1）。

6.2.1 判断有无差别

若想了解新品与旧品有无差别，不同批次产品之间以及与标准样品之间有无差别，产品在货架期期间的感官质量有无变化，同一产品不同品牌之间有无差别等方面问题，就需要对产品整体质量差异进行判断，往往采用成对比较检验、三点检验、二-三点检验、“A”-“非 A”检验、五中取二检验等，这类检验被称为整体差别检验或差别检验。

6.2.2 判断差别程度

若想了解产品某个感官特性哪个更强或更弱，产品的整体印象（最评价）哪个更好，产品可分为几类，归为哪个质量等级等方面的问题，就要对特定的感官特性强度差异或者特性集合表现出来的产品质量特点进行判断，通常采用排序法、标度法、评分法、分类法、分学法等，这类检验属于特性差别检验，也被称作标度和类别检验。

6.2.3 判断差别方向

若想进一步了解产品之间的差异是在感官特性因子构成上、特性因子强度上、产品评价过程中特性因子呈现的顺序上，还是特性因子相互作用的呈现特点上等，就需要由具有较高能力的评价小组进行另一大类非常重要的感官评价，即描述性分析。采用的方法主要有风味剖面法、质构剖面法、定量描述分析法、系列描述分析法、时间-强度描述分析法等。

6.2.4 判断差别能否接受，有无偏爱

既然产品之间存在差异，那么消费者接受不接受、喜欢不喜欢，哪个产品更受欢迎，更具有吸引力等，这些问题主要是消费者情感问题。研究的对象是消费者，采用的方法主要有成对偏爱检验、排序偏爱、喜好标度等。该类测试被称为接受性与偏爱测试或情感检验消费者测试。

表 6-1 感官检验方法的选择

实际应用	检验目的	方法
生产过程中的质量控制	检验与标准品有无差异	成对比较检验(单边、双边)；二-三点检验；三点检验；选择；配偶；
	检验与标准差异的量原料的分等	评分；成对比较检验；三点检验；评分；分等(总体的)
成品质量控制检查 消费者嗜好调查， 成品品质研究	检验趋向性差异 获知嗜好程度或品质好坏	评分；分等；成对比较检验；三点检验；排序；选择
	嗜好程度或感官品质顺序评分的数量化	评分法；多重比较法；配偶法
品质研究	分析品质内容	描述法

6.3 差别检验

一个典型的差别检验的指引可能是“现有两个产品，哪一个更咸？”或者“现有三个产品，其中哪一个不同于另外两个？”作为顺序标度的特殊范例，差别检验实际上是一种阈值检验，通过该测试可以挑选出不同的产品。在经典的阈值检验中，一系列产品(有些是不包含刺激物的)一次一个地呈现在评价员面前。评价员的任务是指出是否有刺激物，并不要求识别刺激物。如果要求识别刺激物，则是识别阈值测试。差别检验的方法基础是在验证两个产品的具有可感知的差异之后，通过概述性测试对差异的基础进行鉴别。相反，如果产品间不具备可感知的差异，则可以采取相应的措施，例如选用其他可选的配料成分。

6.3.1 差别检验的特点

差别检验主要用来判别两个样品或更多的样品间是否存在差异或相同点。得到的数据可以通过统计学显著性检验来分析，并确定样品间是否存在差异或相同点。差别检验的目的是要求评价员对2个或2个以上的样品做出是否存在感官差别的结论。差别检验的结果是以做出不同结论的评价员的数量及检验次数为基础，进行概率统计分析。

该方法是对样品进行选择性的比较，一般领先于其他，实验，在许多方面有广泛的用途。例如在贮藏实验中，可以比较不同的贮藏时间对食品的味觉、口感、鲜度等质量指标的影响；又如在外包装实验中，可以判断哪种包装形式更受欢迎，而成本高的包装形式有时并不一定受消费者欢迎，这些都可以用差别检验。

1. 应用范围

它作为一种较便捷的技术，无论是无经验的评价人员，还是有经验的评价人员都可以参加，但是这两种类型的评价人员不能混用。差别检验多用于易混淆的样品间，例如样品间差异虽不明显，但需要辨别。差别检验主要用于这几种情况：①筛选、培训感官评价人员；②调查污染；③确定感觉阈值；④质量控制、质量管理，例如筛选一致性的原料；⑤探讨原料、工艺变化的影响，例如成本降低或供应商变化；⑥初步评估。

2. 主要方法类别

差别检验分为两大类，包括总体差别检验和性质差别检验。总体差别检验是指用于评定样品间是否存在感官差异，不对产品的感官性质进行限制，没有方向性。其主要有差别成对比较、三点检验、二-三点检验、五中选二检验、“A”-“非A”检验和对照差异检验等。性质差别检验是指评价样品之间在某一属性上是否存在差异，评价人员需要集中在样品的一种或少数几种属性上来判断是否有差异。性质差别检验主要有定向成对比较检验、逐步排序检验、简单排序检验和尺度评定。

如果样品之间的差别较大，以至于很明显，这时就不应该采用总体差别检验，而应考虑通过性质差别检验来判定样品间的差异性。需要注意的是，不能鉴别样品间的明显差别并不意味样品之间是相似的。

6.3.2 差别检验的种类

1. 简单差异检验

简单差异检验是一种包含两个产品的测试，以随机顺序同时出示两个（一对）样品给评价员，要求评价员对这两个样品进行比较，目的在于判定两个样品间是否存在差异的方法。评价员每次得到两个（1对）样品，被要求回答样品是相同还是不同。在呈送给评价员的样品中，相同（AA、BB）和不相同的（AB、BA）样品数是一样的。通过比较观察的频率和期望的频率，根据分布检验分析结果，作 χ^2 检验。需要指出的是，选择该方法的前提是不确定样品间哪种感官属性存在差异。

1)应用领域和范围

当实验目的是要确定产品之间是否存在感官差异。不能同时呈送2个样品或者更多样品时应用该实验,比如,在比较一些味道很浓或延续时间较长的样品时,三点检验和二-三点检验都不便应用时,通常使用该实验。

2)方法特点

①4种组合(AA、BB、AB、BA)中的每一组合一般都要求20～50名评价员进行实验,最多可以200人,也可以100人评定两种组合,或者50人评定4种组合。

②如果刺激味复杂,则每次最多只能向每位评价员呈送一对样品。

③评价员要么都接受过培训,要么都没有接受过培训,不能将两类评价员混合在一起参与实验。

3)组织设计

采用随机数字对样品进行编码。如果每位评价员只能评定一对样品,则根据评价员人数等量准备4种可能的样品组合(AA、BB、AB、BA),随机呈送给评价员评定。如果实验要求每位评价员评定一对以上样品,就可以准备一对相同的样品和一对不同的样品,或者4种组合样品,编码,随机呈送。问答表的设计应和产品特性及实验目的相结合。要求受试者从左到右尝试样品,然后填写问卷(图6-1、图6-2)。

姓名：　　　　　　　　　　　　　日期：
样品类别：

实验指令:我们将为您提供2个样品,每个样品标有3位数字。请按从左到右的顺序依次评价每个样品,并判定2个样品是“相同”的还是“不同”的。请在以下相应的答案前打√。

在评价每个样品前,请用水清洁口腔。请不要重复品尝样品。请对您认为样品间的区别给予评论。

＿＿＿＿＿＿＿＿ 样品是“相同”的

＿＿＿＿＿＿＿＿ 样品是“不同”的

评论：

图6-1　简单差异检验问卷样例

姓名：　　　　　　　　　　　　　日期：
样品类别：

检验开始前,请用清水漱口。在两组成对比较实验中,各有两个样品需要评价,请按照呈送的顺序品尝各组中的编码样品,从左至右,由第一组开始。将全部样品摄入口中,请勿再次品尝。回答各组中的样品是相同的,还是不同的?圈出相应的词。

在两种样品品尝之间请用清水漱口,并吐出所有的样品和水,然后进行下一组的实验,重复品尝程序。

组别		
1.	相同	不同
2.	相同	不同

图6-2　简单差异检验问卷示例

4)结果分析与判断

收集评价员评价结果，将评定结果统计，如表 6-2 所列。

表 6-2 评定结果

评定结果	评价员评定的样品		总和
	相同组合样品(AA、BB)	不同组合样品(AB、BA)	
相同	n_{11}	n_{12}	$R_1=n_{11}+n_{12}$
不同	n_{21}	n_{22}	$R_2=n_{21}+n_{22}$
总和	$C_1=n_{11}+n_{21}$	$C_2=n_{12}+n_{22}$	$n=R_1+R_2$

χ^2 计算公式如下：

$$\chi^2=\sum_{i=1}^{r}\sum_{j=1}^{c}\frac{(O_{ij}-E_{ij})^2}{E_{ij}}$$

式中，O_{ij} 为实际观察值；E_{ij} 为期望值。

$$E_{ij}=\frac{i\text{ 行的和}\times j\text{ 列的和}}{\text{行和列的总和}}\qquad E_{11}=\frac{1\text{ 行的和}\times 1\text{ 列的和}}{\text{行和列的总和}}=\frac{R_1\times C_1}{n}$$

1900 年，英国统计学家 K. Pearson 提出，用于名义分类频数的数据分析可检验两个或多个比率间的差异；判断两种属性或现象间是否存在关联性。2×2 列联表与 $R\times C$ 列联表如表 6-3 所列。

表 6-3 评价员评定结果

评定结果	评定样品		总和
	相同组合(AA、BB)	不同组合(AB、BA)	
相同	17	9	26(R_1)
不同	13	21	34(R_2)
总和	30(C_1)	30(C_2)	60(n)

表 6-4 中各期望值的计算公式如下：

$$E_{11}=\frac{1\text{ 行的和}\times 1\text{ 列的和}}{\text{行和列的总和}}=\frac{R_1\times C_1}{n}=\frac{26\times 30}{60}=13$$

$$E_{12}=\frac{R_1\times C_2}{n}=\frac{26\times 30}{60}=13$$

$$E_{21}=\frac{R_2\times C_1}{n}=\frac{34\times 30}{60}=17$$

$$E_{22}=\frac{R_2\times C_2}{n}=\frac{34\times 30}{60}=17$$

表 6-4 评价员评定结果(期望值)

评定结果	评价员评定的样品		总和
	相同组合样品（AA、BB）	不同组合样品（AB、BA）	
相同	17(13)	9(13)	26
不同	13(17)	21(17)	34
总和	30	30	60

$$\chi^2 = \frac{(17-13)^2}{13} + \frac{(9-13)^2}{13} + \frac{(13-17)^2}{19} \frac{(21-17)^2}{13} = 4.34$$

行和列只有两种分类，所以自由度：

$$df = (2-1)(2-1) = 1$$

χ^2检验时需进行连续性校正

$$\chi_c^2 = \sum_{i=1}^{r}\sum_{j=1}^{c} \frac{(|O_{ij} - E_{ij}| - 0.5)^2}{E_{ij}}$$

也可采用下列计算公式：

$$\chi_c^2 = \frac{(|n_{11}n_{22} - n_{12}n_{21}| - n/2)^2 n}{C_1 C_2 R_1 R_2}$$

查自由度为 1 时的临界值(表 6-5)。

$$\chi^2_{0.05(1)} = 3.84 \qquad \chi^2_{0.01(1)} = 6.63$$

将计算的与临界值比较，如果计算值>临界值：

$$\chi_c^2 \geqslant \chi^2_{\alpha,1}$$

则表明在显著水平上，两个样品间有显著性差异。

当样品总数 $n>40$ 和 $E_{ij}(i=1,2;j=1,2)>5$ 时，χ^2统计量可以不进行连续性校正：

$$\chi^2 = \frac{(n_{11}n_{22} - n_{12}n_{21})^2 n}{C_1 C_2 R_1 R_2}$$

表 6-5 卡方临界值

df	单尾检验显著性/%								
	5	2.5	0.5	0.05		5	2.5	0.5	0.05
	双尾检验显著性/%								
	10	5	1	0.1		10	5	1	0.1
1	2.71	3.84	6.63	10.83	21	29.62	32.67	38.93	46.80
2	4.60	5.99	9.21	13.82	22	30.81	33.92	40.29	48.27
3	6.25	7.81	11.31	16.27	23	32.01	35.17	41.64	49.73

续表 6-5

df	单尾检验显著性/%								
	5	2.5	0.5	0.05		5	2.5	0.5	0.05
	双尾检验显著性/%								
	10	5	1	0.1		10	5	1	0.1
4	7.78	9.49	13.28	18.46	24	33.20	36.42	42.98	51.18
5	9.24	11.07	15.09	20.52	25	34.38	37.65	44.31	52.62
6	10.64	12.59	16.81	22.46	26	35.56	38.88	45.64	54.05
7	12.02	14.07	18.48	24.32	27	36.74	40.11	46.96	55.48
8	13.36	15.51	20.09	26.12	28	37.92	41.34	48.28	56.89
9	14.68	16.92	21.67	27.88	29	39.09	42.69	49.59	58.30
10	15.99	18.31	23.21	29.59	30	40.26	43.77	50.89	59.70
11	17.28	19.68	24.72	31.26	32	42.59	46.19	53.49	62.49
12	18.55	21.03	26.22	32.91	34	44.90	48.60	56.06	65.25
13	19.81	22.36	27.69	34.53	36	47.21	51.00	58.62	67.99
14	21.06	23.68	29.14	36.12	38	49.51	53.38	61.16	70.70
15	22.31	25.00	30.58	37.70	40	51.81	55.76	63.69	73.40
16	23.54	26.30	32.00	39.29	44	56.37	60.48	68.71	78.75
17	24.77	27.59	33.41	40.75	48	60.91	65.17	73.68	84.04
18	25.99	28.87	34.80	42.31	52	65.42	69.83	78.62	89.27
19	27.20	30.14	36.19	43.82	56	69.92	74.47	83.51	94.46
20	28.41	31.41	37.57	45.32	60	74.40	79.08	88.38	99.61

注：该表列出了卡方检验的临界值。左边一列为自由度，相对应的每列为显著水平。如果 χ^2 计算值大于或等于表中的值，拒绝零假设。

5)实例分析

为了使调味酱生产现代化，制造商对老式加工设备进行改造，以研究新设备加工的烤肉调味酱味道是否与老式设备加工的烤肉调味酱味道有区别(表 6-6)。由于烤肉调味酱产品味道辛辣，味道会有滞留效应，会影响评定结果，所以采用简单差异检验是比较合适。

用白面包做载体，共准备 60 对样品：30 对相同(AA、BB)，30 对不同(AB、BA)。30 个评价员对其进行评价。每位评价员在第一阶段评定一组相同产品对(AA 或 BB)，在第二阶段评定一组不同产品对(AB 或 BA)，共收集 60 个测试结果。实验在全红色光线的小房间内进行，以掩盖产品颜色上的不同。将调味酱涂抹到切好的面包片上(在密闭容器中)，按设计次序将样品放在标记好的托盘中，呈送给每个评价员评定(图 6-3)。评价员评定结果如表 6-7 所列。

表 6-6 烤肉调味酱加工设备替代探究简单差异检验准备

时间:05-6-15	实验编号:
把该表放在放置托盘的位置上,事先给评分表编号并在容器上贴好标签。	
样品种类:白面包中烤肉调味酱 实验类型:简单差异检验	
样品定式	编号
5-117-36(旧机器)	36
5-117-39(新机器)	39
对每个容器进行 3 位随机编号,并且分为两组,一组为 36,一组为 39。 将样品从左至右按照下面顺序排放:	
评价员编号	样品顺序
1-10	36-36
11-20	36-39
21-30	39-36
31-40	39-39

实验编号 84-4639

评价员:

编号:　　　　姓名:　　　　日期:

样品种类:白面包上的烤肉调味酱

说明:

1. 从左至右品尝样品。
2. 确定样品是否一样或者不一样。
3. 在下面做出选择。

注意:有些组的样品是相同的。

__________ 样品相同

__________ 样品不同

注释:

图 6-3 烤肉调味酱加工设备替代探究简单差异检验问卷

表 6-7 评价员评定结果

评定结果	评定样品		总和
	相同组合(AA、BB)	不同组合(AB、BA)	
相同	17	9	26(R_1)
不同	13	21	34(R_2)
总和	30(C_1)	30(C_2)	60(n)

注:样品总数 $n > 40, E_{ij} > 5$,可不进行连续性校正。

$$\chi^2 = \frac{(n_{11}n_{22} - n_{12}n_{21})^2 n}{C_1C_2R_1R_2} = \frac{(17\times21-9\times13)^2\times60}{30\times30\times26\times34} = 4.34$$

$$\chi^2 = 4.34 > \chi^2_{0.05,1} = 3.84$$

A、B 两种样品出现显著差异,则表明由两种设备生产出的调味酱是不同的。如果真想替换原有设备,可进行消费者实验,以确定消费者是否愿意接受新设备生产的产品。

2. 三点检验

三点检验是一种三个编码产品的检验,评价员的任务是确定哪两个产品是相似的,而哪一个产品是最不同于其他两个的。这种差异可能涉及一个或多个感官性质的差异。但三点检验不能表明有差异的产品在哪些感官性质上有差异,也不能评价差异的程度。

三点检验是一种有难度的检验,因为评价员在对第三个样品进行评价时必须对前两个样品的感官特征进行回忆,然后才能做出判断。事实上,该测评过程可以看作是三个成对检验的组合(A-B、A-C 和 B-C)。实验人员在组织和布置三点检验时一定不能忽视由检验复杂性和感官交互作用带来的问题。

三点检验用于确定两个产品的样品间是否存在可感觉到的感官差别或感官相似。当可能参加检验的评价员数量不多时可以选择该方法,也可作为选择和培训评价员用。该法的优点是简单;缺点是用这种方法评价大量样品不经济,评价风味强烈的样品比成对比较检验更容易受到感官疲劳的影响,另外要保证两个样品完全一样是很困难的。

1)应用领域和范围

①适用于一种或多种感官指标是否存在差别的判定。

②适用于差别特征未确定时(差别既不是由样品间差别的大小和范围确定的,也没有代表差别的任何特征显示)。

③适用于完全同类的样品。例如,企业的原料、加工工艺、包装或贮藏条件发生了变化,确定产品的感官特征是否随之发生变化。

④筛选和培训检验人员,以培养其发现产品差别的能力。

2)方法特点

①每次同时呈送给评价员三个样品,其中两个是相同的,并且告诉评价员三个样品中两个相同的,另外一个不同,评价员按照呈送的样品次序进行评价,要求评价员选出不同的那

个样品，原则是鼓励猜测，要求强迫选择。

②为使三个样品的排列次序、出现次数的概率相等，可运用以下6组组合：BAA，ABA、AAB、ABB、BAB、BBA。在检验中，六组出现的概率也应相等。当评价员人数不足6的倍数时，可舍去多余的样品组，或向每个评价员提供六组样品做重复检查。

③通常要求20～40名评价员之间，如果产品之间的差距很大，很容易被发现时，12个评价员就足够了。

3)组织设计

①可以采用3个数字随机编号。

②评价时，要使每个样品在每个位置上安排的次序相同。

③三点检验问卷样例(图6-4)。

姓名：　　　　　　　　　　日期： 样品类别：
实验指令：我们将为您提供三个样品，每个样品标有三位数字，其中两个样品是一样的，一个样品是不一样的。请按从左到右的顺序依次评价每个样品，并选出"特殊"的样品。请在下方记录您的结果。 在评价每个样品前，请用准备的水清洁口腔；请详细评论特殊样品是如何不一样的。 样品组编码：111　123　624 不同的样品：
评论

图6-4　三点检验问卷样例

4)结果分析与判断

统计正确回答的评价员人数，然后进行统计分析，比较两个产品间是否有显著性差异。

对于三点检验而言，当样品间没有可觉察的差异时，评价员只能猜，因此做出正确选择的概率是1/3；而当评价员能够感觉到样品间的差异时，做出正确判断的概率大于1/3。统计假设检验时的无效假设 $H_0:P=1/3$；备择假设 $H_A:P>1/3$，二项式检验或正态检验。

Roessler(1978)将三点检验显著性临界值做成表，可以根据实验结果直接查表进行推断，得出结论。根据实验确定的显著水平 α，评价员的数量 n，可以查到相应的临界值 $X_{\alpha,n}$，如果实验得到的正确回答人数 $X \geqslant X_{\alpha,n}$，表明所比较的两个样品间有显著差异。

例如，36张有效问卷结果，21张有效问卷正确选择出单个样品，样品是否存在显著性差异？查表6-8中的 $n=36$ 栏。由于21大于1%显著水平的临界值20，小于0.1%显著水平的临界值22，说明在1%显著水平，样品间有差异。

通过三点检验，可以确定两个样品间是否存在显著差异。不论是否存在差异，都应表明显著水平，如 $P=0.05$。

表 6-8　三点检验的临界值　　%

n	显著性						n	显著性					
	30	20	10	5	1	0.1		30	20	10	5	1	0.1
5	3	4	4	4	5	—	33	13	14	15	17	18	21
6	3	4	5	5	6	—	34	13	15	16	17	19	21
7	4	4	5	5	6	7	35	13	15	16	17	19	22
8	4	5	5	6	7	8	36	14	15	17	18	20	22
9	4	5	6	6	7	8	42	17	18	19	20	22	25
10	5	6	6	7	8	9	48	19	20	21	22	25	27
11	5	6	7	7	8	10	54	21	22	23	25	27	30
12	5	6	7	8	9	10	60	23	24	26	27	30	33
13	6	7	8	8	9	11	66	25	26	28	29	32	35
14	6	7	8	9	10	11	72	27	28	30	32	34	38
15	6	8	8	9	10	12	78	29	30	32	35	37	40
16	7	8	9	9	11	12	84	31	33	35	37	39	43
17	7	8	9	10	11	13	90	33	35	37	39	42	45
18	7	9	10	10	12	13	96	35	37	39	41	44	48
19	8	9	10	11	12	14	102	37	39	41	43	46	50
20	8	9	10	11	13	14	108	40	41	43	45	49	53
21	8	10	11	12	13	15	114	42	43	45	47	51	55
22	9	10	11	12	14	15	120	44	45	48	50	53	57
23	9	11	12	12	14	16	126	46	47	50	52	56	60
24	10	11	12	13	15	16	132	48	50	52	54	58	62
25	10	11	12	13	15	17	138	50	52	54	56	60	64
26	10	12	13	14	15	17	144	52	54	56	58	62	67
27	11	12	13	14	16	18	150	54	56	58	61	65	69
28	11	12	14	15	16	18	156	56	58	61	63	67	72
29	11	13	14	15	17	19	162	58	60	63	65	69	74
30	12	13	14	15	17	19	168	60	62	65	67	71	76
31	12	14	15	16	18	20	174	62	64	67	69	74	79
32	12	14	15	16	18	20	180	64	66	69	71	76	81

注：①在选定的显著水平，拒绝零假设“无差异”的最小正确答案数值对应的评价人员总数“n”。②表中的数值由准确的二项式定律计算所得，其中参数 $P=1/3$，n 个重复（回复数）。③回复数的数量超过 100（$n>100$），用公式计算拒绝“无差异”假设的最小正确答案数（x）。

5)实例分析

[**例 1**]茶叶的比较

现有 2 种茶叶，一种是原产品，一种使用一批新种植的品种，感官检验人员想知道这两种产品之间是否存在差异。

项目目标：两种产品之间是否存在差异。

检验目标：检验两种产品之间的总体差异性。

检验设计：检验目的是检验两种产品之间的差异，我们将 α 值设为 5%，有 12 个品评人员参加检验，因为每个人所需的样品是 3 个，所以一共准备了 36 个样品，新产品和原产品各 18 个，按表 6-9 安排检验。在检验中，使用随机号码。

表 6-9　茶叶差异检验准备

日期：________ 编号：________		
样品类型：茶叶 实验类型：三点检验		
产品情况	含有两个 A 的号码	含有两个 B 的号码
A：新产品	533　681	576
B：原产品（对比）	298	885　372
呈送容器标记情况 小组	号码顺序	代表类型
1	533　681　298	AAB
2	576　886　372	ABB
3	885　372　576	BBA
4	298　681　533	BAA
5	533　298　681	ABA
6	885　576　372	BAB
7	533　681　298	AAB
8	576　885　372	ABB
9	885　372　576	BBA
10	298　681　533	BAA
11	533　298　681	ABA
12	885　576　372	BAB

检验结果：将 12 份答好的问卷回收，核对答案，统计答对的人数。经核对，在该检验中，共有 9 人做出了正确选择。根据表 6-8，在 $\alpha=5\%$，$n=12$ 时，对应的临界值是 8，所以这两种产品之间存在差异。

结论:这两种茶叶(新产品和原产品)是存在差异的。

[**例 2**]增稠剂的比较

一个公司开发一种甜点时有两种增稠剂可供使用,其中增稠剂Ⅱ的价格比增稠剂Ⅰ更低,公司希望知道分别添加这两种增稠剂加工的产品 A、B 是否有差异。

项目目标:产品"A"是用增稠剂Ⅰ加工而成的,产品"B"是用增稠剂Ⅱ加工而成的。分析两种增稠剂加工的产品 A 和 B 间是否有差异。

检验设计:我们将 α 值设为 5%,有 18 名评价员参加检验。准备 27 份"A"、27 份"B",随机分组,ABB、BAB、BBA、AAB、ABA、BAA,每种组合各 3 次,将样品随机呈送给评价员,按表 6-10 安排检验。在检验中,使用随机号码。三点检验样品准备如图 6-5 所示。

表 6-10 甜点三点检验样品准备

日期:	编号:		评价员号:	
样品类型:三点检验				
产品	含有 2 个 A 的号码使用情况			含有 2 个 B 的号码使用情况
A:增稠剂Ⅰ加工的产品	293		594	331
B:增稠剂Ⅱ加工的产品		862		726　　622
评价员号	样品编码及顺序			实际样品安排
1	293	594	862	AAB
2	331	726	622	ABB
3	726	622	331	BBA
4	862	594	293	BAA
5	293	862	594	ABA
6	726	331	622	BAB
7	293	594	862	AAB
8	331	726	622	ABB
9	726	622	331	BBA
10	862	594	293	BAA
11	293	862	594	ABA
12	726	331	622	BAB
13	293	594	862	AAB
14	331	726	622	ABB
15	726	622	331	BBA
16	862	594	293	BAA
17	293	862	594	ABA
18	726	331	622	BAB

姓名：______________	日期：____________	
检验说明：		
在你面前有三个带有编号的样品，其中两个是一样的，而另一个和其他两个不同请从左向右依次品尝 3 个样品，然后在与其他两个样品不同的那一个样品的编号上画圈。你可以多次品尝，但不能没有答案。谢谢！		
293	594	862

图 6-5　三点检验评价单

在评价结束后，收回 18 份评价单，核实正确回答的人数，统计。本例 16 人回答正确，查表 6-8 可知，16 大于临界值 10，可以看出在 5% 显著水平上，由两种增稠剂加工的产品有显著差异。

3. 二-三点检验

二-三点检验用于确定两个样品之间是否有可察觉的差异。这种差异可能涉及一个或多个感官性质。与三点检验类似，它也不能表明产品之间存在哪些感官性质上的差异以及评价差异的程度。

二-三点检验对于因滋味、风味和(或)动觉影响相对强烈且敏感度显著降低的产品是非常有用的方法。在二-三点检验中，将三个产品提供给评价员，第一个为参比(对照)样品，其他两个为编码产品。评价员的任务是需要指出哪个产品是最接近于对照样品的。该方法可以认为是两个成对检验的组合(R-A 和 R-B)。该方法用于区别两个同类样品间是否存在感官差异，这种差异可能涉及一个或多个感官性质，但二-三点检验不能表明产品间在哪些感官性质上有差异，也不能评价差异的程度。感官科学家只能知道样品可觉察到的差别，而不知道样品在何种品质上存在差别。

1) 应用领域和范围

在统计学上来说，该方法的检验效率不如三点检验，因为它是从 2 个样品中选出 1 个，猜中的概率更大，但它比较简单，容易理解。当检验目的是确定两样品之间是否存在感官上的不同时，常常应用这种方法。①它是常用的三点检验的一种替代法，确定产品之间的差别是否来自成分、加工过程、包装和储存条件的改变。②常用于风味较强、刺激较强、产生余味持久的产品的检验。该方法具有强制性。③在无法确定某些具体性质的差异时，确定两种产品之间是否存在总体差异。④外观有明显差别的样品不适宜该方法。⑤通常评价时，在评价对照样品后最好有 10 s 左右的休息时间，避免味觉和嗅觉疲劳，提高检验的准确性，同时在该检验过程中，品尝时，要特别强调漱口。⑥参评人员最少 16 个，如果人数在 32 人、40 人或者更多，检验效果会更好。

2)方法特点

实验设计:在两个样品中,任意一个可以被用作参比样品,所以可能出现的样品摆放顺序有 4 种,分别为:

参比 A　AB
参比 A　BA
参比 B　AB
参比 B　BA

二-三点检验有两种形式:固定参照二-三点检验和平衡参照二-三点检验。对于感官评价人员而言,这两种形式使用的作为参比的样品是不同的。

在固定参照模式中,总是以正常生产为参比样;而在平衡参照模型中,正常生产的样品和要进行检验的样品被随机用作参比样品。

如果参评人员是受过培训的,他们对参比样品很熟悉的情况下,使用固定参照模式;当参评人员对两种样品都不熟悉,使用平衡参照模式。在平衡参照模型中,一般来说,参加评定的人员可没有专家,但要求人数较多,其中选定评价员通常为 20 人。

(1)固定参照二-三点检验　在该情况下,所有的评价员会得到相同的作为参照的样品类型。固定参照二-三点检验有两种可能的呈送顺序(R_ABA,R_AAB),应在所有的评价员中交叉平衡。固定参照二-三点检验似乎更为灵敏,采用此形式的原因很多,特别是如果评价员对于产品已经有以往的经验,对某样品很熟悉,例如,如果产品 X 是当前的类型(评价员熟悉),而产品 Z 是一种新的重组类型,那么所选择的检验方法应该是以产品 X 作为参照的固定参照二-三点检验或者某一待测样品数量有限或者“参比”样品已被很好地推广使用,成为黄金标线。

(2)平衡参照二-三点检验　在平衡参照二-三点检验中,一半的评价员得到一种样品类型作为参照,而另一半的评价员得到另一种样品类型作为参照。在这种情况下,有 4 种可能的呈送顺序(R_ABA,R_AAB,R_BAB,R_BBA),应在所有的评价员中交叉平衡。A 和 B 作为参照样的次数应相等,总的评定次数为 4 的倍数。各评价员得到的样品次数应随机,评定时从左往右按照呈送的方式评价样品。当两种产品都是原型(评价员不熟悉)或者没有足够数量的、较为熟悉的产品进行固定参照二-三点检验时,采用这种方法是可行的。

3)组织设计

二-三点检验有两种形式。从评价员角度来讲,这两种检验的形式是一致的,只是所使用的作为参照物的样品不同。二-三点检验问答卷的一般形式如图 6-6 所示。需要指出的是,除两个编码产品,其中参比产品是用“R”字母标注,同时测试指引说明提醒了评价员在评估两个编码产品之前要先评估“R”样品。

<table>
<tr><td>姓名：　　　　　　　　　　　　日期：
样品类别：</td></tr>
<tr><td>检验指令：我们将为您提供三个样品，其中一个样品被标记为“参比”样品(REF)，其余两个样品标有三位数字，请先评价“参比”样品，再按从左到右的顺序，依次评价标有数字的样品，判定哪个样品与“参比”样品更为相似，请在下方记录您的结果。
评价每个样品前，请用准备的水清洁口腔；请对您认为样品间的区别给予评论。
样品组编码：R　036　619
不同的样品：</td></tr>
<tr><td>评述：</td></tr>
</table>

图 6-6　二-三点检验问卷样例

4)结果分析与判断

有效测评表数为 n，回答正确的表数为 R，查表 6-11，n 的一行的数值，若 R 小于其中所有数，则说明在 5%显著水平，两样品间无显著差异，若 R 大于或等于其中某数，说明在该数所对应的显著水平上，两样品间有显著差异。

表 6-11　二-三点检验和成对比较检验(单边)差异性的临界值　　　　%

答案数目(n)	显著水平			答案数目(n)	显著水平		
	5	1	0.1		5	1	0.1
5	5	—	—	36	24	26	28
6	6	—	—	37	24	26	29
7	7	7	—	38	25	27	29
8	7	8	—	39	26	28	30
9	8	9	—	40	26	28	30
10	9	10	10	41	27	29	31
11	9	10	11	42	27	29	32
12	10	11	12	43	28	30	32
13	10	12	13	44	28	31	33
14	11	12	13	45	29	31	34
15	12	13	14	46	30	32	34
16	12	14	15	47	30	32	35
17	13	14	16	48	31	33	36
18	13	15	16	49	31	34	36
19	14	15	17	50	32	34	37
20	15	16	18	52	32	35	38
21	15	17	18	56	35	38	40
22	16	17	19	60	37	40	43

续表 6-11 %

答案数目（n）	显著水平			答案数目（n）	显著水平		
	5	1	0.1		5	1	0.1
23	16	18	20	64	40	42	45
24	17	19	20	68	42	45	48
25	18	10	21	70	43	46	49
26	18	20	22	72	44	47	50
27	19	20	22	76	46	49	52
28	19	21	23	80	48	51	55
29	20	22	24	84	51	54	57
30	20	22	24	88	53	56	59
31	21	23	25	90	54	57	61
32	22	24	26	92	55	58	62
33	22	24	26	96	57	60	64
34	23	25	27	100	59	63	66
35	23	25	27				

注：在选定的显著水平，拒绝零假设“无差异”的最小正确答案数值对应的评价人员总数“n”。

5）实例分析

［**例 3**］代糖添加剂的二-三点检验

某饮料厂为糖尿病人生产专用饮料，在加工中添加某种低热代糖添加剂。为了检查实验样品的甜味效果，运用二-三点检验进行实验，由 40 名评价员进行检查，其中 20 名接收的对照样品是含蔗糖饮料，另 20 名接收的对照样品是非糖饮料制品，依次判别两种参试样品，共得到 40 张有效答案，其中 25 张回答正确。

查表 6-11，$n=40$ 一栏可知 25＜26(5%)＜28(1%)＜31(0.1%)，则在 5%显著水平，两样品间无显著差异，即代糖效果良好。

［**例 4**］平衡参照二-三点检验

一个产品香味开发人员要知道两种赋予面巾纸香味的方法（直接加到面巾上和加到面巾纸盒）是否会使产品香气的浓度和香气品质有所不同。

项目目标：确定两种加香方法是否会使面巾纸在正常存放时间之后有所不同。

检验目标：确定两种产品在存放 3 个月之后是否在香气上存在不同。

检验设计：样品在同一天准备，使用完全相同的香味物质和相同的面巾纸，只是赋予香味的方法不同，将两种样品放在相同的条件下存放 3 个月。在检验开始前 1 h，从纸盒中央取出面巾纸，每片面巾纸都放在一个密闭的玻璃瓶中。检验由有 40 人参加实验，样品编号及排组情况参照三点检验，两种样品各自被用作参比样 20 次。准备工作及检验回答卷如表 6-12和图 6-7 所示。

表 6-12　面巾纸二-三点检验准备

日期： 编号：		
样品类型：面巾纸 检验类型：二-三点检验（平衡参照模型）		
产品情况	含有两个 A 的号码	含有两个 B 的号码
A：新产品	959　257	448
B：原产品（对比）	723	539　661
呈送容器标记情况 小组	号码顺序	代表类型
1	AAB	R-257-723
2	BBA	R-661-448
3	ABA	R-723-257
4	BAB	R-448-661
5	BAA	R-723-257
6	ABB	R-661-448
7	AAB	R-959-723
8	BBA	R-539-448
9	ABA	R-723-959
10	BAB	R-448-539
11	BAA	R-723-959
12	ABB	R-448-661
R 为参照，将以上顺序依次重复，直到 40 组		

结果分析：在进行实验的 40 人中，有 23 人做出了正确的选择。

根据表 6-11，在 5％显著水平下，临界值是 26，所以两种产品的香味之间没有差别。

解释结果：感官评定人员可以告知那位香味研究人员，通过二-三点检验，在给定的香气成分、纸张和存放期下，这两种产品在香味上没有差别。

评价员编号：	日期：

样品：面巾纸

检验指令：

a. 请将杯子盖子拿掉，从左到右依次闻您面前的样品。

b. 最左边的是参照样。确定哪一个带有编号的样品的香味与参照样相同。

c. 在您认为相同的编号上画圈。

如果您认为带有编号的两个样品非常接近，没有什么区别，您也必须在其中选择一个。

参照　　　539　　　448

图 6-7　面巾纸二-三点检验问答示例

[例 5]固定参照二-三点检验

一个咖啡生产商现在有两个咖啡包装的供应商，A 是他们已经使用多年的产品，B 是一种新产品，可以延长货架。他想知道这两种包装对咖啡风味的影响是否不同。

项目目标：确定咖啡包装的改变是否会在储存一段时间后使咖啡的风味有所改变。

检验目标：两种咖啡包装的咖啡在室温存放 10 周之后冲泡，在风味上是否有所差异。

评定人数的确定：将 α 值定为 5%，评定人员是 90 人。

检验设计：对于这个实验来说，固定模型的二-三点检验更合适一些，因为评价人员对该公司的产品，即用 A 种咖啡包装的咖啡，非常熟悉。为了节省时间，实验可以分为 3 组，每组 30 人，同时进行。以 A 为参照，每组都要熟悉 30×2=60 个 A 和 30 个 B。

结果分析：在 3 组中，分别有 17 人、18 人、19 人做出了正确选择。

根据表 6-11，当参评人数是 30 人，α 值为 5%时，临界值是 20。然而从整个大组来看，做出了正确选择的人数是 54，得出的临界值是 54。这两个结果有些出入。但 30 人并不是该实验要求的参评人数，查看结果还要依据真正的参评人数，即 90 人。

解释结果：如果将 3 个小组合并考虑，在 α 值为 5%显著水平下，A 和 B 是存在差异的。下面需要确定哪一种产品更好，以检查评定者是否写下了关于两种产品的不同的评语。如果没有，将样品送给描述性分析小组；如果经过描述检验，仍不能确定哪一个产品好于另外一个产品，可以进行消费者实验，再最终确定哪一种包装的咖啡更被接受。

4. “A”-“非 A”检验

“A”-“非 A”检验在本质上是一种顺序成对差别检验。评价员得到并评价第一个样品，然后撤掉该样品，然后评价员得到并评价第二个样品，要求评价员指明这两个样品在感觉上是相同的，还是不同的。由于评价员没有同时评价样品，他们必须在内心比较这两个样品，并判断它们是相似的，还是不同的。因此，评价员必须经过训练，以理解评分单所描述的任务，但他们不需要接受特定感官方面的评价训练。评价员在检验开始之前也要经常通过明确认为是“A”和“非 A”样品的训练。

1)应用领域和范围

该检验目的是判断两种样品中是否存在感官差异。它本质上是一种顺序成对差别检验或简单差别检验。当两种类型产品没有严格相同的颜色、形状或大小，样品的颜色、形状或大小与研究目的不相关时，可适用于该法。该方法也适用于确定评价员对产品某一种特性的灵敏性，用于评价员的筛选，如检验评价员是否能从其他甜味料中辨认出一种特别的甜味料。

2)方法特点

(1)检验原理　让评价员熟悉样品“A”与“非 A”，然后呈送样品，样品中既有“A”也有“非 A”，评价员要判断样品是“A”还是“非 A”。通过卡方检验，比较正确回答与不正确回答的个数，从而判断评价员的辨别能力。

(2)评价员　评价员必须经过训练使之能够理解评分表所描述的任务，但他们不需要接受特定感官方面的评价训练。通常需要10～50名品评人员参加实验，实验中每个样品呈送20～50次，每个评价员可能收到一个样品（"A"或"非A"）或两个样品（"A"与"非A"）或连续收到多达10个样品，具体情况视检验人员的生理疲劳和精神疲劳程度而定。

(3)检验过程　与三点检验相同，同时向评价员提供记录表和样品。样品随机编号，随机呈送，使评价员无法察觉"A"与"非A"的组合模式；一般规则包括：①评价员必须在实验前获得"A"与"非A"样品。②每个实验只能有一个"非A"样品。③每次实验都要提供相同数量的"A"与"非A"样品。

需要强调的是，参加检验评价的人员一定要对样品"A"和"非A"非常熟悉，否则，没有标准或参照，结果将失去意义。在检验中，每次样品出示的时间间隔一般是相隔2～5 min。

3)组织设计

"A"-"非A"检验法问答的一般形式如图6-8所示。

姓名：　　　　　　　　　　日期：

样品类别：

检验指令：

1. 在检验之前对样品"A"和"非A"进行熟悉，记住它们的口味
2. 从左到右依次品尝样品，在品尝完每一个样品之后，在其编码后面相对应位置上打√

注意：在你所得到的样品中，"A"和"非A"的数量是相同的。

样品顺序号	编号	"A"	"非A"
1	591		
2	304		
3	547		
4	743		
5	568		
6	198		

图6-8　"A"-"非A"检验问答的一般形式

4)结果分析与判断

对评测表进行统计，汇入表6-13，并进行结果分析。

n_{11}为样品本身是"A"，评价员也认为是"A"的回答总数。

n_{22}为样品本身是"非A"，评价员也认为是"非A"的回答总数。

n_{21}为样品本身是"A"，而评价员认为是"非A"的回答总数。

n_{12}为样品本身是"非A"，而评价员认为是"A"的回答总数。

$n_{1\cdot}$、$n_{2\cdot}$为第1行和第2行回答数之和，$n_{\cdot 1}$、$n_{\cdot 2}$为第1列、第2列回答数之和，n为所有回答数，然后用χ^2检验来进行解释。

表 6-13 检验判别统计

项目	“A”	“非 A”	累计
判为“A”的回答数	n_{11}	n_{12}	$n_{1.}$
判为“非 A”的回答数	n_{21}	n_{22}	$n_{2.}$
累计	$n_{.1}$	$n_{.2}$	n

当回答总数 $n\leqslant 40$ 或 $n_{ij}(i=1,2;\ j=1,2)\leqslant 5$(统计表中判别数栏的统计数)时,$\chi^2$ 的统计量为:

$$\chi^2=\frac{[\,|n_{11}\times n_{22}-n_{12}\times n_{21}|-n/2\,]^2\times n}{n_{.1}\times n_{.2}\times n_{1.}\times n_{2.}}$$

当回答总数 $n>40$ 或 $n_{ij}(i=1,2;j=1,2)>5$(统计表中判别数栏的统计数)时,χ^2 的统计量为:

$$\chi^2=\frac{[n_{11}\times n_{22}-n_{12}\times n_{21}]^2\times n}{n_{.1}\times n_{.2}\times n_{1.}\times n_{2.}}$$

查 χ^2 表 6-5,若 $\chi^2\geqslant\chi^2(f,\alpha)$($f$ 为自由度,$f=m-1$,α 为显著水平),说明 m 个样品在 α 显著水平存在差异;

若 $\chi^2<\chi^2(f,\alpha)$,说明 m 个样品在 α 显著水平不存在差异。这里 $m=2$(“A”与“非 A”),自由度 $f=2-1=1$。

将 χ^2 的统计量与 χ^2 分布临界值比较:

当 $\chi^2\geqslant 3.84$($\alpha=5\%$显著水平)

当 $\chi^2\geqslant 6.63$($\alpha=1\%$显著水平)

样品“A”与“非 A”有显著差异。

当 $\chi^2<3.84$($\alpha=5\%$显著水平)

当 $\chi^2<6.63$($\alpha=1\%$显著水平)

样品“A”与“非 A”无显著差异。

[例 6]30 位评价员判定某种食品经过冷藏(A)和室温贮藏(非 A)后,二者是否有差异。每位评价员评价 2 个“A”和 3 个“非 A”,则结果见表 6-14。

表 6-14 检验判别统计

项目	“A”	“非 A”	累计
判为“A”的回答数	40	40	80
判为“非 A”的回答数	20	50	70
累计	60	90	150

n_{ij} 是检验结果统计表中判别数栏的统计数,该例中的统计数分别为 40、40、20、50 都>5,同时 150 又满足>40 条件,故用第二个公式计算。2 个“A”和 3 个“非 A”是指每个评价员

所评价的样品数，不是 n_{ij} 数。

由于 $n=150>40, n_{ij}>5$，则

$$\chi^2=\frac{[n_{11}\times n_{12}-n_{12}\times n_{21}]^2\times n}{n_{1.}\times n_{2.}\times n_{.1}\times n_{.2}}=\frac{(40\times 50-20\times 40)^2\times 150}{60\times 90\times 80\times 70}=7.14$$

因为 $\chi^2=7.14>6.63$（$a=1\%$显著水平），所以在 1%显著水平上有显著差异，也就是说，两种贮藏方式有显著差异。

5）实例分析

[**例 7**]鲜味剂与味精的比较

一名产品开发人员正在研究用一种鲜味剂来替换某调味料中目前用量为 0.5%的味精成分。前期检验表明，0.1%的该鲜味剂相当于 0.5%的味精。如果一次品尝的样品超过 1 h，该鲜味剂鲜味的后味、其他味道和口感等就会让人感觉到某些异样。该开发人员知道含有这种新型鲜味剂和味精的调味料是否能够被识别。

项目目标：确定 0.1%的该鲜味剂能否代替 0.5%的味精。

检验目标：直接比较这两种鲜味物质，并减少味道的延迟和覆盖效应。

检验设计：分别将鲜味剂和味精配制成 0.1%和 0.5%的溶液，将鲜味剂溶液设为“A”，将味精溶液设为“非 A”。由 20 人参加品评，每人得到 10 个样品，每个样品品尝一次，然后回答是“A”还是“非 A”，在品尝下一个样品之前用清水漱口，并等待 1 min 调味料实验，问答卷见图 6-9，检验判别统计如表 6-15 所列。

姓名：　　　　　　　　日期：

样品类别：

检验指令：

1. 在检验之前对样品“A”和“非 A”进行熟悉，记住它们的口味。
2. 从左到右依次品尝样品，在品尝完每一个样品之后，在其编码后面相对应位置上打√。

注意：在你所得到的样品中，“A”和“非 A”的数量是相同的。

样品顺序号	编号	“A”	“非 A”
1	591		
2	304		
3	547		
4	743		
5	568		
6	198		
7	974		
8	552		
9	687		
10	303		

图 6-9　调味料检验调查问卷

表 6-15 检验判别统计

项目	"A"	"非 A"	累计
判为"A"的回答数	60	35	95
判为"非 A"的回答数	40	65	105
累计	100	100	200

分析可知，$n=150>40$，$n_{ij}>5$，则

$$\chi^2=\frac{(60\times65-40\times35)\times200}{100\times100\times95\times105}=\frac{125\ 000}{9\ 975}=12.53$$

通过查阅表 6-5，卡方检验的临界值为 3.84（自由度为 $n-1$，α 为 0.05），12.53>3.84，说明 0.1%的鲜味剂和 0.5%味精溶液之间存在显著差异。

[例 8]牛奶的比较

一个食品制造商想更换产品原料中牛奶的供应商。能否更换供应商取决于在 5%显著水平上原有供应商和新的供应商是否存在显著差异。该食品制造商选择"A"-"非 A"检验来判定两个供应商提供的牛奶样品是否存在差异。50 位评价人员评价分别来自两个供应商的两个样品。每位评价人员先熟悉来自原有供应商的"目标样品"（"A"）和来自新供应商的"非目标样品"（"非 A"）的感官特性，然后评价人员将得到一个待测样品，并辨别该样品是"目标样品"还是"非目标样品"。显著水平为 5%，结果见表 6-16。

表 6-16 样品数据结果

回复情况		得到的数据		合计
		"A"	"非 A"	
回复	"A"	34	20	54
样品	"非 A"	16	30	46
合计		50	50	100

分析可知，$n=100>40$，$n_{ij}>5$，则把各值代入公式，得

$$\chi^2=\frac{(34\times30-16\times20)^2\times100}{50\times50\times54\times46}=7.89$$

通过查阅表 6-5，卡方检验的临界值为 3.84（自由度为 $n-1$，α 为 0.05），卡方值（7.89）超过了该临界值，证明两个样品间有显著差异。

结论：两个样品的牛奶存在显著差异（$P<0.05$）。更换供应商的标准未达到，该阶段不能更换供应商。下一步可以考虑判定，用两个供应商提供的牛奶所做的最终产品是否存在显著差异或者哪个最终产品更好。

5. 五中取二检验

同时为评价员提供五个以随机顺序排列的样品，其中两个是同一类型，另三个是另一类

型，要求评价员将这些样品按类型分成两组的一种检验方法，称为五中取二检验。该方法在测定上更为经济，统计上更有可靠性，但在评定过程中容易出现感官疲劳。

1）应用领域和范围

统计学上非常有效，猜对概率仅为1/10，而三点检验为1/3；此实验也易受感官疲劳和记忆效果的影响，故主要用于视觉、听觉和触觉的品评，不适用于风味的品评。其目的主要是为了评定在两种样品之间是否存在感官上的差异。当评价员较少时（如10人），多采用该方法。

2）方法特点

（1）检验原理　同时提供5个已编码的样品，其中2个样品是相同的，另3个也是相同的，要求评价员从左到右品尝（感觉、观察、检测）每一个样品，挑出相同的2个样品。计算正确答案的个数进行分析。

（2）检验方法　可识别出两样品间的细微感官差异。从统计学上讲，在这个检验中单纯猜中的概率是1/10，而不是三点检验的1/3，二-三检验的1/2，统计上更具有可靠性。

（3）评价员　人数不是要求很多，通常只需10人左右或稍多一些。当评价员人数少于10个时，多用该方法。

（4）检验过程　与三点检验一样，同时提供样品。20个组合的样品中随机选，但含3个A和3个B的组合数应该相等。其可能的组合：AAABB、ABABA、BBBAA、BABAB、AABAB、BAABA、BBABA、ABBAB、ABAAB、ABBAA、BABBA、BAABB、BAAAB、BABAA、ABBBA、ABABB、AABBA、BBAAA、BBAAB、AABBB。

由于要从5个样品中挑出2个相同的产品，这个检验易受感官疲劳和记忆效果的影响，并且需用样品量较大。一般只用于视觉、听觉、触觉方面的检验，而不用于进行气味或滋味的检验。

3）组织设计

组织设计如图6-10所示。

姓名：　　　　　　　　　　　　日期： 样品类别：
检验指令： 1. 按以下的顺序观察或感觉样品，其中有2个样品是同一种类型的，另外3个样品是另外一种类型。 2. 测试之后，请你认为相同的两种样品的编码后面打√。 编号　　　　评语 862　　　　______ 568　　　　______ 689　　　　______ 368　　　　______ 542　　　　______

图6-10　五中取二检验问答示例

4)结果分析与判断

在评定完成后,统计正确选择的人数,根据检验中正确作答的人数,查表6-19得出五中取二检验正确回答人数的临界值,最后做比较。检验中不能有"没有差异"的答案,如果不能感知差异也必须猜测一个答案。

假设有效评价表数为 n,回答正确的评价表数为 k,查表6-17中 n 栏的数值。若 k 小于这一数值,则说明在5%显著水平两种样品间无差异。若 k 大于或等于这一数值,则说明在5%显著水平两种样品有显著差异。

表6-17 五中取二检验正确响应临界值($\alpha=5\%$)

评价员数(n)	正答最少数(k)	评价员数(n)	正答最少数(k)	评价员数(n)	正答最少数(k)
9	4	23	6	37	8
10	4	24	6	38	8
11	4	25	6	39	8
12	4	26	6	40	8
13	4	27	6	41	8
14	4	28	7	42	9
15	5	29	7	43	9
16	5	30	7	44	9
17	5	31	7	45	9
18	5	32	7	46	9
19	5	33	7	47	9
20	5	34	7	48	9
21	6	35	8	49	10
22	6	36	8	50	10

5)实例分析

[**例9**]不同黄油的冰淇淋外观的比较

某冰淇淋厂家想改进产品的配方,使用新型黄油以降低成本。由于在使用新型黄油后,产品表面光泽明显降低,于是市场部门希望通过一次感官评价来检验两种配方的冰淇淋在表面上是否存在显著差异,是否会影响消费者对产品的接受性。

检验目的:确定两种不同配方的冰淇淋在统计上是否存在显著的外观差异。要求评价小组成员评价:"哪两个样品的口感相同且与其他3个样品不同?"

检验设计:当感觉疲劳影响很小时,五中取二检验对评价差异是最有效的方法。只需要10人的评价小组就能够测试出微小的差异。检验时,在评价员的正前方摆放一个托盘,将样品放在其中,要求评价员从左到右依次品尝样品。给每个样品编上一个3位数的编号,经过色盲和弱视测试选择10个评价员,将样品盛放在表面皿里,确保样品在裸置(一次检验的最长时限)表面不会发生改变。让评价员识别哪两个样品在外观上是相同的且与其他3个不同(表6-18、图6-11)。

表 6-18　五中取二检验工作（不同黄油的冰淇淋外观的比较）

日期：　　　　　　　　　　　　　　　　　　　　　　检验编号：

放在放置托盘的位置上，事先给评分表编号并在容器上贴好标签。

样品种类：冰淇淋

检验类型：五中取二检验

样品定义	编号
PX-2316（对照物）	A
PX-2601（新型黄油）	B

将每个样品按下列顺序放置在评价员的前面。

评价员编号	样品顺序				
1	A	A	B	B	B
2	A	B	B	A	B
3	B	A	A	B	B
4	B	B	A	B	A
5	B	B	A	B	A
6	B	B	A	A	A
7	A	B	B	A	A
8	A	B	B	A	A
9	A	B	A	A	B
10	A	A	B	A	B

姓名：　　　　　　　　　日期：

样品类型：

检验指令：

1. 按以下的顺序观察或感觉样品，其中，2 个样品是同一种类型的，3 个样品是另外一种类型。
2. 测试之后，请你认为相同的两种样品的编码后面画“√”。

编号		评语
862	________	________
56	________	________
689	________	________
368	________	________
542	________	________

图 6-11　冰淇淋配方检验调查问卷

结果发现：有 5 个评价员能正确地将样品分组。根据表 6-17，在 5% 的显著水平两样品存在明显差异。

结论：通过检验，营销主管得知，使用不同黄油的冰淇淋的外观差异是显而易见的，所以他将不得不在消费者中再进行一个接受性检验，以此决定这种差异是否会影响产品的总体接受情况。

[**例 10**]比较麦麸纤维面包口感

某面包店开发纤维面包，想在面包中添加一部分麸皮面包，研发部门担心麸皮的添加是否会影响消费者对产品的接受性。

检验目的：比较添加 50%的麸皮面包与未添加麸皮面包的口感。要求评价小组成员评价"哪两个样品的口感相同且与其他 3 个样品不同？"

检验设计：选择 12 人作为评价员，随机抽取两种面包的 12 个组合检验（6 个组合中有 3 个"A"，6 个组合中有 3 个"B"）。要求评价员评定"哪两个样品的口感相同且与其他三个样品不同"。调查问卷见图 6-12。

姓名：__________ 日期：__________

样品类型：__________

差异类型：__________

说明：

1. 按照以下顺序评定样品，2 种是同一类型，另 3 种是另一类型。用手指或手掌轻轻抚摸表面。
2. 辨别出只有 2 个的样品类型，在相应的方框内标上×。

样品编号	×	注释
________	□	________
________	□	________
________	□	________
________	□	________
________	□	________

图 6-12 面包配方检验调查问卷

在 12 名评价员中，这 9 名评价员做出了正确判断，查表 6-17，在显著水平为 0.01 时，临界值为 5，表明两种样品的口感有显著差异，需继续改进。

6. 差异对照检验

该检验方法是在 1985 年建立的。其步骤是呈送给评价员一个对照样品和一个或几个待测样品（其中包括作为盲样的对照样），并告知评价员，待测样中的某些样品可能和对照一样，要求评价员定量地给出每个样品与对照的差异程度。

评价结果通过各样品与对照间的差异结果来进行统计分析，以比较不同产品与对照间的差异性。测定目标主要是通过样品间差异的大小来做出决策，如在进行质量保证、质量控制、货架寿命实验等研究时，不仅要确定产品间是否有差异，还要知道差异的程度。

1)应用领域和范围

①检验目的不仅是判断一个或多个样品和对照物之间是否存在差异，而且还要评估差异的大小。

②当产品中存在多种成分而不适于二-三点检验和三点检验时，差异对照检验是适用的。

③该检验的实质是评价差别大小的简单差异检验。

2)方法特点

①一般有 20～50 人参加评价。评价员可以经过训练，也可以未经训练，但两者不能混在一起同为一组评价。

②所有评价员均应熟悉检验模式、尺度(等级)的含义，并了解检验样品中有一些盲样对照。

③如果可能，将样品同时呈送给评价员，包括标记出的对照样品(标准对照物)、其他待评的编码样品、编码的盲样(对照样)。

④每个评价员提供一个标准对照物和数个编码样品。

⑤使用尺度可以是类别尺度、数字尺度或线性尺度。常用的类别尺度评分等级如表 6-19 所列。

表 6-19 类别尺度评分等级

语言类别尺度	数字类别等级
无差异	0＝无差异
极小的差异	1
较小程度差异	2
中等程度差异	3
较大的差异	4
差异大	5
极大的差异	6
	7
	8
	9＝极大的差异

3)组织设计

组织设计如图 6-13 所示。

姓名：　　　　　　　　　　　　　日期：
样品种类：　　　　　　　　　　　样品编号：

检验指令：
1. 你已经拿到两个样品，一个贴上 C 的对照样品和一个有三位数编码的待测样品。
2. 测试之后，请根据下列等级，指出待测样品与对照样品差异的大小。

__________ 0≈没有差异
__________ 1≈
__________ 2≈
__________ 3≈
__________ 4≈
__________ 5≈
__________ 6≈
__________ 7≈
__________ 8≈
__________ 9≈
__________ 10≈极大的差异

记住：有时待测样品可能与对照样品相同。

注释：

图 6-13　差异对照检验调查问卷示例

4）结果分析与判断

计算各个样品与未知对照样的差异平均值，然后用方差分析（如果仅有一个样品，就可采用成对 t 检验）进行统计分析，以比较各个样品间的差异显著性（表 6-20）。

表 6-20　t 分布临界值

n'	$P(2)$：	0.5	0.2	0.1	0.05	0.02	0.01	0.005	0.002	0.001
	$P(1)$：	0.25	0.1	0.05	0.025	0.01	0.005	0.002 5	0.001	0.000 5
1		1	3.078	6.314	12.706	31.821	63.657	127.321	318.309	636.619
2		0.816	1.886	2.92	4.303	6.965	9.925	14.089	22.327	31.599
3		0.765	1.638	2.353	3.182	4.541	5.841	7.453	10.215	12.924
4		0.741	1.533	2.132	2.776	3.747	4.604	5.598	7.173	8.61
5		0.727	1.476	2.015	2.571	3.365	4.032	4.773	5.893	6.869
6		0.718	1.44	1.943	2.447	3.143	3.707	4.317	5.208	5.959
7		0.711	1.415	1.895	2.365	2.998	3.499	4.029	4.785	5.408
8		0.706	1.397	1.86	2.306	2.896	3.355	3.833	4.501	5.041

续表 6-20

n'	P(2)： P(1)：	0.5 0.25	0.2 0.1	0.1 0.05	0.05 0.025	0.02 0.01	0.01 0.005	0.005 0.002 5	0.002 0.001	0.001 0.000 5
9		0.703	1.383	1.833	2.262	2.821	3.25	3.69	4.297	4.781
10		0.7	1.372	1.812	2.228	2.764	3.169	3.581	4.144	4.587
11		0.697	1.363	1.796	2.201	2.718	3.106	3.497	4.025	4.437
12		0.695	1.356	1.782	2.179	2.681	3.055	3.428	3.93	4.318
13		0.694	1.35	1.771	2.16	2.65	3.012	3.372	3.852	4.221
14		0.692	1.345	1.761	2.145	2.624	2.977	3.326	3.787	4.14
15		0.691	1.341	1.753	2.131	2.602	2.947	3.286	3.733	4.073
16		0.69	1.337	1.746	2.12	2.583	2.921	3.252	3.686	4.015
17		0.689	1.333	1.74	2.11	2.567	2.898	3.222	3.646	3.965
18		0.688	1.33	1.734	2.101	2.552	2.878	3.197	3.61	3.922
19		0.688	1.328	1.729	2.093	2.539	2.861	3.174	3.579	3.883
20		0.687	1.325	1.725	2.086	2.528	2.845	3.153	3.552	3.85
21		0.686	1.323	1.721	2.08	2.518	2.831	3.135	3.527	3.819
22		0.686	1.321	1.717	2.074	2.508	2.819	3.119	3.505	3.792
23		0.685	1.319	1.714	2.069	2.5	2.807	3.104	3.485	3.768
24		0.685	1.318	1.711	2.064	2.492	2.797	3.091	3.467	3.745
25		0.684	1.316	1.708	2.06	2.485	2.787	3.078	3.45	3.725
26		0.684	1.315	1.706	2.056	2.479	2.779	3.067	3.435	3.707
27		0.684	1.314	1.703	2.052	2.473	2.771	3.057	3.421	3.69
28		0.683	1.313	1.701	2.048	2.467	2.763	3.047	3.408	3.674
29		0.683	1.311	1.699	2.045	2.462	2.756	3.038	3.396	3.659
30		0.683	1.31	1.697	2.042	2.457	2.75	3.03	3.385	3.646
31		0.682	1.309	1.696	2.04	2.453	2.744	3.022	3.375	3.633
32		0.682	1.309	1.694	2.037	2.449	2.738	3.015	3.365	3.622
33		0.682	1.308	1.692	2.035	2.445	2.733	3.008	3.356	3.611
34		0.682	1.307	1.091	2.032	2.441	2.728	3.002	3.348	3.601
35		0.682	1.306	1.69	2.03	2.438	2.724	2.996	3.34	3.591
36		0.681	1.306	1.688	2.028	2.434	2.719	2.99	3.333	3.582
37		0.681	1.305	1.687	2.026	2.431	2.715	2.985	3.326	3.574
38		0.681	1.304	1.686	2.024	2.429	2.712	2.98	3.319	3.566
39		0.681	1.304	1.685	2.023	2.426	2.708	2.976	3.313	3.558
40		0.681	1.303	1.684	2.021	2.423	2.704	2.971	3.307	3.551

续表 6-20

n'	P(2)： P(1)：	0.5 0.25	0.2 0.1	0.1 0.05	0.05 0.025	0.02 0.01	0.01 0.005	0.005 0.002 5	0.002 0.001	0.001 0.000 5
50		0.679	1.299	1.676	2.009	2.403	2.678	2.937	3.261	3.496
60		0.679	1.296	1.671	2	2.39	2.66	2.915	3.232	3.46
70		0.678	1.294	1.667	1.994	2.381	2.648	2.899	3.211	3.436
80		0.678	1.292	1.664	1.99	2.374	2.639	2.887	3.195	3.416
90		0.677	1.291	1.662	1.987	2.368	2.632	2.878	3.183	3.402
100		0.677	1.29	1.66	1.984	2.364	2.626	2.871	3.174	3.39
200		0.676	1.286	1.653	1.972	2.345	2.601	2.839	3.131	3.34
500		0.675	1.283	1.648	1.965	2.334	2.586	2.82	3.107	3.31
1 000		0.675	1.282	1.646	1.962	2.33	2.581	2.813	3.098	3.3
∞		0.674 5	1.281 6	1.644 9	1.96	2.326 3	2.575 8	2.807	3.090 2	3.290 5

5）实例分析

[例 11]蜂蜜黏度的比较

一家蜂蜜生产商希望增加原产品的黏度。现有两种在质地上比对照样品黏稠的样品（F、N）。产品研发人员想通过实验判断这两种样品与对照样品的差别大小，最终目的是判断哪个样品更接近现有产品。

将预先称量好的每种样品放置于已编号的玻璃器皿中，再将每种样品取相同量给予评价员评价。评价过程需要 42 名评价员，连续 3 d 进行测试（或一次评定两个样品，评价 3 次）。每天评价员测评 1 组，分组为：①对照物与样品 F（C-F）；②对照物与样品 N（C-N）；③对照物与盲样（C-C）。

差异对照检验见表 6-21 和图 6-14。先拿到标准对照物，再拿到测试的样品。

表 6-21　差异对照检验（蜂蜜的黏度比较）

日期：	编号：
把该表放在放置托盘的位置上，事先给评分表编号并在容器上贴好标签。	
样品种类：蜂蜜 检验类型：差异对照检验	
样品	编号
对照样品 C	C
样品 P	随机编号 500 以下
样品 N	随机编号 500 以上

续表 6-21

根据以下次序进行检验

评价员编号	第一天	第二天	第三天
1～7	C-F	C-N	C-C
8～14	C-N	C-F	C-C
15～21	C-F	C-C	C-N
22～28	C-N	C-C	C-F
29～35	C-C	C-N	C-F
36～42	C-C	C-F	C-N

时间	评价员					
9:00	1	8	15	22	29	36
9:45	2	9	16	23	30	37
10:30	3	10	17	24	31	38
11:15	4	11	18	25	32	39
1:00	5	12	19	26	33	40
1:45	6	13	20	27	34	41
2:30	7	14	21	28	35	42

姓名：　　　　　　　　日期：

样品种类：　　　　　　样品编号：

说明：

1. 你已经拿到两个样品，一个贴上 C 的对照样品和一个有三位数编码的待测样品。
2. 用勺子搅动对照样品 C 与待测样品。
3. 根据下列等级，指出待测样品与对照样品在搅动时流动性差异的大小。

________ 0≈没有差异

________ 1≈

________ 2≈

________ 3≈

________ 4≈

________ 5≈

________ 6≈

________ 7≈

________ 8≈

________ 9≈

________ 10≈极大的差异

记住：有时待测样品可能与对照样品相同。

注释：

图 6-14　蜂蜜黏度比较调查检验问卷

检验结果见表 6-22，采用随机完全分组（区组）设计的方差分析（ANOVA）进行统计分析。42 名评价员为设计中的“分组”，3 个样品为“处理”。

表 6-22 蜂蜜黏度比较检验结果

评价员	盲样	样品 F	样品 N	评价员	盲样	样品 F	样品 N
1	1	4	5	22	3	6	7
2	4	6	6	23	3	5	6
3	1	4	6	24	4	6	6
4	4	8	7	25	0	3	3
5	2	4	3	26	2	5	1
6	1	4	5	27	2	5	5
7	3	3	6	28	2	6	4
8	0	2	4	29	3	5	6
9	6	8	9	30	1	4	7
10	7	7	9	31	4	6	7
11	0	1	2	32	1	4	5
12	1	5	6	33	3	5	5
13	4	5	7	34	1	4	4
14	1	6	5	35	4	6	5
15	4	7	6	36	2	3	6
16	2	2	5	37	3	4	6
17	2	6	7	38	0	4	4
18	4	5	7	39	4	8	7
19	0	3	4	40	0	5	6
20	5	4	5	41	1	5	5
21	2	3	3	42	3	4	4

差异来源于 3 方面：评价员之间的差异；样品间的差异（评价员对样品兴趣爱好的影响）；检验误差（表 6-23）。

表 6-23 方差分析

方差来源	平方和	自由度	均方	F 值	F 临界值
评价员 A	SS_A	$b-1$	MS_A	MS_A/MS_e	
样品 B	SS_B	$t-1$	MS_B	MS_B/MS_e	
误差 e	SSe	$(b-1)(t-1)$	MS_e		
总和	SS_T	$bt-1$			

计算表 6-23 的数值及查表 $F_{0.05(df1,df2)}$、$F_{0.01(df1,df2)}$。经整理代入数值，计算整理得出表 6-24。

表 6-24 差异对照检验的检验结果分析

方差来源	平方和	自由度	均方	F 值
评价员 A	253.492	41	6.183	6.04
样品 B	210.73	2	105.365	102.93
误差 e	83.937	82	1.024	
总和	548.159	125		

注：$F_{0.05(df1,df2)}=F_{0.05(2,82)}=3.11$；$F_{0.01(df1,df2)}=F_{0.01(2,82)}=4.87$。

用 Excel 软件中的函数 Finv(a，df_1，df_2)计算临界值。$P<0.01$，表明样品间有显著差异，需进一步做多重比较。采用 LSD 进行样品间平均数的比较：

$$\text{LSD}=t_{a(\text{dfe})}\times\frac{2\text{MS}_e}{b}=1.99\times\frac{2\times1.024}{42}=0.44$$

查 t 值表得：$t_{0.05(\text{dfe})}=t_{0.05(82)}=1.99$；$t_{0.01(\text{dfe})}=t_{0.01(82)}=2.64$。

函数 Tinv(0.01,82)=2.62

产品 F 与对照比较：$X_F-X_{ck}=4.8-2.4=2.4>\text{LSD}_{0.05}=0.44$；产品 N 与对照比较：$X_N-X_{ck}=5.4-2.4=3>\text{LSD}_{0.05}=0.44$

由此可知；待评两个样品与对照间有显著性差异，值得进一步做性质差异检验或进行描述性分析等。采用 Dunnett 法进行样品间平均数的比较，结果如表 6-25 所列。

表 6-25 Dunnett 多重比较结果

样品	均值
样品 F	4.8[b]
样品 N	5.4[b]
对照	2.4[a]

注：肩标小写字母表示差异显著。

Dunnett 检验用于比较多个样品与对照之间的差异性，由此可以看出，样品 F、样品 N 与对照之间有显著差异。两个样品与对照之间有极显著差异，有必要从黏度、口感等方面进一步做属性差异检验。

7. 成对比较检验

成对比较检验属性差别检验，是应用最早，也是最简便的感官分析方法，用于比较两个样品某种特性上的差别。检验两个样品之间在某种属性(特定感官性质)的差别，如甜度、苦味强度、易碎度等。该方法又称为二项必选检验，即 2-AFC(2-alternative forced choice)检验。

它包括两种类型：无方向性成对比较检验(双边检验)和方向性成对比较检验(单边检验)。在检验过程中，要根据研究的目的决定采取哪种形式的检验，如果已知两种产品在某一特定感官属性上存在差别，即检验之前在理论上可预期哪个样品的感官性质更强。在进行统计设计时，一般无效假设为两个样品的强度无差异，而备择假设为其中一个比另一个强，那么就应该采用方向性成对比较检验；如果不确定样品间哪种感官属性存在差异，那么就应采用无方向性成对比较检验。

1）应用领域和范围

可用于产品开发、工艺改进、质量控制等方面，也常用于更复杂的评价之前。以随机顺序同时提供两个样品给评价员，要求评价员对这两个样品进行比较，判定两个样品的特征强度。在一般情况下评价员要给出选择，若感觉不到可以猜测。在成对比较检验中，其有单边检验和双边检验之分，具体属于哪种根据两个样品的特性强度来判定。

例如，两种饮料A和B，其中饮料A明显甜于B，则该检验是单边的；如果这两种样品有显著差别，但没有理由认为A或B的特性强度大于对方或被偏爱，则该检验是双边的。

2）方法特点

①成对比较检验具有强制性。

②在进行成对比较检验时，应先分清是无方向性成对比较检验，还是方向性成对比较检验。

③在无方向性成对比较检验中，样品有4种可能的呈送顺序（AA、BB、AB、BA）。在方向性成对比较检验中，样品有2种可能的呈送顺序（AB、BA）。样品的呈送顺序应该具有随机性，并且每种顺序出现的次数应相同。

④无方向性成对比较检验是双边的，评价员的任务是比较两个样品，并判断它们是相同还是相似。检验人员要么都接受过培训，要么都没接受过培训，该检验的对立假设规定，样品之间可觉察出不同，而且评价员可正确指出样品间是相同或不相同的概率大于50%。

⑤无方向性成对比较检验中，当检验的目的是要确定产品之间是否存在感官上的差异时，而产品由于供应不足而不能同时呈送2个或多个样品时，选取该检验较好。

⑥无方向性成对比较法一般要求20～50名品评人员来进行检验，最多可以用200人，或者100人。

⑦在方向性成对比较检验中，样品有2种可能的呈送顺序（AB、BA），且呈送顺序应该具有随机性。评价员必须清楚地理解感官评价专业人员所指定的特定属性的含义。

⑧方向性成对比较检验是单边的。该检验的对立假设规定，如果感官评价员能够根据指定的感官属性区别样品，由于在指定方面程度较高的样品高于另一样品，那么该样品被选择的概率就较高。同时，感官评价专业人员必须保证两个样品只在单一指定的感官方面有所不同，否则该检验不适用。

⑨需要注意的是，样品间在某种属性上没有差异，并不意味样品整体上没有差异。

3）组织设计

成对比较检验调查问卷示例和成对比较检验问答示例如图6-15和图6-16所示。

姓名：	日期：
样品类别：	
检验开始前，请用清水漱口。分别对两组定向成对比较实验中的两个样品进行评价。请按照样品呈送程序品尝各组中的编码样品，从左向右，由第一组开始。将全部样品放入口中，请勿再次品尝。在每一对中圈出较甜样品的代码。在品尝一种样品后，即品尝下一个样品前，应用清水漱口，并吐出所有的样品和水。然后，进行下一组品尝，重复品尝程序。 组例： 1. ________ ________ 2. ________ ________	

图 6-15　成对比较检验调查问卷示例

姓名：	日期：
样品类别：	
实验指令：在你面前有 2 个样品，从左到右依次品尝这 2 个样品，在你认为甜的样品编号上画圈。你可以猜测，但必须有所选择。 111　　　123	

图 6-16　成对比较检验问答示例

4）结果分析与判断

在统计学分析中，在得出某结论之前，应先选定某一显著水平。显著水平就是当原假设是真而被拒绝的概率（或这种概率的最大值），也可看作得出这一结论所犯错误的可能性。在感官评价中，通常选定 5% 的显著水平。成对比较检验的统计分析采用二项分布进行检验。

原假设：两种样品没有显著差异，因而无法根据样品的特性强度或偏爱程度来区别这两种样品。每个参加检验的评价员做出样品 A 比样品 B 的特性强度大或样品 B 比样品 A 的特性强度大（或被偏爱）判断的概率是相等的，即 $P_A = P_B = 1/2$。

备择假设：这两种样品有显著差异，因而可以区别这两种样品。每个参加检验的评价员做出样品 A 比样品 B 特性强度大或样品 B 比样品 A 特性强度大（或被偏爱）判断的概率是不等的，即 $P_A \neq P_B$（$P_A > P_B$ 或 $P_A < P_B$）。

根据 A、B 两个样品的特性强度的差异大小，确定该检验是无方向性成对比较，还是方向性成对比较。例如，两种饮料 A 和 B，其中饮料 A 明显甜于样品 B，则该检验是方向性成对比较；如果这两种样品有显著差别，没有理由认为 A 或 B 的特性强度大于对方或被偏爱，则该检验是无方向性成对比较（双边检验）。

①对于单边检验而言，统计有效回答的正解数，该正解数与表 6-11 中相应的某显著水平的数做比较，得出结论。

②对于双边检验而言，统计有效回答的正解数，该正解数与表 6-26 中相应的某显著水平的数

平的数做比较，得出结论。

表 6-26 成对比较检验和成对差异检验(双尾) %

答案数目(n)	显著水平			答案数目(n)	显著水平		
	5	1	0.1		5	1	0.1
5	—	—	—	36	25	27	29
6	6	—	—	37	25	27	29
7	7	—	—	38	26	28	30
8	8	8	—	39	27	28	31
9	8	9	—	40	27	29	31
10	9	10	—	41	28	30	32
11	10	11	11	42	28	30	32
12	10	11	12	43	29	31	33
13	11	12	13	44	29	31	34
14	12	13	14	45	30	32	34
15	12	13	14	46	31	33	35
16	13	14	15	47	31	33	36
17	13	15	16	48	32	34	36
18	14	15	17	49	32	34	37
19	15	16	17	50	33	35	37
20	15	17	18	52	34	36	39
21	16	17	19	56	36	39	41
22	17	18	19	60	39	41	44
23	17	19	20	64	41	43	46
24	18	19	21	68	43	46	48
25	18	20	21	70	44	47	50
26	19	20	22	72	45	48	51
27	20	21	23	76	48	50	53
28	20	22	23	80	50	52	56
29	21	22	24	84	52	55	58
30	21	23	25	88	54	57	60
31	22	24	25	90	55	58	61
32	23	24	26	92	56	59	63
33	23	25	27	96	59	62	65
34	24	25	27	100	61	64	67
35	24	26	28				

(1)当表 6-26 中的 n 值大于 100 时，答案的最少数按以下公式计算，取最接近的整数值。

$$X = \frac{n+1}{2} + Kn^{\frac{1}{2}}$$

式中的 K 值如表 6-27 所列。

表 6-27　*K* 值

显著水平/%	单边检验 *K* 值	双边检验 *K* 值
5	0.82	0.98
1	1.16	1.29
0.1	1.55	1.65

5）实例分析

[例 12]甜橙原料的比较

某饮品公司一直使用一种含有转基因成分的甜橙香味物质，但欧洲市场规定，转基因成分需要在食品成分表中标出。为了防止消费者出现抵触情绪，某公司决定使用一种不含转基因成分的甜橙香味物质，但初步实验表明，不含转基因成分的甜橙香味物质可能没有原来浓，现在研究人员想知道这两种香味物质的甜橙香气是否有所差别。本检验的显著水平选为 5%。45 位未经培训的评价人员参与了差异成对比较检验，其中 32 位认为样品 793 的豆香风味更强。

项目目标：研究开发一种具有甜橙香气特征的产品。

检验目标：测量两种风味物质赋予产品甜橙香味特征的相对能力，即两种甜橙风味是否不同。

检验设计：因为不同的人对甜橙风味会有不同的看法，因此需要参加实验的人数要多一些，并且不一定需要培训。实验由 45 人参加，将 α 设为 5%。

无效假设是 H_0：样品 A 的甜橙风味＝样品 B 的甜橙风味。

备择假设是 H_a：样品 A 的甜橙风味≠样品 B 的甜橙风味，因为只关心是否有所不同，所以这个检验是双边的。样品分别被标为 793（原产品）和 743（新产品），检验问卷见图 6-17。

姓名：　　　　　　　　　　日期：
样品类别：

检验指令：
从左到右品尝每对样品，然后做出你的判断。
如果有明显的差异，可以猜一个答案，如果猜不出来，也可以做"无差异"的判断

检验组样品　　　　　　　　哪一个更具有甜橙风味
793　　745　　　　　　　　____________
评论：

图 6-17　检验问卷调查

样品筛选：检验之前对两种样品进行品尝，以确定它们的风味确实相似。

分析结果：32 人认为样品 793 的甜橙风味更强。查表 6-26 可知，当 $\alpha=0.05$ 的临界值是 30 时，两种样品之间存在显著差异。

解释结果:为了保持原有市场,建议慎重使用非转基因甜橙香味物质,因此从实验可以看出,它的甜橙风味不如原产品的浓,应继续实验,寻找合适的替代品。

8. 逐步排序检验

逐步排序检验是指比较数个样品某种感官性状的强度差异,每次只随机呈给评价员一对样品,评价员指出哪个样品的这种感官特性更强或者更弱,评价组的每一个评价员将所有可能的成对样品全部评价,结果用 Friedman 检验的一种感官检验方法。逐步排序检验属于多样品的性质差别检验,这种检验方法适用于 3～6 个样品的食品感官检验,可以用相对经验较少的评价员评价。

1)应用领域和范围

用于几种样品间某种属性(例如甜味、鲜味、喜爱程度等)的比较,尤其适用于技术不太纯熟的评价员评价 3～6 个样品的实验。这种方法按照某种属性的强度大小对所给样品进行排序。

2)方法特点

①逐步排序检验提供样品的条件要尽量一致,包括大小、容器、温度等。实验时,采用均衡随机的顺序将样品呈送给评价员,每次只提供给评价员一对样品。

②逐步排序检验可以比较多个样品间某一特定感官性质(如甜度、风味强度等)强度次序,操作简单,受记忆力影响较小。

③逐步排序检验的缺点是只要能排出样品强度次序,不评价样品间差异程度的大小,两个位置相邻的样品无论差别非常大,还是仅有细微差别,都是以一个秩次单位相隔;不适用于样品数量较多(>6 个)的感官检验。

④最少选择 10 个评价员。如果有 20 名,甚至更多则能显著降低误差,但评价员要能识别所要评价的属性。

⑤逐步排序检验是比较数个样品某种感官性状的强度差异的一种食品感官检验方法,属于多样品性质差别检验。

⑥样品准备同三点检验。尽可能同时呈送样品,至少要连续呈送,且确保呈送样品顺序是随机的。随机包括样品顺序随机、样品组合随机、对每位评价员呈送顺序随机。

⑦感官评价员只需回答一个问题:哪种样品更…… ? 不允许回答“无差别”。

3)组织设计

检验的产品控制等同三点检验。首先,检验分组:如评价员为 30 人,每 10 人为 1 组,则分 3 个小组,每组选出 1 个小组长,轮流进入实验区;利用随机数表或计算机品评系统对样品进行编码,编码实例如需重复检验,可给每个样品 3 个编码。样品呈送时,可以同时或分别给出样品。必须保证样品的给出次序是完全随机的,每对样品、各样品对以及评价员之间均应随机。在检验前,主持人会向评价员说明检验的目的,并组织对检验方法、判定准则进行讨论,使每个评价员对检验的准则有统一的理解。根据要求,在限定时间内对所供样品依次进行品评。评价员必须回答样品间指定的某一感官特性“哪个样品更强?”,不允许有“无差异”的回答存在。

4）结果分析与判断

①计算各样品的秩次和。

②Friedman检验采用Friedman秩和检验分析评价的几个样品感官性质是否有显著差异。Friedman的 F 统计量：

$$F=\left(\frac{4}{bt}\right)\sum_{i=1}^{t}R_i^2-[9b-(t-1)^2]$$

式中，b 为评价员数量；t 为样品数量；R_i 为样品 i 的秩次和。

比较的临界值可以查，如果 b、t 较大，Friedman检验临界值表中没有相应的临界值，则将 F 值作为与自由度为 $(t-1)$ 的比较。

通过Friedman检验，如果没有显著差异，即可直接得出样品间没有显著差异的推论；如果有显著差异，再采用Tukey's HSD法比较哪些样品间有差异。

③样品间的比较，查 q 值（表6-28），在显著性水平为 d、$k=t$、自由度为∞时的 q 值，按照下列公式计算比较的临界值HSD：

$$\mathrm{HSD}\alpha=q_{\alpha,t,\infty}\times\sqrt{\frac{bt}{4}}$$

将各样品的秩次和差与计算的临界值HSDα比较，如果差值≥HSDα，则表明比较的两个样品间有显著差异。

表6-28　q 值（上为 q 0.05，下为 q 0.01）

df	M平均数个数								
	2	3	4	5	6	7	8	9	10
5	3.64	4.6	5.22	5.67	6.03	6.33	6.58	6.8	6.99
	5.7	6.98	7.8	8.42	8.91	9.32	9.67	9.97	10.24
6	3.46	4.34	4.9	5.3	5.63	5.9	6.12	6.32	6.49
	5.24	6.33	7.03	7.56	7.97	8.32	8.61	8.87	9.1
7	3.34	4.16	4.68	5.06	5.36	5.61	5.82	6	6.16
	4.95	5.92	6.54	7.01	7.37	7.68	7.94	8.17	8.37
8	3.26	4.04	4.53	4.89	5.17	5.4	5.6	5.77	5.92
	4.75	5.64	6.2	6.62	6.96	7.24	7.47	7.68	7.86
9	3.2	3.95	4.41	4.76	5.02	5.24	5.43	5.59	5.74
	4.6	5.43	5.96	6.35	6.66	6.91	7.13	7.33	7.49
10	3.15	3.88	4.33	4.65	4.91	5.12	5.3	5.46	5.6
	4.48	5.27	5.77	6.14	6.43	6.67	6.87	7.05	7.21
11	3.11	3.82	4.26	4.58	4.82	5.03	5.2	5.35	5.49
	4.39	5.14	5.62	5.97	6.25	6.48	6.67	6.84	6.99

续表 6-28

df	M平均数个数								
	2	3	4	5	6	7	8	9	10
12	3.08	3.77	4.2	4.51	4.75	4.95	5.12	5.27	5.39
	4.32	5.05	5.5	5.84	6.1	6.32	6.51	6.67	6.81
13	3.06	3.73	4.15	4.46	4.69	4.88	5.05	5.19	5.32
	4.26	4.96	5.4	5.73	5.98	6.19	6.37	6.53	6.67
14	3.03	3.7	4.11	4.41	4.64	4.83	4.99	5.13	5.25
	4.21	4.89	5.32	5.63	5.88	6.08	6.26	6.41	6.54
15	3.01	3.67	4.08	4.37	4.59	4.78	4.94	5.08	5.2
	4.17	4.83	5.25	5.56	5.8	5.99	6.16	6.31	6.44
16	3	3.65	4.05	4.33	4.56	4.74	4.9	5.03	5.15
	4.13	4.79	5.19	5.49	5.72	5.92	6.08	6.22	6.35
18	2.97	3.61	4	4.28	4.49	4.67	4.82	4.96	5.07
	4.07	4.7	5.09	5.38	5.6	5.79	5.94	6.08	6.2
20	2.95	3.58	3.96	4.23	4.45	4.62	4.77	4.9	5.01
	4.02	4.64	5.02	5.29	5.51	5.69	5.84	5.97	6.09
30	2.89	3.49	3.85	4.1	4.3	4.46	4.6	4.72	4.82
	3.89	4.45	4.8	5.05	5.24	5.4	5.04	5.65	5.76
40	2.86	3.44	3.79	4.04	4.23	4.39	4.52	4.63	4.73
	3.82	4.37	4.7	4.93	5.11	5.26	5.39	5.5	5.6
60	2.83	3.4	3.74	3.98	4.16	4.31	4.44	4.55	4.65
	3.76	4.28	4.59	4.82	4.99	5.13	5.25	5.36	5.45
120	2.8	3.36	3.68	3.92	4.1	4.24	4.36	4.47	4.56
	3.7	4.2	4.5	4.71	4.87	5.01	5.12	5.21	5.3
∞	2.77	3.31	3.63	3.86	4.03	4.17	4.29	4.39	4.47
	3.64	4.12	4.4	4.6	4.76	4.88	4.99	5.08	5.16

5)实例分析

[**例 13**]玉米糖浆混合物的比较

食用玉米糖浆生产者希望生产固形物一定,但稠度低的混合玉米糖浆。现有 4 个未调味的玉米糖浆混合物 A、B、C、D,对其稠度进行评价,以确定适宜规模生产的产品。实验采用逐步排序检验,选 12 个有识别能力的评价员评价 6 组所有可能的样品对:AB、AC、AD、BC、BD、CD。评定结果见表 6-29,该表中的数字为每一样品对判断为更强的人数,如 C 和 B,6 人认为 C 比 B 强,6 人认为 B 比 C 强。试分析各样品间稠度是否有差异?

表 6-29 4 个玉米逐步排序检验结果

样品更稠	样品更稀				
	A	B	C	D	行秩次和
A	—	0	1	0	1
B	12	—	6	2	20
C	11	6	—	7	23
D	12	10	5	—	27
列秩次和	70	32	24	18	

计算秩次和：在本例中，在每组成对样品中校选为更稠（排在第一）的样 1 品给秩“1”，被评为更稀（排在第二）的样品给秩“2”，计算每个样品的秩和。如样品 B 有两组数据；B 行的数据表示样品 B 与其他样品进行成对比较检验时，样品 B 被评价为更稠的评价员数量，此时，样品 B 在 BA、BC、BD 样品对中分别有 12 个、6 个、2 个评价员评定 B 比另一样品更稠（即在这些样品对中，样品 B 排第一，更稠），因此其秩和 1×(12+6+2)=20；B 列的数据表示样品 B 与其他样品进行成对比较检验时，样品 B 被评价为更稀的评价员数量，此时，样品 B 在 BA、BC、BD 样品对中分别有 0 人、6 人、10 人评定 B 更稀（即在这些样品对中，样品 B 排第二，更稀），因此其秩和为：2×(0+6+10)=32；样品 B 总秩次和为 20+32=52。其他样品秩和计算方法相同。

结果：

样品 A、B、C、D 秩次和(R_i)：71、52、48、45

计算 Friedman 检验，分析：

$$F=\left(\frac{4}{bt}\right)\sum_{i=1}^{t}R_i^2-[9b-(t-1)^2]=(4/12\times 4)\times(71+52+48+45)-9\times 12\times(4-1)=34.17$$

查自由度 df=t−1=4−1=3 的 χ^2（表 6-5）得：

$\chi^2_{0.05}(3)=7.81$，$\chi^2_{0.01}(3)=11.31$

计算出的 $F=34.17$，$34.17>11.31\,[\chi^2_{0.01}(3)]$，因此几个样品的稠度有极显著差异。

$k=t=4$，$\alpha=0.05$ 时，各样品间稠度的比较查 q 表（表 6-28），得到：

$$q_{\alpha,t,\infty}=q_{0.05,4,\infty}=3.63$$

$$\mathrm{HSD}\alpha=q_{\alpha,t,\infty}\times\sqrt{\frac{bt}{4}}=3.63\times\sqrt{\frac{12\times 4}{4}}=12.6$$

则 RA−RB=71−52=19>HSD0.05=12.6，因此，样品 A 与样品 B 间的稠度有显著差异。同样，进行其他样品间的比较，最后得到样品 A 显著比样品 B、C、D 淡，所以 A 的稠度最低，与其他几个样品问有显著差异，而 B、C 和 D 的稠度差异不显著。

9. 简单排序检验

简单排序检验作为一种针对多样品的差异检验方法，按随机顺序将样品呈送给评价员，要求评价员根据某一属性对其进行排序，再计算出排序总数（秩次和），采用 Friedman 秩和检验对数据进行统计分析，即非参数统计分析。

1）应用领域和范围

根据单个属性（如甜度、新鲜度）来比较多种样品就可以采用该方法。排序是进行多样品比较最简单的方法，但结果仅是样品排列的顺序，而不能体现差异的程度，差异较大和差异较小的样品间都同样只相差一个顺序单位。排序检验比其他方法更节约时间，尤其当样品需要为下一步的检验预筛选或预分类时，这种方法显得非常有用。

2）方法特点

①该方法简单省时，可为后续分析做实验预筛选或预分类。

②评价员需要特殊指导和训练，使他们能反复辨别属性的差异，具有区别细微差别的能力，每次实验至少需 8 人，多于 16 人，结果更精确。

③以平衡或随机顺序将样品同时呈送给评价员，评价员根据要评定的感官性质强弱将样品排序。样品可以只呈送一次，也可以采用不同的编码呈送多次。一般样品被呈送 2 次以上，准确度可大大增加。

④一次评价只能评定一个感官性质。对于偏爱检验而言，最喜爱样品编为 1 号，其次 2 号……；对于强度检验而言，最弱样品编为 1 号，其次为 2 号……

⑤对于两个特别相近的样品而言，鼓励评价员做出猜测。如果评价员猜不出，可以给出“相一致”的结论，并计算出它们的平均顺序。当 4 个样品中的两个样品一致时，其秩次 (2+3)/2=2.5。

3）数据整理与分析

计算各样品的秩次和。如果评价员排序结果有相同，则取平均秩。采用 Friedman 检验评价几个样品感官性质是否有显著性差异。计算 Friedman $T(F)$统计量，如果 $T(F)$值大于或等于自由度为 $t-1$ 的 χ^2 临界值，表明样品间存在明显差异。差异显著，则做多重比较。

（1）计算 Friedman T 统计量

$$T = \frac{12}{bt(t+1)}\sum_{j=1}^{t} R_j^2 - 3b(t+1)$$

式中，b 为评价员数量；t 为样品数量，R_j 为第 j 个样品的秩次和。

当评价员区分不出某两样品之间的差别时，也可以允许样品排定同一秩次，这时计算统计量 T 要进行校正。

随机区组设计多个样本比较（t 个相关样本检验——Friedman M）。各区组内的数据由大到小分别编秩，若各处理的效应相同，各区组内秩次 1，2，…，k 应以相等的概率出现在各处理中，各处理组的秩和应该大致相等，不太可能出现较大差别。若各处理组的秩和相差很大，则有理由怀疑 H_0（各处理组的总体分布位置相同）的正确性。

（2）非参数方差分析　完全随机设计多个样本比较（t 个独立样本检验）——Kruskal Wallis H 检验

随机区组设计多个样本比较（t 个相关样本检验——Friedman M）。

平均秩 $R=\dfrac{b(t+1)}{2}$　b 为评价员数量（区组）；t 为样品（处理）数量。

$$\text{偏差平方和 } S=\sum_{i=1}^{t}(R_1-R)^2=\sum_{i=1}^{t}\left(R_1-\frac{b(t+1)}{2}\right)^2=\sum_{i=1}^{t}R^2-\frac{b^2t\,(t+1)^2}{4}$$

（3）构造统计量 $\chi^2(F)$

$$\chi^2=\frac{12S}{bt(t+1)}=\frac{12\sum_{i=1}^{t}\left(R_I-\frac{b(t+1)}{2}\right)^2}{bt(t+1)}=\frac{12\sum_{i=1}^{t}R^2-\frac{b^2t(t+1)^2}{4}}{bt(t+1)}$$

$$=\frac{12}{bt(t+1)}\sum_{i=1}^{t}R^2-3b(t+1)$$

式中，b 为评价员数量（区组）；t 为样品（处理）数量。当有平均秩时，需对 χ^2 校正。

$$\chi_c^2=\frac{12S}{bt(t+1)C}\qquad C=1-\frac{\sum_{i}^{b}(n_i^3-n_i)}{b(t^3-t)}$$

式中，$n_1,n_2,\cdots,n_b$ 为各评价员出现相同评秩的样品数。

查表 6-5 将 F 值与表中响应临界值比较。如果 F 值大于或等于对应于 b,t,a 的临界值，表明样品间存在显著差异；若小于临界值，则表明样品之间没有显著差异。当评价员数 b 较大或当样品数 t 大于 5 时，F 近似服从自由度为 $t-1$ 的 χ^2 分布，则差异显著，应做多重比较。

LSD 法多重比较时的临界值 LSD_α 的计算：

$$LSD_\alpha=u_\alpha\frac{bt(t+1)}{6}$$

式中，$\alpha=0.05$ 或 0.01；$u_{0.05}=1.96$ 或 2.58

将各样品秩次和之差 R_i-R_j 与 LSD_α 比较，如果大于或等于 LSD_α，表明两个样品在属性上有显著差异。

4）实例分析

[**例 14**]比较 6 个配方发酵饮料的香气强度。

某发酵饮料厂有 6 种发酵配方饮料，编号为 A、B、C、D、E、F，请通过简单排序检验比较 6 个配方发酵饮料的香气强度，有 15 个评价员进行评价（图 6-18）。

姓名：	日期：	评价员号：
样品类型：饮料		
评价说明： 1. 请检查你得到样品编号和评价单上的编号是否一致。 2. 从左向右品尝样品。 3. 按照香气的强弱将样品排序，在你认为香气最弱的样品编号下方写下“1”，第二强的样品编号下方写“2”，依此类推，在香气最强的样品编号下方写“6”。 4. 如果你认为两个样品非常接近，就猜测它们的可能顺序。 样品编号： 样品排序： 建议或评语：		

图 6-18　发酵饮料香气强度排序检验评价单

(1)将各评价员对 6 个样品的排序转换为秩(1=香气最弱，6=香气最强)　6 个发酵饮料香气强度排序评价结果如表 6-30 所列。

表 6-30　6 个发酵饮料香气强度排序评价结果

评价员	A	B	C	D	E	F
1	6	1	4	2	5	3
2	5	2	4	1	6	3
3	5	1	4	2	6	3
4	4	3	2	1	6	5
5	6	1	3	2	5	4
6	6	1	4	2	5	3
7	6	2	4	3	5	1
8	6	3	2	1	4	5
9	5	4	3	2	1	6
10	6	1	4	2	3	5
11	6	2	3	1	5	4
12	5	1	4	2	6	3
13	6	1	4	2	5	3
14	5	1	4	2	6	3
15	6	1	4	2	5	3

(2)计算各样品的秩次和 R_j，构造 Friedman T 统计量　6 个发酵饮料香气强度排序计算结果如表 6-31 所列。

表 6-31　6 个发酵饮料香气强度排序计算结果

评价员	A	B	C	D	E	F
1	6	1	4	2	5	3
2	5	2	4	1	6	3
3	5	1	4	2	6	3
4	4	3	2	1	6	5
5	6	1	3	2	5	4
6	6	1	4	2	5	3
7	6	2	4	3	5	1
8	6	3	2	1	4	5
9	5	4	3	2	1	6
10	6	1	4	2	3	5
11	6	2	3	1	5	4
12	5	1	4	2	6	3
13	6	1	4	2	5	3
14	5	1	4	2	6	3
15	6	1	4	2	5	3
秩次和 R_j	83^{a}	25^{c}	53^{b}	27^{c}	73^{ab}	54^{b}

如果没有出现相同的评秩次，无须校正。

(3)比较、判定　由于样品数较多，查分布表 6-5。

查表 6-5，$df=6-1=5$，$\chi^2_{0.055}=11.1$　$\chi^2_{0.015}=15.1$

结论：6 种发酵饮料的香气强度存在极显著差异。

(4)多重比较-LSD 法　计算临界值 LSD_{α}。

$$LSD_{0.05}=u_{0.05}\frac{bt(t+1)}{6}=1.96\times\frac{15\times6\times(6+1)}{6}=20.08$$

将两样品的秩次和之差与 LSD_{α} 比较，如果大于或等于 LSD_{α}，表明两个相比较的样品在属性上有显著差异。

结论：6 种发酵饮料香气强度有极显著差异，其中样品 A 最强，但与样品 E 差异不显著，样品 B 和样品 D 香气最弱，无显著差异，但与样品 A 和样品 E 差异显著。

6.4　测试的组成

6.4.1　测试的组织与管理

差别检验需要进行充分的组织和计划，以明确具体的研究内容和结果的使用。检验的管理应采用这样一个系统，即包括筛选产品、定义目标、选定测试员、检验方法、落实日程安排以及各项内容，并将结果通过易于理解和可操作的方式进行报告。虽然制定整个组织程序需要花一定时间，但这是至关重要的，其优势能够很快地在测试效率、测试员的参与及最重要的结果可信度方面体现出来。

对感官功能方面的组织应该反映与真实工业相关的感官实践。工业中使用的实际的感官评价是指对测试申请的快速响应、完整的记录、产品制备和处理的标准化流程、测试员筛选以及资质标准等。公司经常会因市场的变化、消费者行为的变化、经济环境的变化或管理的变化频繁地重新引进技术、配料和(或)产品。感官评价人员的变化也有可能引起工作的重复,因为他们可能不熟悉几年前开展的工作内容。感官评价专业人员必须能够快速地确定以前做过什么以及要在多大程度上修改目前的测试申请才能反映既往的经验。

差别检验的组织的核心要素包括:①明确说明差别检验的目标(可避免错误使用检验方法)。②每种检验方法的简介,包括成对比较检验、二-三点检验、三点检验法、定向差别检验及其他可能用到的方法。此外,还应附上每种方法的标记卡和详细的测评步骤,如果必要的话,还应包括建议的容器和上样规程。③测试申请过程简介,包括与申请人面谈,必要时提供产品单绍、测试时间表及分发测试报告。④测试申请表和报告形式的范例(包括纸质和电子版本)。⑤测试员资质的简介和选择标准,包括筛选流程和在测试过程中的行为控制。⑥附有使用说明的精选实验设计方案。⑦测试流程指引,包括产品编码、上样的数量和时间。⑧数据分析和判读的方法。⑨每一种差别检验方法的测试报告范例。

感官测试管理包括:产品是否需要差别检验、具体的测试方法、产品的上样方式、测试员的选择及报告测试结果的形式。感官评价必须确保每个步骤和功能的完整性。感官评价小组常犯的错误是让申请人来制定测试方法,或者一成不变地将一种方法用于所有产品的测试。从本质上说,测试的具体目的和产品的主要特征是决定选取何种测试方法的依据。如未能在感官评价操作手册中建立具体的资质要求,则会带来一定的问题,因为测试申请者会犹豫不决和(或)乐意采用他们提供的方法而不是基于测评的具体目标而选定恰当的方法。

管理人员必须证明应进行何种感官测评,并对测试过程加以严格控制,但不一定需要主导整个研究过程。专业感官测试员在控制灵活性的同时也需要充当管理者的角色。运用精准的感官测试指南以适应各种测试程序,对更好地实现测试目标和满足研究人员来说是非常重要的。

6.4.2 测试申请

测试申请是指对可感知的差异进行测量,以正式的书面申请的形式呈现。使用正式的测试申请有多种目的,具体内容见表6-32。申请表的上部分由申请者填写,下部分由专业的感官评价员完成。上部分内容包括申请者姓名、日期、优先级、测试目的、产品标识(名称、编码、如何生产、生产日期、产地)、可使用的产品数量、位置、贮藏条件、制备说明、测试员中需要回避的个体及报告的分发。依据专业的感官测试员对产品及申请的经验,必要时应召开会议以充分理解测试研究的目的。一旦完成申请,申请表会作为开展系列产品测试活动的重要依据,包括提供给实验者的细节说明和报告准备。在测试申请过程中收集的信息必须是具体的内容和容易完成的内容。一般来讲,差别检验申请表最好不要超过两页纸。

表 6-32 差别检验申请表格范例

以下内容由申请人完成
检验人员：
测试目的：
产品：
样品的位置、描述和历史(仓库等)：
如果贮藏在仓库，注明领回的日期：
样品数量和供应规格：
测试需要排除的人员类别：
报告的分发要求：
日期：
优先级：
产品编号：
以下内容由评价人员完成
收到申请的日期：
测试方法的类型：
建议测试日期：
实验设计：
测试员的数目与类别：
上样方法：
重复检验的次数：
检验人员的注释：
上样条件：
样品量：
样品温度：
样品架：
上样容器：
照明条件：
其他：

注：具体解释请参看正文。

6.4.3 测试目的

充分理解项目的目标是决定评价类型以及相应的实验设计和数据分析的关键因素，是至关重要的。评价员通常会被问到："样品是否不同？""更偏爱哪个产品？""与竞争产品相比样品的质地如何？""形成最容易接受的金黄色的最优烹饪温度是多少？"这些都需要不同的感官方法和实验设计来完成。通常这些问题的答案都是设计者想知道的，然而，由于时间和资金的限制，需要确定这些目标的优先顺序。为了避免出现混淆等问题，需要设立检验的具体目标。同时，在选择不同检验方法时，应考虑样品的自身性质、时间进度安排和成本等因素。应了解差别检验的缺点并考虑这些缺点是否违背所设立的目标。例如，标准的三点检验可以确定两个样品间是否存在差异，但是该方法不能确定样品间差异的程度和哪个样品更受消费者喜爱。因此，在差别检验中，识别最甜的样品就不需要与偏好相关或样品实际有多甜等的任何结论。当有些产品本身差异非常显著时，它并不适合采用差别检验进行测评。

在实际操作过程中，例如，测试目的是确定含有备用供应商提供的柠檬香精的柠檬汁是否与现有风味存在可感知的差异。该项目的目的是找到一种低成本的替代香精，而又不会使改变配方的产品与现有产品存在明显可感知的差异。这类信息是非常有用的，因为这不仅确定了测试的目的，并且提醒测试员有针对性地做更多的测试，并指出当前产品改进的目标(如果确定选择二-三点检验，则应采用固定参照二-三点检验而非平衡参二-三点检验)。如果项目目的是筛选新的香精，则可以选择平衡参比的二-三点检验或者先选择成对比较检验，再进行消费者接受度测试。成功的感官评价程序取决于明确的项目和测试目的。在有些情况下，申请人不清楚测试基础或者如何使用测试结果，感官评价专业人员有必要直接与知晓更多信息的人员，如市场调查员或品牌经理进行直接交流。除了对测试目的进行描述，基于测试结果确定行为准则和改进措施也是非常重要的。如果报告发现差异，应对产品配方进行重新优化或者对产品配方改变后对偏爱造成的影响进行进一步检验。

6.4.4 产品筛选

在测试申请发布之后以及开展任何测试之前，感官评价专业人员应对提供的产品进行筛选，以防止产品出现与研究目的不相关的差异。导致其发生的原因有很多，如生产、贮藏、处理或一些不可预见的问题都有可能影响产品的感官属性。

申请人(特别是缺乏经验的申请人)经常会提交一些有明显差异，且不需要进行测试的样品，即在这种情况下获得90%～100%的正确判断的可能性非常高，因此会导致设施、测试员、测试时间和精力等感官测评资源的浪费。在预筛选的过程中，采用典型的差别检验测试对产品进行盲评是十分有用的。预筛选还能够帮助感官评价专业人员明确与准备产品和上样相关的特殊要求或辨别与产品、测试相关的原料附加背景信息。

6.4.5 测试方法及人员的选择

感官检验有许多不同的应用场合。所采用的检验取决于检验的目标。在检验开始之前，调查并阐明感官检验的具体目标是非常必要的。通常需要一系列的检验来满足这些目标，同时需要对不同的检验顺序进行认真考虑。如果前期没有考虑两个产品是否存在感官差异等相关感官信息，后期进行大型消费者实验就是无用的。

所有的差别检验方法都具有相同的基础目标，本质上都是基于对双样品的选择，只是体现形式不同。不同测试方法的差异则源于测试样品的属性和使用的有资质的测试员。例如，具有香辛风味和(或)很难从上颚去除的浓郁风味或香气的产品或产生生理效应(烟草和蒸馏饮料)的产品通常不会采用三点检验。测试员在得出最终结论之前必须嗅闻和(或)品尝3个带有编码的产品，并做6次对比，A与B、A与C、B与C。尽管有人会争辩测试员并不是每次都需要做6次比较，但是在三点检验中的比较次数无疑会比二-三点检验中要多，而比较次数最少的是成对比较检验。感官测试在决定采用哪种方法最适合解决问题之前必须考虑产品和测试目的。

测试方法的选择是感官评价专业人员对一系列问题进行探究和回答的过程。其关注重点是测试目的、产品种类和可用性、准备规程、产品感官属性、检验方法的性能、可选择的具有技能资质的测试员以及测试结果的使用。这样的做法才能够获得更高水平的品质数据库，并提供更可信和有效的产品。

差别检验的方法相对比较简单，评价人员只需对产品熟悉即可，不需要深入的培训。如果要对产品某一特定属性进行差别检验，那么应提前对辨别产品属性的测试进行培训。采用成对比较检验、三点检验和二-三点检验等开展实验，选择无经验型或依检验目的而定的培训型评价人员比较合适。

6.4.6 实验设计

实验设计时，应确保可以实现检验目标。设计实验时，应考虑所采用的数据分析，确保实验设计中必需的要素得以应用。

1. 处理结构

这部分内容是关于样品的实验处理的。所有的最简单的处理只有一个水平，如筛选不同的商用样品进行比较或与现有生产线的产品进行对比。在该实验中，除作为同一类型样品的不同比对外，样品之间互不影响。更为复杂的是，处理结构有两个处理、多个水平，如以不同温度的苹果派为样品，一个处理是4个不同的苹果派，另外一个处理是冷热两种不同的温度。在该设计中，共有8个受试样品供评价。一个或多个不同的处理，或者不同原料水平产生的一系列不同的样品可确定每个设计因素单独或者组合之间的影响。该情况会涉及专业的设计方法，如因子设计、分数阶乘设计、响应面设计等。

在实验中应尽可能地采用对照样品，从而比较样品间是否因不同处理产生了影响。为了获知目标信息，对照的设置需谨慎考虑，有时甚至需要多个对照。对照常常是基线样品或空白样品，即没有经过受试样品处理，如在不同浓度系列中的纯液体。对照样品性质的一致性、品质的持久有效性非常重要，因此，在保存对照样品时需倍加小心，以确保其一致性。

2. 设计框架

1）随机区组设计

当要比较多个样品特定感官性质差异，样品较少（如3～8个）且刺激不是太强时，可以采用随机区组设计方案。

2）完全随机设计

在完全随机设计（completely randomised design，CRD）中，产品会随机分配给评价人员，每人有且只有一份。通常每个产品会得到不同的数据，每个产品都会被不同感官评价小组评价。

3)完全随机分组设计

完全随机分组设计(randomized complete block design,RCBD)是最常用的实验设计。在该方法中,所有样品均提供给所有评价员。样品分布均匀随机,且以平衡的顺序呈送。评价人员因此可在一个或更多的阶段来反复评价每个产品。在数据分析时,就应考虑由评价人员的个人因素和反复评价导致的变化。

4)平衡不完全分组设计

在平衡不完全分组设计(balanced incomplete block design,BIBD)中,所有样品中的一个子集会在一个阶段呈现。每个评价人员可能会在多个阶段看到所有的样品(虽然在应用时,在不同阶段呈送样品是比较常见的,即“完全”设计)或所有分组中的一个子集。无论哪种情况,样品在一个分组中被均衡、随机分配,并打乱顺序,以保证每个评价人员得到相同数量的样品,每个样品被评价人员评价的次数相同,且每个样品与其他样品一样具有相同的被评估的次数。

3. 评价组规模

评价人员的数量是由检验目标和检验方法决定的。在数据分析中,评价人员的数量会影响检验的统计学效力。因此,最大限度地增加评价人员的数量可改善样品间的统计学差异。

根据检验目标制定合适的实验设计。采用足够数量的评价人员,从而满足感官检验统计学的要求。不要将样品以同样的顺序提供给评价人员,应随机分配或平衡分配。检验实验设计,以确保样品均衡分配,特别是检查每个样品与其他样品一样具有同样的评估次数。不要臆想随机实验是均衡的,应检查实验设计。

6.5 数据分析与解释

在实验开始前确定统计分析方法非常重要,尤其是分析结果可能影响实验设计的因素。该分析方法必须达成检验目标,且须关注回答与检验目标相关的问题。

6.5.1 数据类型

感官评价方法和/或标度法可得到不同性质的数据。根据这些性质,开发不同的数据分析方法,因此,针对不同的数据,使用不同类型的分析方法非常必要。

1. 标定数据

这些数据代表不同的组别或类别,如不同类型水果。在该数据中,可用数字作为标签,但该数字不代表数值,通过差别检验可获得标定数据。

2. 有序数据

顺序标度中的类别(数字)代表某特征属性强度的增加或减少。顺序标度的特征是不同类别(数字)间的相对距离并非总是相等的,通过排序和评分标度可获得有序数据。

3. 区间数据

区间数据是指在一个区间内被相同间隔取数。它在数理统计上有实际价值。区间分级并没有真零点,如"摄氏度"。虽然 10～20 ℃的差距与 20～30 ℃的差距基本相同,但 40 ℃的热度并不是 20 ℃热度的 2 倍。

4. 比例数据

比例数据中的类别(数字)有数值意义,且有真零点,如"质量"。以质量为例,10 kg 和 20 kg 的质量差与 20 kg 和 30 kg 的质量差无异,且 40 kg 的质量就是 20 kg 质量的 2 倍。

6.5.2 数据分布

原始数据可通过"答案出现的次数"和"答案的量级"分布得到可视化数据,如根据人们对样品可接受度的评分分布得出样品的可接受性评分。这种类型的分析称为频率分布。

1. 正态分布

正态分布图形是一种类似钟形的对称曲线,曲线高度、宽度因不同情况而异,这种分布是自然界中最常见的分布。

正态分布的平均数、中位数、众数的一致性和图像分布有很多相似性,这些构成了很多基本统计学理论,开拓了参数统计方法。虽然区间数据和比率标度可得到正态分布的数据,但在进一步分析时需要再次确认。许多统计软件提供判定是否为正态分布的测试,如 Komogrol-Smirnov 测试软件。

2. 非正态分布

当频率分布不符合上述正态分布的形状或不符合正态分布的特点时,即可被归为非正态分布,如偏态分布。在这种情况下,常规参数检验并不适用,取而代之的是非参数检验。标定数据和有序数据常得出非正态分布数据,如差别检验和排序检验,并且区间数据和比率标度也可能不是正态分布,此时,可用非参数检验进行分析。

3. 非参数检验

非参数检验是推论统计的一部分内容,可以应用于非正态分布数据和正态分布数据,如二项式检验,排序数据的 Friedman 检验和卡方检验。

4. 参数检验

参数检验是推论统计的另一部分内容,可以应用于正态分布数据,如方差分析。

6.5.3 描述性统计

1. 集中趋势

感官数据的总结常采用集中趋势(平均值)测定和离散测定(数集中趋势的测定包括平均数、中位数和众数)。

(1)平均数　算术平均值,通常采用如下方式求平均数。

$$\bar{x} = \frac{\sum x}{n}$$

式中，x 是所有被测值的加和；n 是被测值的数量。只有正态分布的参数数据才使用该算法，因为它容易受偏离值的影响从而误导结果。当适合取对数值以及分析比率数据时，几何平均数也可在感官评价中使用，如连续稀释。

对于数据组 1 1 2 2 2 2 4 5 6 6 7 8 9 9 9 来说，平均值为 4.9，几何平均值为 3.8。

数据并非正态分布，或者非参数模式应该采用中位数和众数平均值。

(2)中位数　中位数是一组按顺序排列的数值的中间值。对偶数个数值的数据组，中位数为两个中间数据点的平均值。

对于数据组 1 1 2 2 2 2 4 5 6 6 7 8 9 9 9 来说，中位数是 5。

对于数据组 1 2 5 6 10 25，中位数是 5.5。

(3)众数　这是出现频率最高的数值。如果没有出现频率最高的数值，有可能一个数据组中没有众数值，也有可能出现不止一个众数值，比如双峰分布具有两个众数值。

对于数据组 1 1 2 2 2 2 4 5 6 6 7 8 9 9 9 来说，众数为 2。

值得注意的是，当置信区间为 95%时，可认为 95%的群体平均值(或中位数)是在置信区间内的。

2. 离散

离散的测定可以指示数据在平均值周围的变化性(扩散)。典型的测定包括标准偏差、方差和百分位范围。标准偏差(S)是对平均值离散程度的测定，用相同的单位来表示原来的数量级。它的计算方法是所有数值和的平方减去所有数值和的平方除以被测数的平方根，然后除去被测数减 1 的平方根。

$$S = \frac{\sqrt{\sum x^2 - \left(\sum x\right)^2 / n}}{\sqrt{n-1}}$$

对于数据组 1 1 2 2 2 2 4 5 6 6 7 8 9 9 9 来说，标准偏差值为 3.1。

请注意，有些统计检测也会使用“方差”测定。它只是对标准偏差求平方。

(1)标准方差(S)　标准方差是一个“群体”参数，是整个群体的理论标准偏差。如果实验重复多次，会得到多个平均值，从而可以计算样品平均值的标准偏差。由于时间和经费的限制，极少或者很少这样做。幸运的是，标准方差可以从一个样品的标准偏差得到，可通过样品标准偏差除以被测数的方根来计算。

$$S = \frac{s}{\sqrt{n}}$$

对于数据组 1 1 2 2 2 2 4 5 6 6 7 8 9 9 9 来说，标准方差值为 0.79。

(2)百分位范围　在数据并非正态分布或者非参数模式的情况下，四分位数间距可以提示数据的离散情况。四分位数间距是将数据由小到大排序后并把它们分成四等份，从而其中的比例会高或低。最典型的百分位为第 25 位、第 50 位和第 75 位。

3. 推论统计

假设检验是指检验目标的确认和检验方法的筛选会决定检验假说类型。例如，检验的目的是确定两种样品是否有差异，选用的方法应是对样品有或没有差异进行假设。在统计学术语中，“假设检验”是真实结果(零假设)和备择假设(或研究假设)更为正式的过程。通常零假设表明样品间无差异，而备择假设表明样品间有差异。基于数据的统计分析来确定是否有足够的证据拒绝零假设或支持备择假设。

在统计检验中，减少不正确结论的概率非常重要，有两种常见不正确结论的类型，即Ⅰ类错误和Ⅱ类错误。

(1)Ⅰ类错误　当正确(准确)时，拒绝零假设的风险，如认为样品间存在差异的风险，而实际并不存在差异。这可以通过降低显著水平或检验的 α 风险来实现。最常用的显著水平是 5 %，这意味着若在 100 次检验中有 5 次被检出，则该样品被认为是有差异的，然而事实上并没有差异。

(2)Ⅱ类错误　当不正确(错误)时，不拒绝零假设的风险，如认为样品间是相同的风险，而实际存在差异。这可以通过降低检验 β 风险来实现。

4. 临界值和 *P* 值方法

对每一组进行统计分析，检验统计量都是通过原始数据计算得到的，这也用来确定结果并得到结论。通常用检验统计量和代表该实验显著水平的临界值做比较。若检验统计量超出该临界值，拒绝零假设，该样品被认为有显著差异；若检验统计量未超过临界值，接受零假设，认为没有足够的证据证明样品间有显著差异或者通过检验统计量来计算得到Ⅰ类错误出现的概率。如果概率或 P 值小于测试的显著水平，拒绝零假设，该样品被认为有显著差异。当 P 值小于 5%的显著水平，意味着Ⅰ类错误出现的概率更小；当 P 值大于检验的显著水平，接受零假设，且可能有更大的概率出现错误。在传统意义上，临界值比较是最常见的确定假设检验结果的方法。计算机分析数据软件的发展致使临界值和/或 P 值逐渐被人们认识。

5. 选择合适的统计检验

选择感官数据分析的统计检验方法是项目计划中的主要部分，应与检验目的和实验设计一起考虑合适的统计检验，如图 6-19 所示。为了选择合适的统计检验，应当考虑以下问题。

1)数据类型

数据类型将决定能够实施的检验类型。如果数据是区间数据或是比率数据，可以选用参数检测；尽管如此，如果数据不是正态分布，那么应该使用非参数检测。参数检验假定数据是正态分布的。如果数据是标定数据或有序数据，则应该使用非参数检测。非参数检验无须假定数据的分布情况。虽然差别检验的数据为标定数据，但实际上是二项式，因此数据分析采用二项式统计，或者针对异同进行卡方检验。

2)检测的目的

通常感官科学家研究不同样品/评价人员/消费者之间是否会有显著差异和/或变量之

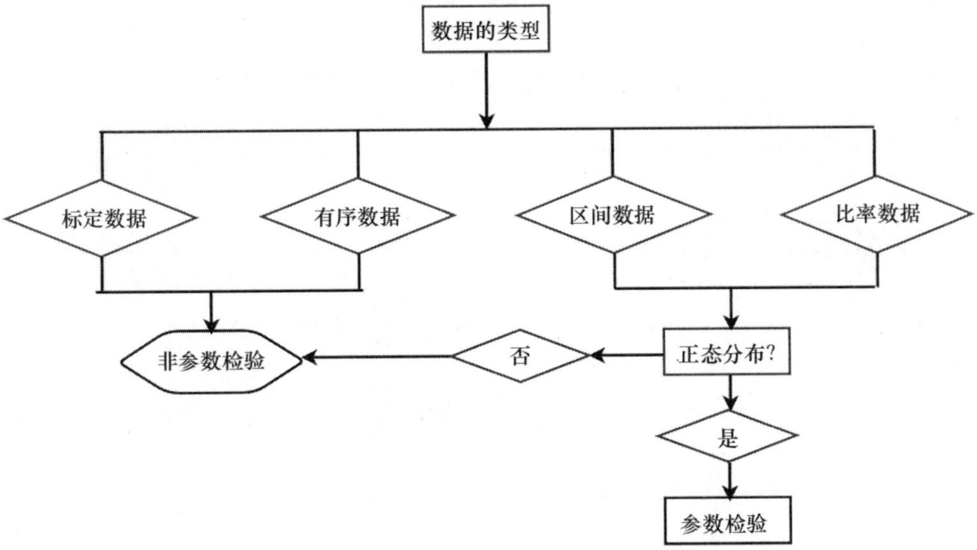

图 6-19 合适的统计检验

间是否会有显著性关系，如甜味和大众喜好、香气程度和脂肪含量。

3)样品数量

有些统计学测试是为比较两个样品而专门设计的，其他一些统计学测试则是针对三个或三个以上样品而设计的。将比较两个样品的检验应用于一组产品中成对样品的比较是不合适的，除非目标是将每个产品与对照产品进行比较。

4)样品相关(成对的/有依赖性的)

在感官检验中，如果样品被相同的评价人员评价，如定量描述性分析，那么它们被形容为“相关的”(在一些教材中也称“成对的”或者“有依赖性的”)。如果样品被不同的评价人员评价，例如两个产品被不同国家的两个不同评价小组评价，那么它们会被形容为“不相关的”，或者“不成对的”/“独立的”。为了给感官数据选择合适的统计检验，有的统计检验是针对相关样品的，而有些统计检验是针对不相关样品的。

一旦上面的问题答案都确定了，就可以为数据选择合适的统计检验方法。具体方法可以参照图 6-20 和图 6-21。

①在实验开始之前，应计划好统计分析。实验设计可能会根据选择的分析方法进行调整。

②不要遗漏数据中的任何信息，不要选择性地应用统计分析结果，来满足实验目的。

③对数据采用合适的统计分析方法，避免类型的错误，比如，在不宜用平均数的时候采用平均数。偏斜数据需要几何平均数，双峰分布需要图形描述而不是集中趋势的分析。

④从数据中获得正确的结论。一个典型的错误是在没有证据时假定了某一因素，从而“导致”了感官差异。

⑤不要期待一项检验可以解决所有问题。在很多情况下，需要进行一系列的检验。

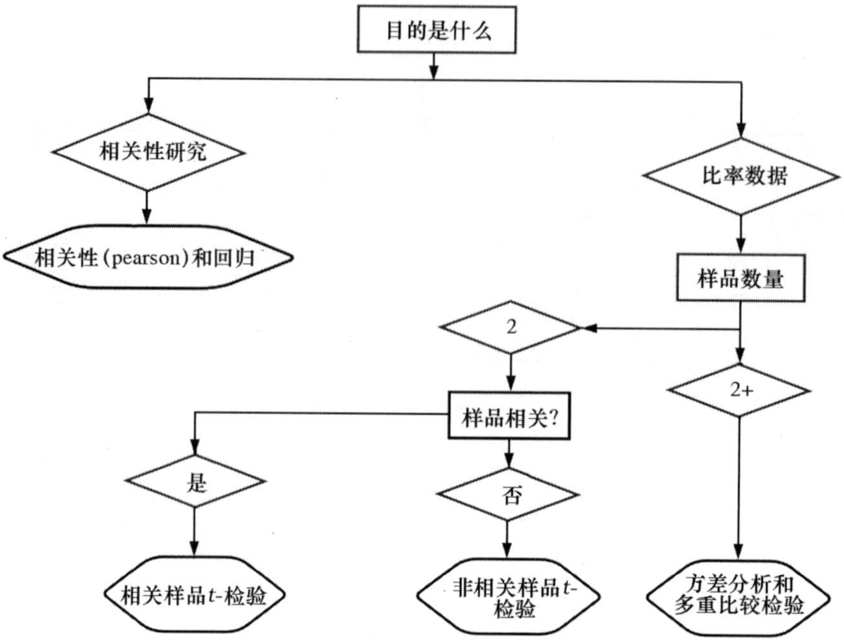

图 6-20 选择合适的参数检验

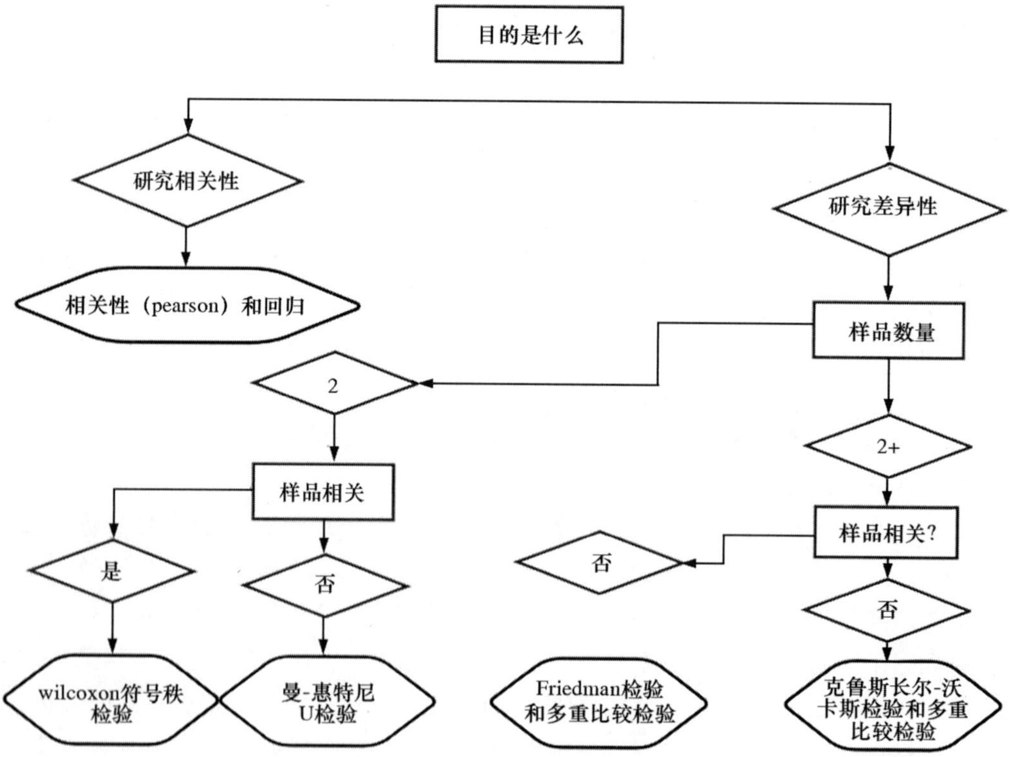

图 6-21 选择合适的非参数检验

思考题

1. 常用的感官评价方法有哪几种？各方法之间有什么区别？
2. 差别检验有哪些特点？
3. 差别检验有哪些类型？
4. 差别检验的主要应用场景有哪些？
5. 测试中的实验设计的主要方法有哪些？
6. 数据有哪几种类型？

HAPTER 7

第7章 描述性分析检验

【学习目的和要求】

熟悉描述性分析的概念;掌握描述性分析的组成;理解描述性分析方法,如风味剖面法、质构剖面法、定量描述分析法、时间-强度描述分析法、自选剖面法、系列描述分析法等的特点;掌握各种描述性分析方法的操作步骤。

【学习重点】

重点掌握风味剖面法、质构剖面法、定量描述分析法的操作步骤。

【学习难点】

比较和分析各种描述性分析方法的特点。

描述性分析是评价员采用描述分析检验获得关于产品完整的感官描述。它可以为产品提供量化描述，可以只针对某个方面进行评价以获得所有可感知的感觉，包括视觉、听觉、嗅觉、味觉和动觉等。根据分析结果，可以把具体的成分或者生产变量和产品的某些(或者全部)具体感官属性的变化联系起来。从研发产品的角度来看，在那些被证实与目标不一致的产品变量上建立因果关系就必须要以描述性分析检验信息作为基础。

7.1 描述性分析检验概述

描述性分析检验是感官检验中最复杂的一种方法，是一项由接受过培训的评价员对产品的感官性质进行定性和定量区别与描述的技术。描述性分析检验的结果不仅提供了产品组的全面感官性状描述，还为描绘产品的相似性和差异性以及测定感官属性提供了依据。

描述性分析检验是一种从一组有资质的评价员处获得感知信息，对产品提供定性、定量描述的感官方法。它是一种全面的感官描述，涵盖了所有能被人们感知的特性，如视觉、听觉、嗅觉和动觉等。"产品"含有丰富的含义，可以是一个想法或概念、一种成分、一个草案、一个产品原型，或者是消费者可以买到和用到的成品。

7.2 描述性分析组成

评价员能够对样品的感官性质进行定性的描述。定性方面的性质就是该样品的所有特征性质，包括外观、气味、风味、质地和有别于其他产品的性质。除此之外，评价员还能够对样品的感官特性进行定量的分析，能够从强度或程度上对该性质进行说明。

7.2.1 性质——定性方面

有许多对产品性质进行描述的"感官参数"的叫法，比如性质、特征、指标、描述性词汇或术语等。这些定性因子包括用于描述产品的感官性质的一切词汇。需要明确的一点是，如果评价员没有接受过培训，他们会对同一个词语有着不同的理解。这些感官特性的选择定义一定要和产品的真正理化性质相联系，因为与产品理化性质的联系会有助于解释这些描述性词汇和得出结论。下面是几种不同的描述所包含的因素。

1. 外观

颜色(色彩、纯度、一致性、均匀性)；表面质地(光泽度、平滑/粗糙度)；大小和形状(尺寸和几何形状)；内部片层或颗粒之间的关系(黏性、成团性、松散性)。

2. 气味

嗅觉感应(香草味、水果味、花香、臭鼬味)；鼻腔感觉因子(凉的、刺激性的)。

3. 风味

嗅觉感应(香草味、水果味、花香、臭鼬味、巧克力味、酸败味)；味觉感应(咸、甜、酸、苦)；

口腔感觉因素(热、凉、涩、金属味)。

4. 口感和质地

(1)机械参数　产品对作用力的反应(硬度、黏度、变形性/脆性)。

(2)几何参数　大小、形状和颗粒在产品内部的分布、排列(小粒的、大粒的、成片的、成条的)。

(3)脂肪/水分参数　脂、油、水分的多少;它们的游离或被吸附的状态(油的、腻的、多汁的、潮的、湿的)。

7.2.2　强度——定量方面

描述性分析的强度或定量表达了每个感官特性的程度。这种程度通过一些测量数值来表示,这种数值的有效性和可靠性取决于:①选用的范围要足够宽,可以包括该感官性质的所有强度范围,同时精确度要足够高,可以表达两个样品之间的细小差别。②对评价员进行全面培训,熟悉掌握标尺的使用。③不同的评价员在不同的评价中的使用的参照标尺要一致,以保证结果的一致性。

描述性分析常用的标度有3种。①类别标度:描述性分析中常用的类别是0～9。②线型标度:与类别标度一样常用,其优点是能够更加精确地表示强度;其缺点是重复性不是很好,因为记住标尺上的准确位置不像记数字那么容易。③量值估计标度。

7.2.3　呈现的次序——时间方面

在评价时,除了考虑样品的感官特性和这些特性的强度之外,评价员还需要将产品之间的这些差别按照一定的顺序识别出来。与口腔、皮肤、纤维质地等有关的物理特性出现的次序通常和样品被处理的方式有关,也就是与评价员给予样品的力有关。通过控制施力的方式,比如咀嚼或用手挤碎,评价员一次只能使有限的几个感官特性表现出来(硬度、稠密性、变形性)。由于化学因素(气味和风味)的存在,样品的化学组成和它的一些物理性质(温度、体积、浓度)可能会改变某些性质被识别的顺序。在某些产品中,它的感官特性出现的顺序就能说明该产品含有的气味、风味及其强度,比如饮料。

按顺序出现的感官特性也包括后/余味和后/余感,即产品被品尝或触摸之后仍然留有的感觉,它们也是重要的感官特性。有时在对产品的描述中会出现与后/余味和后/余感有关的性质,比如,漱口液或口香糖残留的凉爽感就是我们想要的品质。如果可乐饮料有金属残余味,则表明可能存在包装被污染的问题或某种特殊甜味剂有问题。

7.2.4　总体感觉——综合方面

除了能对产品的性质进行定性、定量的区别和描述之外,评价员还要能够对产品的性质做出总体评价,进行总体评价通常有以下四个方面。

1. 气味和风味的总强度

对所有气味成分(能够感觉到的挥发性成分)或所有风味的总体强度的测量,包括气味、滋味和与风味有关的感觉因素。这样的评价对于确定产品的气味或风味强度的消费者实验十分有用。

2. 综合效果

综合效果即一种产品中的几种不同的风味物质相互作用的效果。这种评价工作通常只有培训程度比较高的评价员才能完成，因为进行这种评价应对各种风味物质在体系中的存在、在混合体系当中的相对强度以及它们在体系当中的协调情况有着全面、综合的理解。对于有的产品来说，混合的口味并不可取，而是突出某种口味可能更好一些。

3. 总体差别

许多生产企业经常要确定样品和参比样或标准品之间是否存在差别，而描述性分析可以为产品之间的差异提供更详细的信息，如哪些感官特性之间存在差异，差异的程度是多少等。

4. 喜好程度分级

在所有的描述工作结束之后，要求评价员回应对产品的喜好情况。在一般情况下，不建议这样做，因为经过培训之后，评价员已经不再是普通的消费者，他们的喜好情况已经不是培训之前的状态，无法代表任何一种人群，因此他们的喜好没有什么实际意义。

7.3 检验方法

在过去的几十年中，许多描述性分析检验方法得到了发展，其中一些作为标准方法延续至今。这些方法分为定性与定量两类，它们之间可以相互转换。每个感官分析工作者都可以根据实际需要选择甚至发明其他的描述性分析方法。有人将描述性分析法做如下分类，见表 7-1。

表 7-1 描述性分析检验方法的分类

定性方法	定量方法
风味剖面法	质构剖面法
产品专家（香味专家、风味专家、酿造专家等）	定量描述分析法
	频谱分析法
	自选剖面法
	诊断描述分析法

如表 7-1 所列，可用于描述性分析的方法范围是相当广的。其中的诊断描述分析法是一种范畴很广的方法，包含了许多不同的方法。

7.3.1 风味剖面法

风味剖面法由 Arthur D. Little 公司于 20 世纪 40 年代创立，是最早被证实为定性的描述性分析方法，且可能也是最广为熟知的感官评价方法。它是第一个正式的描述性分析方法，可减少对专家的依赖。

风味剖面法采用4～6名经过筛选并合格的评价员组成评价小组，对一个产品的能够被感知的所有气味和风味、强度、顺序以及余味进行描述、讨论，达成一致意见之后，由评价小组组长进行总结，并形成书面报告。这种方法对产品开发技术人员的最大好处就是产生报告结果的速度非常快。

在评价时，评价员单独品评样品，一次一个，对样品所含的气味和风味的感官特性、特性强度、出现顺序和余味进行评价，记录结果。评价时，某一个产品可以要求提供多种的样品，但已经评价的样品不能再次被评价。每个人的结果最后都交给评价小组组长，由他带领其他评价员进行讨论，综合大家的意见，对每个样品都形成一份经商讨而决定的结果，包括该样品所含有的感官特性、强度、出现顺序和余味。

在这种方法中，评价小组组长的地位比较关键。这个方法的关键人物就是评价小组的领导，他承担了评价的协调工作，参与讨论、样品的准备和结果的报告。如果没有一些独立的约束控制，小组领导将会对评价产生显著的影响。为了减少个人因素的影响，评价小组的组长应该由评价员轮流担任。

[例1] 添加磷酸三钠会提高肉制品的口感，抑制氧化的发生，从而减少氧化味道，但可能产生其他不良口味。为了评估某火鸡肉馅饼添加了0.4%的磷酸三钠后的口味，现对该制品进行风味剖面评价。

样品：略。

评价员：评价小组由6名受过培训并有过相关经验的人员组成，由于他们已经受过类似培训，所以只在实验前进行2 h左右的简单培训，主要是熟悉可能出现的风味。

检验步骤：使用标度表示为)(＝阈值；1＝轻微；2＝中等；3＝强烈。以上标识后面跟＋和－表示高于或低于，比如2＋表示高于中等强度，但还达不到强烈的程度。首先，由每个评价员对所有样品就存在风味、出现顺序及风味强度进行评价；其次，大家一起讨论，连续几天重复以上过程，直到所有的评价员对样品风味、风味出现顺序和强度达成一致意见；最后，对样品进行最后一次正式实验，以确保大家的意见没有出入。

检验结果：大家形成的描述词汇、定义及参比样见表7-2，产品最终的风味剖面结果见表7-3。

表7-2　添加了磷酸三钠的火鸡肉馅饼的风味描述词汇、定义及参比样

风味	定义	参比样
蛋白质味	明显的蛋白质的味道（如奶制品、肉类、大豆等），而不是碳水化合物或脂类的味道	
肉类味	明显的瘦肉组织的味道（如牛肉、猪肉、家禽），而不是其他种类的蛋白质的味道	
血清味	肉制品中与血有关的味道通常和金属味同时存在	用微波炉将新鲜的鸡大腿加热，使其内部温度达到50 ℃的味道＝2
金属气味	将氧化的金属器具（如镀银勺）放入口中的气味	

续表 7-2

风味	定义	参比样
金属感觉	将氧化的金属器具(如镀银勺)放入口中的感觉	0.15%硫酸亚铁溶液＝2
家禽味	明确的家禽肉类的味道，而不是其他种类的肉	用微波炉将新鲜的鸡大腿加热到 80 ℃的味道＝2
肉汤味	煮制的非常好的肉类汁液的味道，如果能够分辨出是哪一种肉，可以标明××肉汤	Swanson 牌子的鸡肉汤的味道＝1
火鸡味	明确的火鸡肉，而不是其他种类的家禽肉的味道	用微波炉将新鲜的火鸡大腿加热到 80 ℃的味道＝2
器官部位肉味	器官组织，而不是鸡肉组织的肉的味道，比如心脏或胗(胃)，但不包括肝	用清水在小火下将鸡心完全煮熟然后切碎的味道＝2
苦味	基本味道之一	0.03%咖啡因溶液＝1

表 7-3　火鸡馅饼的风味剖面结果

风味	强度	风味	强度
蛋白质	2－	火鸡味	1
肉类	1	器官部位肉味	1－
血清	1	金属(气味和感觉)	1
		苦味	)(
金属(气味和感觉)	1－	余味	
家禽味	1＋	金属感觉	2－
肉汤味	1－	家禽味	1－
		火鸡味	)(＋
		器官部位肉味	)(＋

［**例 2**］　对市售的主要淡水鱼进行风味研究。

样品：将 6 种市售淡水鱼(虹鳟、鳕鱼、草鱼、银鲑、河鲶、大口鲈鱼)切片、烤制。各种鱼的规格和烤制温度、步骤皆相同，具体操作略。

评价员：评价小组由 6 名受过培训并有过类似评价经验的评价员组成，在正式实验前进行大约 5 h 的简单培训，以熟悉可能出现的各种风味词汇。

检验步骤：实验使用 1～10 点标度，1＝阈值，10＝强度非常大，没有使用 0，因为如果风味强度为 0，则该风味不会被觉察到，即不会出现。评价员进行单独品尝，每人按相同大小咬一口样品，就风味、出现顺序、风味强度进行记录，样品吞咽 60 s 后进行余味的评价。在单独品尝结束之后，进行小组讨论，每种鱼要进行 3～6 次为期 1 h 的评价，达成一致后，形成最终风味剖面结果。

检验结果：评价小组形成的描述词汇、定义及参比样见表 7-4，各种鱼的最终的风味剖面结果见表 7-5。

表 7-4　各种淡水鱼的风味描述词汇、定义及参比样

风味	定义	参比样
总体风味	风味的总体感觉包括对风味的印象、风味的持续性以及各种风味之间的平衡和混合情况	
涩味	化学的感觉之一，表现为口感收敛、干燥	0.1%的明矾溶液＝7
苦味	基本感觉之一	0.03%的咖啡因溶液＝3
玉米味	罐装甜玉米的典型风味	Libby's 牌子的罐装玉米＝10
奶制品	牛奶制品的味道	牛奶(乳脂肪 2%)＝6
腐败的植物味	腐败植物的霉味	将新鲜的绿色玉米外壳放入密闭容器中，在室温下放置 1 周的味道
土腥味	生马铃薯或潮湿的腐殖土壤的轻微的发霉的味道	生蘑菇＝8，切片的爱尔兰白色马铃薯＝6
鱼油	市售鱼油、罐装沙丁鱼或(鳕)鱼肝油的味道	Rugby 牌子的(鳕)鱼肝油＝10，1 个胶囊装的鳕鱼肝油(Rugby)＋20 mL 的大豆油＝3
鲜鱼	煮熟的新鲜鱼的味道	实验前 1 h 装瓶的 Elodea(一种水生植物)的味道＝7
金属味道	将氧化银或其他氧化金属器具放入口中的味道	
金属感觉	将氧化银或其他氧化金属器具放入口中的口感	0.15%硫酸亚铁溶液＝3
坚果/奶油	切碎的坚果味，如核桃或熔化的奶油味	去壳的核桃＝9
油味	大豆油的气味	大豆油的气味＝4
咸味	基本味道之一	0.2% $NaCl$ 的水溶液＝2，0.5% $NaCl$ 的水溶液＝5
甜味	甜的物质，如花、成熟的水果、焙烤制品的味道	C&H 牌子的红糖的味道
白肉味	明确的白色瘦肉组织的肉的味道，而不是其他类型的肉或蛋白质	在微波炉中加入 80 ℃的鸡胸肉的味道＝2

表 7-5　风味剖面结果[①]

虹鳟		鳕鱼		草鱼		银鲑		河鲶		大口鲈鱼	
风味	强度	风味	强度	风味	强度	风味	强度	风味	强度	风味	强度
总体风味	7	总体风味	9	总体风味	6	总体风味	8	总体风味	8	总体风味	6
咸味	2	咸味	1	鲜鱼味	5	鲜鱼味	6	咸味	1	咸味	2
鲜鱼味	7	鲜鱼味	7	土腥味	3	鱼油味	3	鲜鱼味	7	鲜鱼味	5
鱼油味	5	白肉味	7	金属味	3	咸味	2	土腥味	6	土腥味	2
白肉味	5	甜味	3	金属感觉	3	苦味	3	腐败的	1	白肉味	5
坚果/奶	4	玉米味	3	白肉味	7	金属味	3	植物味		坚果/奶	2
油味		奶制品味	3	坚果/奶	4	金属感觉	4	玉米味	3	油味	

续表 7-5

虹鳟		鳕鱼		草鱼		银鲑		河鲶		大口鲈鱼	
风味	强度	风味	强度	风味	强度	风味	强度	风味	强度	风味	强度
甜味	2	坚果/奶	5	油味		酸味	2	甜味	3	甜味	2
金属味	3	油味		油味	2	白肉味	6	坚果/奶	5	金属味	2
金属感觉	2	油味	5	苦味	2	坚果/奶	3	油味		金属感觉	2
涩味	2	金属味	5			油味		白肉味	4		
		金属感觉	2			甜味	2	油味	4		
						油味	3	苦味	1		
								酸味	1		
								金属感觉	1		
余味		余味		余味		余味		余味		余味	
鱼油	3	鲜鱼味	4	白肉味	3	鲜鱼味	3	土腥味	2	鲜鱼味	3
鲜鱼	3	白肉味	4	金属味	2	白肉味	3	鲜鱼味	2	白肉味	2
金属感觉	2	金属味	1	金属感觉	2	金属味	2	金属感觉	1	金属味	1
涩味	1					金属感觉	2	涩味	2		
金属味	1					苦味	2				

注：①1＝阈值，10＝强度非常大。

［例 3］　某食品公司将他们目前生产的含有青刀豆和奶酪的卷饼和市场上畅销的该类卷饼进行了风味剖面实验，包括风味特征、出现顺序和相对强度。

样品：略。

评价员：略。

检验步骤：使用 15 点标度法对强度进行标度，1＝阈值，15＝强度极大。递增单位为 0.5。其他步骤同例 1 和例 2。

检验结果：风味剖面结果见表 7-6（风味描述词汇、定义及参比样略）。

表 7-6　两种含有青刀豆和奶酪的卷饼的风味剖面结果

公司目前产品			市场畅销产品			公司目前产品			市场畅销产品		
序号	风味指标	强度	序号	风味指标	强度	序号	风味指标	强度	序号	风味指标	强度
1	总体风味	8.0	1	总体风味	11.0	10	红辣椒味	2.5	10	小麦味	5.0
2	奶油味	7.0	2	总体辣味	5.0	11	加工奶酪味	2.5	11	烘烤味	4.0
3	总体辣味	4.0	3	牛至味	3.0	12	尖椒味	2.5	12	加工奶酪味	2.5
4	小茴香味	3.0	4	龙蒿味	2.0	13	油腻味	3.0	13	尖椒味	2.0
5	肉味	5.0	5	姜黄味	2.0	14	烧烤味	2.0	14	烧烤味	5.5
6	斑豆味	10.0	6	黑胡椒味	2.5	15	咸味	7.0	15	咸味	8.0
7	小麦味	4.0	7	鸡肉味	5.0	16	酸味	2.5	16	酸味	2.5
8	面团味	4.5	8	斑豆味	4.0	17	苦味	3.0	17	苦味	2.5
9	新鲜洋葱味	4.0	9	干洋葱味	3.0						

注：牛至和龙蒿均为有特殊香味的草本植物。

7.3.2 质构剖面法

国际标准组织将食品质地定义为：通过机械、触觉、视觉和听觉感受器所能感受到的产品的所有流变学和结构（几何和表面上的）上的特性。这个定义包含的内容有以下几个方面。

①质地是一种感官性质，只有人类才能够感知并对其进行描述，质地测定仪器能够检测并定量表达的仅是某些物理参数，要想使它们有意义，必须将其转变成相应的感官性质。

②质地是一种多参数指标，包括很多方面，而不只是某一项性质。

③质地是从食品的结构衍生出来的。

④质地的体会要通过多种感受，其中最重要的是接触和压力。

质地可以用来表示食品质量。在一些食品当中，能被人感知的质地是产品最重要的感官特性。对于这些产品而言，能够感知的质地的缺陷会对产品产生很负面的影响。比如，枯萎的菠菜、湿乎乎的薯片、皱缩的葡萄、软塌塌的炸牛排、发蔫的青椒，没有消费者愿意购买这样的产品，因此，食品质地十分重要。

从分类上讲，质地可分为听觉质地、视觉质地和触觉质地。听觉质地有脆性和易碎感，脆性一般是指含水分的食品，比如水果、蔬菜，而易碎感是指干的食品，比如饼干、薯片。视觉质地是指食品的表面质地，如粗糙度、光滑度，也包括一些表面特征，如光泽度、孔隙大小多少等。评价员可以根据自己的经验通过视觉对产品做出质地评价。实验表明，通过口腔接触来对蛋糕的水分进行的评价和把蛋糕表面切开的视觉评价的相关性是很高的。触觉质地包括口腔触觉质地（食品的大小、形状）、口感、口腔中的相变化（即熔化，如冰淇淋和巧克力）和触觉手感。

从时间上来讲，质构剖面法是在风味剖面法之后的另一个具有重要意义的描述方法。在风味剖面法的原理基础上，质构剖面法由通用食品研究中心于 20 世纪 60 年代创立，是一种利用工程原理评估一个产品所有的质地特征，从咬第一口到完成咀嚼的整个过程的感官方法，随后由一些感官专家进行了改进。Brandt 及其搭档将质构剖面法定义为：对食品质地、结构体系从其机械、几何、脂肪、水分等方面的感官分析，分析从开始咬食品到完全咀嚼食品所感受到的这些方面的存在程度和出现顺序。这种方法从风味剖面法中借用“外观顺序”的原则，也是一种时间依赖法。时间顺序为：第一，咀嚼之前；第二，咬第一口；第三，第一次咀嚼；第四，咀嚼；第五，剩余阶段。开发质构剖面法的目的是消除评价员的差异，让产品可以和已知物质进行直接的比较以及为使用仪器测量提供条件。Szczesniak 创立了一种质地分类系统，即将消费者常用的质地描述词汇和产品流变学特性联系起来（表 7-7）。她将产品能被感知的质地特征分为 3 类：力学特征、几何图形特征和其他特征（主要是指食品的脂肪和水分含量）。这个分类形成了质构剖面法的基础。

表 7-7 质构参数与通俗用语的关系

机制特征		
主参数	副参数	俗语
硬度		软、坚固、硬
黏着性	脆性	粉碎性、易碎性、脆的
	咀嚼性	柔软性、软黏性、坚韧的
	胶黏度	脆的、粉的、糊状的、胶状的
黏度		稀的、黏稠的
弹性		塑性、拉弹性
黏附性		黏性的、发黏的、胶黏的

几何特征	
类别	范例
粒子大小和形状	带沙砾的、颗粒状的、粗糙的等
粒子形状和类别	纤维状的、多空状的、晶状的等

其他特征		
主参数	副参数	俗语
水分含量		干燥的、湿润的、湿的、水样的
脂肪含量	油性	油状的
	油腻	油腻的

如表 7-7 所列，这些信息分为三大类，每一个类别又包含了不同的子类。所有的质构项都已经被明确定义。例如，硬度是指获得特定形状所需的力，黏度是指每单位力所产生的流速。针对每个参数，分别建立了标度，质构剖面法的标度有各种长度，如咀嚼标度的 7 点法、胶质标度的 5 点法、硬度标度的 9 点法，还有 13 点法、14 点法、15 点法等，并且每种标度都会通过一个具体产品来对感觉加以描绘。例如，评价小组把某种品牌奶酪膏的硬度定为等级“1”，而等级“5”则是一个巨型的实心橄榄。除此之外，还有类别标度、线性标度和度量估计标度，它们的具体方法根据实验的具体情况而定。特定的标尺、参比样和对术语的定义是质地分析的 3 个重要工具。

[**例 4**] 对“风味剖面法”中的例 2 的淡水鱼进行质构研究。

样品：同例 2。

评价员：评价小组由 6 名经过培训并有类似评价经验的评价员组成，在正式实验前进行大约 5 h 的简单培训，熟悉各种参比样和可能出现的各种质构词汇。

检验步骤：使用 1～10 点标尺，1 表示刚刚感觉到，10 表示程度非常大。品尝时，首先对样品进行观察，然后咬第一口，评价口感，再咬第二口，评价各项指标出现的顺序，再咬第三口来确定各项质构指标的强度。个人评价结束后，进行小组讨论。以上过程重复 3～4 次，得出最终结果。

检验结果：质构描述词汇、定义、参比样见表 7-8，最终质构剖面结果见表 7-9。

表 7-8　部分淡水鱼的质构评价描述词汇、定义及参比样

质地指标	定义	参比样
咀嚼次数	是样品在口腔中破碎速度的指标。按照一次/秒的速度咀嚼,只用一侧牙齿。每个样品员找到自己的咀嚼次数同 1～10 点标尺的对应关系	
食品团的紧凑性	咀嚼过程中,食品团聚集在一起(成团状)的程度	棉花软糖＝3,热狗＝5,鸡胸肉＝8,热狗＝2,鸡胸
纤维性	咀嚼过程中,肌肉组织成丝状或条状的感觉	肉＝9
坚实性	将样品用臼齿咬断所需的力	鸡胸肉＝1,火鸡＝6
自我聚集力(口感)	将样品放在口腔中咀嚼,用舌头将丝状的样品分开所需的力	火鸡＝2,灌装金枪鱼＝5 know 牌的明胶水溶液＝7
自我凝聚力(视觉/手感)	用工具,如叉子,将样品分成小块所需的力	
多汁性(起源阶段)—	黏稠而又光滑的液体体质	热狗＝5
水分的释放	咬样品时释放出的水分情况	
多汁性(中间阶段)—	咀嚼五次之后,食品团上的液体情况	火鸡＝4,热狗＝7
水分的保持性	在吞噬之前,食品团上的液体情况	
多汁性(终了阶段)—		Nabisco 无盐苏打饼干
水分的保持和吸收情况	咀嚼和吞噬结束之后,口腔中的颗粒情况,可能是	＝3,热狗＝7
残余颗粒	颗粒状、片状或纤维状	蘑菇＝3,鸡胸肉＝8

注:参照样品的准备方法。①鸡胸肉:新鲜鸡胸肉用微波炉加热到 80 ℃。②火鸡:Dillons' 牌子的无盐、低脂鸡胸肉,切成 1.3 cm 见方的小丁。③明胶:1 勺 Knox 牌的明胶用 3 杯水溶解,冰箱过夜,室温呈送。④热狗:热水煮4 min,切成 1.3 cm 的片,温热时呈送。⑤蘑菇:生的口蘑,切成 1.3 cm 见方的小丁。

表 7-9　部分淡水鱼的质构剖面结果

质地指标	虹鳟	鳕鱼	草鱼	银鲑	河鲶	大口鲈鱼
自我凝聚力(视觉/手感)	4	6	8	6	4	5
胶黏性	2	3	1～3	2	7	2
多汁性(初始阶段)	5	5	8	7	8	6
自我凝聚力(口感)	6	7	9	6	8	6
坚实性	8	6	7	6	4	6
纤维性	7	6	8	8	4	8
多汁性(中间阶段)	5	5	8	6	8	6
食物团的紧凑性	7	6	8	8	7	7
多汁性(终了阶段)	3	4	6	5	7	5
残余颗粒	6	4	6	7	4	4
咀嚼次数	7	6	7	6	7	8

[例 5] 对 3 种乳清分离蛋白胶体进行质构评价。

样品:3 种乳清分离蛋白胶体 A,B,C(准备过程略)(原例中共 16 种产品,这里只选 3 种)。

评价员:选取 11 名评价员(3 名男性、8 名女性),平均年龄为 18～40 岁,对质构剖面有一定经验。

培训:在实验前,评价员接受 10 次,每次为期 1 h 的培训,培训用样品为能代表所有实验样品的各种胶体物质。首先由每名评价员对所提供样品进行品尝,形成一份描述词汇表及定义,然后大家一起讨论,在培训结束时,形成一份正式描述词汇及定义(表 7-10)。

表 7-10 乳清分离蛋白胶体的质构描述词汇及定义

质地指标	定义
表面光滑度	在咀嚼之后舌头感觉到的样品的光滑程度
表面滑度	在咀嚼之前舌头感觉到的样品的滑溜溜的程度
弹性	样品在受到舌和上颚之间的部分挤压后恢复到原来形状的程度
可压缩性	样品在受到舌和上颚之间的部分挤压发生断裂之前变形的程度
坚实性	在臼齿将样品咬断所需的力
水分释放	在用臼齿对样品咬第一口时,样品中水分释放的程度
易碎性	在用臼齿对样品咬第一口时,样品断裂成小碎片的程度
颗粒大小	在咀嚼 8～10 次之后,样品颗粒的大小
颗粒大小的分布	在咀嚼 8～10 次之后,样品颗粒大小的分布情况
颗粒性状	在咀嚼 8～10 次之后,不规则形状样品颗粒的存在程度
光滑性	在咀嚼 8～10 次之后,样品团的光滑程度
食物团的紧凑性	在咀嚼过程中,食物团聚集在一起的程度
样品断裂速度	样品断裂成越来越小部分的速度
粗糙感	在咀嚼过程中,感到的样品的发渣性
黏着性	在咀嚼过程中,样品黏牙的程度
湿度	完全咀嚼后,口腔中的水分含量
咀嚼次数	在样品能够被吞咽前,需要咀嚼的次数
咀嚼时间/s	在样品能够被吞咽前,需要咀嚼的时间

正式评价:每名评价员在单独的品评室内进行评价,每名评价员得到的样品规格皆一致,呈送顺序和品评顺序皆随机。实验所用标尺为 15 cm 长的直线,直线的端点分别为“没有”和“非常大”。

检验结果:将直线用专门处理软件转换成数值,并将结果进行统计分析,见表 7-11。

表 7-11 三种乳清分离蛋白胶体的质构剖面结果

质地指标	样品 A	样品 B	样品 C	质地指标	样品 A	样品 B	样品 C
咬的过程				易碎性	0.8^{g}	8.6^{d}	2.9^{e}
表面光滑性	12.1^{a}	2.8^{f}	8.9^{c}	颗粒大小	11.2^{a}	4.5^{c}	10.6^{ab}
表面滑度	12.4^{a}	2.9^{e}	8.4^{d}	颗粒大小分布	2.6^{ef}	8.8^{d}	2.0^{f}
弹性	11.7^{ab}	2.9^{e}	6.8^{d}	颗粒形状	9.1^{c}	3.8^{d}	11.2^{a}
可压缩性	10.6^{a}	2.4^{g}	4.3^{e}	食物团的光滑性	11.5^{a}	2.3^{f}	8.1^{c}
坚实性	3.4^{g}	10.5^{a}	11.0^{a}	食物团的紧凑性	1.9^{f}	8.4^{b}	1.7^{c}
				断裂速度	2.2^{ef}	7.4^{d}	1.6^{f}
嚼的过程				粗糙性	0.7^{ef}	9.0^{bcd}	1.5^{e}
水分释放	1.2^{de}	4.7^{c}	1.7^{de}	黏着性	0.8^{cd}	9.5^{b}	1.2^{c}

注:①该结果节选自 16 种乳清分离蛋白胶体的质构分析结果;②同一行中的上标无相同字母的数值之间具有显著差异。

7.3.3 定量描述分析法

在20世纪70年代,美国Targon公司创立了定量描述分析(quantitative descriptive analysis,QDA)法。所有的描述性分析方法都使用20名以内的评价员。对于QDA法来说,建议使用10～12名评价员,这是根据大量的实践经验总结出来的适用于所有产品的定量描述分析的最佳评价员人数。

评价人员要具备对实验样品的感官性质的差别进行识别的能力。在正式实验前,要对评价员进行培训。首先,描述词汇的建立,召集所有的评价员,对样品进行观察;其次每个人都对产品进行描述,尽量用他们熟悉的常用词汇,由小组组长统计,分组讨论,对刚才形成的词汇进行修订,并给出每个词汇的定义;要重复7～10次;最后,形成一份大家都认可的描述词汇表。

在这个建立描述词汇的过程当中,评价小组组长只起到一个组织的作用,为评价小组提供所需要的物资,诸如参比样和产品样品等,不参加最终的产品评价。他不会对小组成员的发言进行评论,不会用自己的观点去影响小组成员,但是小组组长可以决定何时开始正式实验,即评价小组组长可以确定评价小组是否具有对产品评价的能力。

有时描述词汇是现成的,如食品公司对其主要产品已经形成了一份描述词汇表。在这种情况下,评价员只需熟悉描述词汇及其定义即可,这个过程较快,一般只要2～3次,每次历时1 h。正式实验前的培训时间没有严格的规定,可以根据评价员的素质和评价的产品自行决定。

在培训结束后,要形成一份大家都认同的描述词汇表,而且要求每个评价员对其定义都能够真正理解。这个描述词汇表在正式实验时使用,要求评价员对产品的每项性质(每个词汇)进行打分。使用的标度是一条长为15 cm的直线,起点和终点分别位于距离直线两端1.5 cm处,一般是从左向右强度逐渐增加,如弱到强,轻到重。评价员的任务就是在这条直线上做出能代表产品该项性质强度的标记。

在正式实验时,为了避免互相干扰,评价员在单独的品评室对样品进行评价;实验结束后,将标尺上的刻度转化成数值输入计算机,也可以使用类别标度。与风味剖面法不同,QDA的结果不是通过讨论综合大家意见而得到的一种一致性的结果,而是经过统计分析得到的。评价员有必要对他们的评价结果重复进行,有时需要6次以上。这样就需要感官科学家对单个评价员和整个评价小组的一致性进行检验。结果的重复性也允许单个评价员通过产品进行单向的方差分析。

QDA的结果通过统计分析得出,一般都附有一个蜘蛛网形图表,由图的中心向外有一些放射状的线,表示每个感官特性,线的长短代表强度的大小。比如,对新鲜草莓和用保鲜剂处理的草莓进行感官评价,所得结果见图7-1。目前的QDA法使用PCA(principal component analysis)分析较多。QDA法使“以人作为测量仪器”的概念前进了一大步,且图表的使用使结果更加直观。

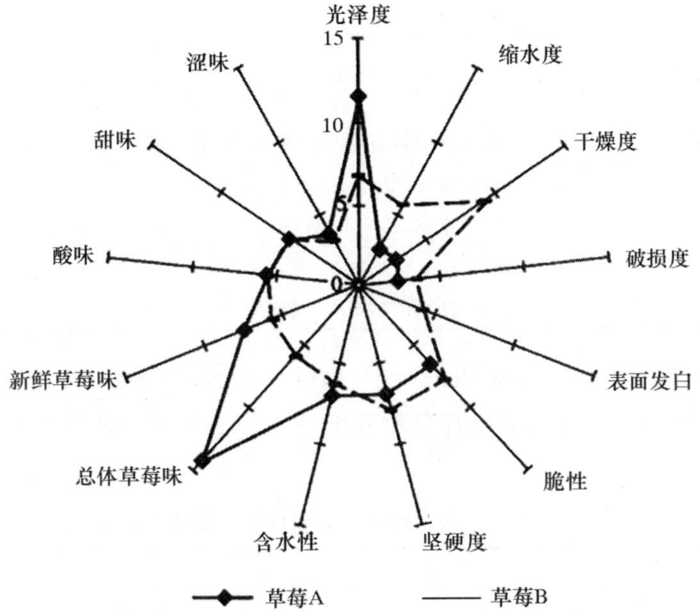

图 7-1　两种不同处理的草莓风味的 QDA 数据的蜘蛛网示例

［例 6］草莓涂膜之后在存放期间的感官分析。

检验样品：新鲜草莓；未经处理存放 1～2 周的草莓；涂膜剂 1 处理后分别存放 1～3 周的草莓；涂膜剂 2 处理后分别存放 1～3 周的草莓，用 QDA 法对产品进行分析。

评价员的筛选：按照对描述性分析评价员的筛选方法，选出 9 名合格并且经常食用草莓的教工作为该实验的评价员。

评价员的培训：选取具有代表性的草莓样品，由评价员对其观察并品尝，每人轮流给出描述词汇，并给出词汇的定义，经过 4 次讨论，每次 1 h，最后确定草莓的描述词汇（表 7-12），使用 0～15 的标尺进行打分。

正式检验：在检验开始前 1 h，将样品从冰箱中取出，使其升至室温，每种草莓样品用一次性纸盘盛放（2 个/盘），并用 3 位随机数字编号，同答题纸一并随机呈送给评价员。

评价员在单独的品评室内品尝草莓，对每种样品就各种感官指标打分，实验重复 2 次进行。

表 7-12　草莓涂膜之后在存放期间的感官分析部分描述词汇

指标	定义
外观	
光泽度	表面的反光程度
干燥情况	表面缩水的程度
表面发白情况	表面有白色物质覆盖的程度
质地	
坚实度	用臼齿将样品咬断所需的力
多汁情况	将样品咀嚼 5 次之后，口腔中的水分含量

续表 7-12

指标	定义
风味/基本味道	
总体草莓香气	总体草莓风味感觉(成熟的,未成熟的,草莓酱,煮熟的草莓)
甜度	基本味觉之一,有蔗糖引起的感觉
酸度	基本味觉之一,由酸(乙酸、乳酸等)引起的感觉
余味	
涩度	口腔表面的收缩,干燥、缩拢感

将每名评价员的两次实验的结果进行平均,得到每名评价员对各种草莓样品评价的平均分,使用 PCA 分析,实验结果和具体分析方法:9 名评价员对 9 种草莓样品感官评价的平均分见表 7-13。

表 7-13　9 名品评人员对 9 种草莓样品感官评价的平均分

评价员	样品	光泽度	干燥	表面发白	坚实度	多汁	总体草莓香气	酸度	甜度	涩度
1	未处理 1 周	7.25	6	0	9.75	7.5	7.75	9.25	7	6
1	未处理 2 周	8	7.25	0	7	5.25	6.75	5.75	7.5	5
1	新鲜	10.25	3.25	0.5	7.75	6.5	7.5	8.25	7	4.5
1	涂膜 A1 周	7.75	10.25	0	9	5.75	7.75	7	4.75	5.75
1	涂膜 A2 周	7	7.25	0	6.25	8.75	8.5	6.75	9.5	4.5
1	涂膜 A3 周	5.25	10	3.5	10.25	6	7.5	8.25	6.5	5.75
1	涂膜 B1 周	5.25	5.5	3.25	7	7.25	7.75	5.75	5.75	4.5
1	涂膜 B2 周	2.75	11	5.5	6.25	7.5	8	4.75	8.25	4.75
1	涂膜 B3 周	7	10.75	4.5	7.75	5.75	8	5	8	4.75
2	未处理 1 周	9.25	5.5	0	5.5	4.5	8.75	4.25	6.5	3.75
2	未处理 2 周	8	7.5	0	6.5	5.5	7.5	5.5	5.75	4
2	新鲜	9.5	2.75	0	6	5.75	8.25	4.25	6.25	4.5
2	涂膜 A1 周	10	7.75	0	4.5	5.5	6	4.75	4.5	4.75
2	涂膜 A2 周	10.5	5.5	0	4.25	6	7.5	4	5	4
2	涂膜 A3 周	7.25	9	0	6.5	5	8.5	4.25	6.75	4.25
2	涂膜 B1 周	5	7.75	0	5.5	6.75	7.5	4.5	5.25	4
2	涂膜 B2 周	3	8.25	0	6.75	4.25	7	4.75	6.25	4.75
2	涂膜 B3 周	7.25	10.75	0	5.75	5.25	8.54	4	6.25	5
3	未处理 1 周	7	6	1.5	4	4.25	5.75	5.75	4	4
3	未处理 2 周	5.75	9.25	0	5.75	3.75	5.25	4.5	4.25	5.5
3	新鲜	9.5	5.5	0	4.75	2.5	6.75	5	4.25	5
3	涂膜 A1 周	7.25	8.5	3	5.5	2.75	3	5.75	2.5	6.25

续表 7-13

评价员	样品	光泽度	干燥	表面发白	坚实度	多汁	总体草莓香气	酸度	甜度	涩度
3	涂膜 A2 周	8.5	7.25	0.5	6	4.5	5.75	5.25	4.75	6.25
3	涂膜 A3 周	5.75	10	6.5	6	2.5	5.25	4.75	4.25	5
3	涂膜 B1 周	4.25	8.75	7.5	3.75	5.25	7.25	5.25	4.75	5.75
3	涂膜 B2 周	3.5	8.5	6.5	3.25	3.75	4.5	3.75	5.25	5
3	涂膜 B3 周	7.5	10	4.75	5.5	5	4.75	4.5	4	5.75
4	未处理 1 周	8.25	6	0	5.75	6.5	7	3.5	5	1
4	未处理 2 周	6.25	8.75	0	3.75	6.75	5.5	3.75	3	2.25
4	新鲜	9.75	4.5	0.25	6	7.25	7.5	2.5	5.25	2
4	涂膜 A1 周	8.75	8.5	0	6	5.5	6.5	4.5	4.25	2.5
4	涂膜 A2 周	9	6	0	4	7	6	4.75	4.5	3.5
4	涂膜 A3 周	7.75	11.25	5.25	6.75	5.5	6.5	6	5	3
4	涂膜 B1 周	5	10.75	3	6	6.25	6	3.5	3.75	1.5
4	涂膜 B2 周	4	10.75	6	4.75	5.25	5.75	4.5	4	2.75
4	涂膜 B3 周	8.5	12.25	5.75	5	5.5	5.75	3.75	4.5	1.75
5	未处理 1 周	8	3.5	0	2.75	3.5	7	5.75	6	0.25
5	未处理 2 周	6	5.5	0	1.5	4.75	5	3	3.25	0
5	新鲜	9	1	0	5.5	3	5.75	6.5	3.5	0.5
5	涂膜 A1 周	8.5	5.5	4	7.5	4.5	6	6.5	3.75	1
5	涂膜 A2 周	8	4	0	3.75	7.75	8.25	5.25	5	1.5
5	涂膜 A3 周	7.5	6.25	5.25	9	3	7.5	7.5	4.25	0.5
5	涂膜 B1 周	6	5.5	5.25	2.5	8.5	7	5.75	3.25	3.5
5	涂膜 B2 周	3.5	10	1.75	5.75	4.75	6.5	5.5	4.5	1.75
5	涂膜 B3 周	9.5	10.5	8.5	7.5	4.75	10.25	4.75	7	0.75
6	未处理 1 周	8.25	3.75	0	9.5	11.25	8.25	6	5	3.25
6	未处理 2 周	4.5	6.75	0	7.75	11.25	7.75	6.5	4.75	4.5
6	新鲜	6.5	1.5	0	8.75	12	8.75	6	5.25	3.25
6	涂膜 A1 周	9.75	7.75	0	9.25	9.5	6	5.25	5.5	3.25
6	涂膜 A2 周	11	6.5	0	8.75	11.5	7.75	5.75	4.5	3
6	涂膜 A3 周	6	10	6	10.25	11.25	7.25	5.25	5	2.75
6	涂膜 B1 周	6	5.75	6.75	8	11.5	8.25	6.75	4.75	4.25
6	涂膜 B2 周	2.75	9.5	10	8.5	11.5	7.75	4.75	5.5	2.5
6	涂膜 B3 周	7.5	9.25	5	11.5	11.5	8.25	7	5.25	5
7	未处理 1 周	7	8	0	5.75	6.25	7.25	4.75	3.5	4
7	未处理 2 周	5.5	10.25	0	7.5	7	5.75	4.25	3	4.25
7	新鲜	10	5.25	0	6.5	7.25	8.5	4.5	3.75	4.25

续表 7-13

评价员	样品	光泽度	干燥	表面发白	坚实度	多汁	总体草莓香气	酸度	甜度	涩度
7	涂膜 A1 周	7.75	10.5	0	7	7	3.75	4.25	3.75	4
7	涂膜 A2 周	10.25	10	0	6.5	7.5	5.75	3.25	3.5	3
7	涂膜 A3 周	7.75	9.75	3	7.75	5.75	6.25	3.75	3.5	3.25
7	涂膜 B1 周	7	9	4.5	5.5	8.25	8.25	3.75	3.75	3.5
7	涂膜 B2 周	3	11	7.25	7.5	6.25	3.25	4.25	3.25	4
7	涂膜 B3 周	6.5	10.75	4.75	10.25	6.25	8	4.25	3.5	3.75
8	未处理 1 周	8.5	1	0	6	8.75	8.75	5	7.25	3.5
8	未处理 2 周	2.25	7.25	0	7.75	7.5	6.75	4.25	4.25	4
8	新鲜	7.75	1	0	7.25	7.5	8.5	3.75	5.75	2.75
8	涂膜 A1 周	6.25	6.75	0	6.5	8	7.5	3.25	5.5	2
8	涂膜 A2 周	7.75	2.75	0	4.25	9.25	7.75	4.25	5.25	2.5
8	涂膜 A3 周	4.75	9.25	3.75	6	8.75	8.75	3.25	6.5	2
8	涂膜 B1 周	6.75	4	2.5	8	6	7.5	5.25	5	3.75
8	涂膜 B2 周	2	12	5.5	6.25	8.5	8.75	4.25	5.5	3
8	涂膜 B3 周	4.25	12.75	3.5	7.75	8.5	10	3.75	7.75	3.25
9	未处理 1 周	7	0.75	0	7.75	7.5	10.25	8.75	3.5	4.5
9	未处理 2 周	7.5	3.5	0	5	8	8.5	5.5	8.25	3.75
9	新鲜	12	0.5	0	6.5	8.25	10.25	8	4.25	5.5
9	涂膜 A1 周	13.25	3.25	0	7.25	5	5	7.75	5.25	0.5
9	涂膜 A2 周	12.5	1.5	0.25	7.75	8	9	3.75	6.75	5
9	涂膜 A3 周	8.25	7.25	2	8	6	5	6.75	4.5	1.5
9	涂膜 B1 周	7.25	2	4	4.5	12.25	12	3.5	7.5	1
9	涂膜 B2 周	0.75	8.5	8.5	6.5	4.75	5.25	5.5	5.5	0.75
9	涂膜 B3 周	6.75	10	7.25	5.75	4.75	8.25	6	6.25	4

将上面数据输入 SPSS 软件，按照这些步骤进行分析得到，3 个特征值>1 主要成分，而 PC1、PC2 和 PC3，它们对结果的解释分别占 22.829%、123.1%和 17.023%，这三种因素对结果的累计百分比为 61.975%(表 7-14)。各成分中的主要感官指标如表 7-15 所列(负荷系数绝对值>0.4)。

表 7-14　草莓感官分析的主要成分　　%

PC	特征值	初始结果方差百分比	累计百分比	PC	特征值	旋转之后结果方差百分比	累计百分比
1	2.344	26.043	26.043	1	2.055	22.829	22.829
2	1.872	20.797	46.84	2	1.991	22.123	44.952
3	1.362	15.135	61.975	3	1.532	17.023	61.975

续表 7-14 %

PC	特征值	初始结果方差百分比	累计百分比	PC	特征值	旋转之后结果方差百分比	累计百分比
4	0.994	11.045	73.02	4			
5	0.814	9.047	82.067	5			
6	0.62	6.885	88.952	6			
7	0.46	5.109	94.06	7			
8	0.302	3.359	97.419	8			
9	0.232	2.581	100	9			

注：该表只列出了 PC1～PC3 的旋转之后结果方差百分比，未列出 PC4～PC9 的相关数值。

表 7-15 主要因素上的感官指标分布

主要特征	PC1	PC2	PC3	主要特征	PC1	PC2	PC3
干燥				甜度		0.690	
光泽度	0.871			酸度			0.770
表面发白	−0.799			坚实度			0.719
总体草莓香气	0.795	0.872		涩度			0.634
多汁		0.742					

上面的结果表明，在 PC1 中，产品的主要特征是光泽度、干燥和表面发白，其中光泽度处于坐标轴的下方。在 PC2 中，产品的主要特征是总体草莓香气、多汁性和甜，在 PC3 中，样品的主要特征是酸度、坚实度和涩度（略）。将各样品的 3 种因素的数值进行平均（原始值略），结果见表 7-16。

表 7-16 草莓样品的 3 种因素平均值

样品	PC1	PC2	PC3
未处理 1 周	-0.814^{ab}	0.192	0.114
未处理 2 周	-0.101^{bc}	−0.324	−0.210
新鲜	-1.240^{a}	0.177	0.063
涂膜 A1 周	-0.836^{ab}	0.175	−0.265
涂膜 A2 周	-0.428^{b}	−0.786	0.340
涂膜 A3 周	0.584^{cd}	−0.120	0.422
涂膜 B1 周	0.379^{cd}	0.417	−0.369
涂膜 B2 周	1.565^{c}	−0.106	−0.299
涂膜 B3 周	0.891^{dc}	0.350	0.230

注：上标不含相同字母的数值之间具有显著差异。

7.3.4 时间-强度描述分析

对食品的芳香、味道、风味及质地的知觉是动态的，人们所感受的感官特性的强度是随时间而变化的。食品的这种动态特征是由咀嚼、呼吸、唾液分泌、舌头的运动及吞咽过程而引起的。例如，在质构剖面法中，结合食品分解的不同阶段，将其分为第一口、咀嚼和剩余阶段等几个独立部分。葡萄酒评价员常常讨论葡萄酒怎样“在杯中打开”，他们认识到酒的风味是作为酒瓶打开后葡萄酒暴露在空气中的时间函数而变化的。普遍认为消费者对不同甜味剂的可接受程度取决于对蔗糖时间剖面的相似性。在口腔中维持时间过长的甜味剂可能不太为消费者所接受，而能维持长时间风味的口香糖或葡萄酒则是人们所希望的。这些例子证明，食品或饮料的时间剖面是其感官吸引力的重要方面，产品的感官性质的强度会随时间而发生变化，因此，对于这些产品来说，感官性质的时间-强度曲线更能说明问题。时间-强度描述分析是用于估量感官知觉随时间变化的一种方法。

感官标度的一般方法是要求评价小组通过提供的单一测定法对可感知的强度进行评估。这项任务要求评价小组必须能够对时间进行平均化处理，或者将他们变化着的感觉进行积分，提供所需要的单一强度值，或者只估计一个强度峰值，这必然会遗漏重要的信息。例如，两种产品具有相同或相似的时间平均剖面或描述性说明，但不同风味的出现或它们到达各自强度峰值的顺序却不同。时间-强度描述分析为评价小组提供一些机会，让他们随着时间的流逝，能对他们感知的感觉进行标度。因此，这种方法能提供关于可感知感觉潜在的重要信息。评价是重复地(有时是连续地)、自始至终地监测他们感知到的感觉，因此，评价员能够量化这种发生在特定性质上的可持续感知的变化。当跟踪多重特性时，食品、风味或质地的剖面可显示出在吞咽后，食品间随时间变化的差异。

它们可以用于评估这些感官属性：①单一的感官属性。②多个感官属性。③在单一评价过程中的多次曝光。④感知感官属性过程中的定性变化。⑤感知感官属性过程中的快感变化。在这种情况下，评价员只需要接受使用评价工具的基本培训。

设计一个时间-强度描述分析实验需要考虑：①在时间-强度描述分析中，哪个参数是重要的。例如，对于含有人工甜味剂的产品而言，甜味出现的时间是重要的；对于口香糖而言，消失的时间是重要的。②如果有可以满足时间-强度描述分析作用的其他办法，可能会节约时间和其他成本。例如，在 QDA 法中，单一的持续评估不需要时间-强度描述分析就可以提供足够多的信息。③测定期的时间。例如，感官消失的时间、特定的时间和特定的强度所需的时间。时间要能够覆盖关键感官的变化。④测定是否需要一次品尝/使用或者多次品尝/使用。⑤确定是否包括影响关键感官变化的属性。⑥哪个要素需要进行标准化。例如，咀嚼速度的标准、局部施用时摩擦时间间隔标准、设置吞咽时间。⑦合适的测量间隔。例如，如果在感知持续过程中感官没有太大变化，则测量间隔可以更长。⑧合适的数据记录间隔。⑨实验设计。使用典型的设计，但是样品的数量可能受限于评价长度。⑩数据分析复杂性，可能包括曲线均衡。

1. 离散点时间-强度法

这种方法要求评价小组在不连续的时间间隔内(通常由组长进行提示)，重复评估感官强度。这种方法很简单，可用于跟踪风味或质构特征大致的强度变化。评价小组成员应被训练成能按时间提示来评估他们的感觉并在选票上迅速移动。①设定时间间隔。②品尝过程中的不同的点。例如，咬的第一口、咀嚼的第一次、完全咀嚼后、立即吞咽后，评价员在标准的指导下完成特定的程序。③不同状态下的产品。例如，打开一瓶红酒、红酒倒出后、嗅闻一段时间后。这可能是非常复杂的，因为不同的时间点，产品状态会发生变化，例如，在口中的完全融合会发生变化。

这个方法的优势在于接受过典型描述性分析技术培训的评价员在开展这项评价时只需要接受有限的附加培训。在同一时间可以评价多个属性、属性的数量依据测量点之间的时间间隔而定，即在该时间间隔内实际能评估的属性个数。显然，时间提示越快，间隔越短，能评估的特性就越少。该方法以假设食品特性随实际的提示间隔而变化为前提。虽然无法知道评价小组能够达到的精确度，但是由于总有一个反应时间的延迟，这种方法有固有的误差或延迟偏差。离散点时间-强度法在这些情况下是非常有用的，即感官随着时间变化较慢，或者需要较长时间进行评价，例如，超过 5～10 min。在这种情况下，由于评价员在持续的感官评价过程中（持续的时间强度方法）对参比系的记忆逐渐淡化，评价员会逐渐变得不可信，导致变异度的增加。

2. 持续的时间-强度方法

在持续的时间-强度方法中，使用模拟反应装置，如杠杆、游戏杆或计算机鼠标，来移动或用旋钮来转动。这种反应装置通常可改变一个变量，并将结果通过数模转换装置定时反馈。通常使用一台台式计算机就能以任何速率取样的信号按程序输入记录仪。使用图表记录仪也能进行连续记录。无论是连接一台反应装置，还是让受试者用笔在纸上手工做标记，笔移动方向与表示时间的轴的方向是相互垂直的。在这种情况下，走纸的速度可控制记录的详尽情况。如果图纸记录不是同时被送至计算机，曲线就必须手工绘制或稍后再进行数字化处理。

持续的时间-强度方法的培训步骤包括熟悉方法、用具和程序，以确保各个评价员使用的品评方法相同，包括样品的数量、入口方式、样品在口中停留时间、咀嚼方式以及品尝之后对样品的处理方式（吞咽或吐出）；向评价人员介绍该方法及计算机系统的使用，回答评价人员关于检验本身和步骤的问题，评价人员对该方法能有大致的了解，但不能透露关于检验的样品和曲线形状的信息；熟知使用样品时的时间-强度特性差异；学习聚焦于单一属性，评价员能在一个复杂的体系中确认这个属性并进行定量分析；在承担多个任务时，能够同时准确地记录发生的变化，例如，同时咀嚼和记录。用实验样品以外的其他样品进行培训，如要进行风味的品评可以用 4 种基本味觉物质做初步培训，评价人员应熟悉计算机的使用，并练习、掌握对单一感官性质进行捕捉的技能，并使用真实的实验样品进行培训，如果培训人员三次重复实验得出的强度误差在 40%以内，则可以认为达到了实验标准。评价小组的培训考核包括在设定的时间点对评价强度的变化进行评估，尤其是关注 Imax。

3. 暂时性感官主导法

暂时性感官主导分析（temporal dominance of sensations，TDS）记录了多个感官属性随时间的变化，能够检测的感官中的支配顺序。这种方法非常适合多元调查，速度也较快。这和传统的时间-强度法形成了对比，传统的时间-强度法是单独地评价每个属性的强度和独立地对属性进行感知。在TDS法中，16～30名评价员接受了能够辨别约10种属性的培训后，继续评价哪个属性是占主导地位的，并采用直线标度对感知到的强度进行评分。在数据收集过程中，接受过培训的评价小组独立工作，并持续进行，从约10个属性的清单中筛选出占主导地位的属性并对感知到的属性强度进行评分。数据需要重复采集。评价小组的"开始主导时间""感知到的强度评级"和"主导的持续时间"平均数值以产品×属性的矩阵收集整理。数据采用参数化处理和PCA分析。每个感官属性的主导时间采用项目数进行编码，筛选出这段时间内的主导属性。曲线拟合和显著性分析需要使用专用软件。在判定评价过程中，选择频率要显著高于其他的属性，从而被作为主导属性。

7.3.5 自选剖面法

自选剖面法(free choice profiling，FCP)是由 Williams 和 Langron 于1984年创立的一种截然不同的描述性分析方法。这种分析方法无须对评价员进行筛选与培训，并允许他们用自己想用的词语描述被评估的产品，每位评价员的词语与记分卡都是独特的。提出这种方法是为了替代需要花很长时间制定语言以及评价员之间应达成共识所用的传统方法。

自选剖面法的特征：第一，描述词汇形成的方法是一种全新的方法。这种方法是由评价员用自己的语言对样品进行描述，从而形成一份描述词汇表。评价员可以用不同的方法评价产品，他们可以触摸、品尝或闻。他们可以评价形状、颜色、光滑度或者其他令他们感兴趣的刺激。每个感觉用评价员自己发明的术语，在一个标度上进行评估。这些独立产生的术语只需要它们的发明者理解就可以了，而不必要求所有的评价人员都理解。在评价产品时，评价员必须从始至终一直使用这些词汇，每名评价员用他们自己独特的术语单来评价产品。第二，对评价员评分的统计处理。这些数据通过广义普鲁克分析(generalized procrustes analysis，GPA)进行数学处理。

当检验开始时，评价员可以选用任何他们认为可以对样品进行描述的语言，形成一份实验用的正式评价表。这种方法其他的描述性分析方法的不同之处在于对评价员提出的描述性词语不进行取舍，每个人都有自己的词汇表。这种方法的唯一统一之处就是评价员自己选择用来描述样品感官特性的词语。与其他描述性分析方法相比，这种方法的优点克服了其他描述性分析方法的一些缺点，比如，可以避免评价小组的训练，评价员不必使用那些他们并不理解的词汇及其定义；可以加快操作速度，并且成本更少。其缺点是每个独立的评价员用他们自己喜好的描述符对产品进行评价会导致独立的特征来源难以解释或不可能解释；一些评价员会使用很少的描述符，而另一些人则会使用很多的描述符，评价员评估的术语很不一致；标准的单变化统计法和多变化统计法，像方差分析、主要组成分析等都不能使用。FCP已被用于这些物质的分析，如葡萄酒、咖啡、乳酪制品、威士忌、黑加仑子饮料、食用肉、酸溶液、麦芽和贮藏啤酒。

7.3.6 系列描述分析法

系列描述分析法是由 Civille 从风味剖面法和质构剖面法发展而来的，是描述性分析方法的进一步扩展，可以进行全面的定性描述和定量描述。系列描述分析法的独特特征是评价员不形成用于描述产品感官特征的评价小组的特定词汇，而是采用预先定义的、标准词典中的术语进行评价。词典中包括了技术术语和应用于所有产品的术语，用于描述特定产品的语言是经过预先挑选，且保留相同的，用于同一个类项内的所有产品。其目的是结果能更趋于一致。通过这种方法得到的结果不会因实验地点和实验时间的变化而改变，其实用性更强。

在用系列描述分析法进行感官实验之前，都要进行评价员的筛选和培训，评价员可以只对某一种感官特性进行评价，也可以对所有感官特性进行评价。其筛选评价员的方法如同风味剖面法的步骤，即在面试中通过标准阈值、气味和味道识别测试来确定参与者是否有兴趣成为评价小组的一员。差别测试也可以作为一个备选的方法或附加的方法。系列描述分析法的培训活动相当广泛，因为要反映风味剖面法和质构剖面法的基本要求，它特别依赖质构剖面法中使用具体的强度标准对评价员的培训。参比样品固有的变异性以及评价员把自己的感知调整到指定的数值，使该方法的培训过程漫长，共需要 14 周，每周需要 6～8 h，每种形式的培训需要 100 h 或者更多的时间。评价员要面对的是特定产品类项中的多种产品。与质构剖面法一样，评价小组组长需要就产品的成分提供广泛的信息。评价员不仅要探索潜在的化学、流变学和视觉原理，还要考虑这些原理和产品感知之间的相关性。与质构剖面法相似的是，需要为评价员提供可用于描述和产品相联系的感知词汇表（系列描述分析法中称之为词典）。最终的目的是在给定的范畴内建立一个“专家评价小组”，以说明它可以在理解产品特征间潜在技术差异的基础上使用一系列具体的描述符。

评价员使用数字化的强度标度通常为 15 点绝对标度，这种标度采用定义良好的参比样来标示多个点，可以是通用标度或者用于评价特定产品和品牌产品的标度。与质构剖面法一样，它由一系列参比点固定标度组成。在这一过程中，至少会用到 2 个参比点，最好是 3～5 个参比点。选择参比点用来代表标度连续统一体上的不同强度，就像用 pH 缓冲溶液校正 pH 计一样，把参比点用于精确地校准评价员。评价员被“调整”得像仪器一样工作。培训后，所有的评价员必须以一致的形式使用标度，因此应当对一个特定样品的特征都评分为同一强度。

在培训中，小组组长起着积极和直接的作用。当评价小组在测试中建立了自己的置信度时，所需要的指导会减少，这种作用也会随之减弱。

该方法更注重代表各种属性及其强度的特定强度参比样的鉴别和使用。评价样品时小组组长在指导小组的具体行动以及确定什么是可接受的响应方面起着积极的作用。

系列描述分析法中的数据分析方式与 QDA 法中的数据分析方式非常相似，大多采用方差分析进行数据处理。系列描述分析法具有广泛的应用范围，尤其适用于比较不同研究中的数据。

根据实验目的，描述词汇的选择可宽可窄，可以只是香气特征，也可以是所有感官特性。

但是评价员要明确理解所选用词汇的含义，比如，进行颜色描述的评价员要对颜色强度、色彩和纯度有所了解；涉及口感、手感和纤维质地评价的评价员要对这些感觉产生的原理有所了解。化学感应对评价员的要求更高，因为他们要求评价员能够识别由成分和加工过程的变化而引起的化学感应的变化。

1. 系列描述分析所用描述词汇示例

外观、风味和质地的描述性词汇可以由经过一定培训的评价员用来对产品进行定性评价。根据需要，还可以将每个词汇进行量化，量化后的标尺上至少要有 2 个参比点，最好是 3～5 个参比点。

标尺的端点可以用仅是一般性的词汇：

[没有 .... 强烈]。

也可以是两个意义相互对立的词汇：

[平滑 .... 凹凸不平]。

[软 ....硬]。

在度量与化学感受有关的指标时，标尺的端点可以是一般性的词汇(如没有—强烈)，而在度量外观和质地时，最好以具有对立意义的词汇作为端点(如细腻—粗糙)。

1)描述外观的词汇

(1)颜色

①什么是颜色。实际的颜色，也叫作色彩，比如，红的、蓝的等。如果产品当中包含一种以上色彩，可以用标尺的方式进行描述：

[红 .... 橘黄]。

②颜色的强度。颜色从浅到深的强度或程度。

[浅 .... 深]。

③颜色的亮度。颜色的纯度，从暗淡的、混浊的、纯的到明亮的。比如，消防车的红色就比红葡萄酒的红色要亮。

[暗淡的 ....明亮的]。

④均匀度。颜色分布的均匀性、是否有块状聚集。

[不均匀 .... 均匀]。

(2)一致性/质地

①稠厚/黏稠度。产品的黏度。

[稀 .... 黏稠]。

②粗糙度。产品表面可见的不规则物、突起，粒子等的数量。由于这些物质的存在，产品表面不光滑。

[光滑 .... 粗糙]。

小的表面粒子会引起颗粒感。

[光滑 .... 颗粒感]。

大的表面颗粒引起表面不平/隆起感。

[光滑 .... 团块感]。

③粒子间的相互作用。颗粒之间的粘连程度或小颗粒物之间的聚集程度。

(黏度):[不黏 .... 黏]。

(成块程度):[松散的粒子 .... 成块]。

(3)大小/形状

①大小。样品的尺寸或样品中颗粒的大小。

[小 .... 大]。

②形状。对颗粒主要形状的描述,如扁平的、圆的、球形的、方形的等。

[没有标尺]。

③分布均匀性。作为一个整体,产品中颗粒分布的均匀程度。

[不均匀 .... 均匀]。

(4)表面光泽,产品表面反射的光的量。

[暗淡 .... 发光]。

2)描述风味的词汇(一般食品和焙烤食品)

由于香气和风味的描述词汇非常多,仅用于描述香气的词汇就有1 000多个,因此,这里仅以描述焙烤食品香气的词汇为例。我们常说的风味指是由物质对口腔进行刺激而产生的几种感受的综合体会:香味;味道/滋味;化学感觉。

对于焙烤食品而言,其香味的分类为:谷物香味;奶制品香味;其他与加工过程有关的香味;甜味;添加香料的气味;起酥油的味道;其他香气。焙烤食品风味描述词汇如下。

(1)香气(焙烤食品)

①谷物香气。来自各种谷物的气味是一个泛泛地描述谷物气味的词,不特指哪一类谷物。这里所说的谷物包括玉米、小麦、燕麦、大米、大豆和黑麦。这些谷物的描述词汇包括生玉米、熟玉米、烤玉米、生小麦、熟小麦、烤制小麦、生燕麦、熟燕麦、烤制燕麦、生大米、熟大米、烤制大米、生大豆、熟大豆、烤制大豆、生黑麦、熟黑麦和烤制黑麦。用来描述加工谷物词汇的定义如下。

生(具体谷物名称)面粉味:没有经过热加工的谷物的气味。

熟(具体谷物名称)面粉味:经过轻微加热或蒸煮的谷物的气味,如燕麦粥就有熟燕麦味道。

烤制(具体谷物名称)面粉味:谷物经充分加热使其中的一些糖和淀粉焦糖化后产生的气味。

②与谷物有关的气味。

生青味:未经过加工的植物的气味。比如,水果和谷物。该词汇与“生的”相联系,它的其他特征还有已烧味、树叶味。

青草味:像刚刚割过的草地,烘干的谷物或植物的气味。

大麦味:烘烤过的大麦的气味。

③奶制品的香味。牛奶奶酪，以及其他发酵奶制品的气味。

奶制品：牛奶、奶酪，以及其他发酵奶制品的气味。

牛奶味：比奶制品更具专一性，是指普通或熟牛奶的味道。

奶酪味：用凝乳酶将脂肪水解的奶制品的气味，具有丁酸或异戊酸的特征味。

④其他与加工有关的气味

焦糖味：用于描述被加热至发生褐变的淀粉和糖的气味，比如描述烘烤的玉米的甜味就可以使用该词汇。

烧焦味：将产品中的淀粉、糖过度加热，烘烤而产生的气味。

⑤添加香料的气味。这些词汇用来描述添加到焙烤制品当中赋予其特殊香气的特殊成分的气味，这些词汇都需要参比样。

坚果味：花生、杏仁，核桃等。

巧克力味：牛奶巧克力、可可、巧克力类似物等。

调料味：肉桂、丁香、豆蔻等。

酵母味：天然酵母的味道，而不是化学起发剂的味道。

⑥来自起酥油的气味。与油或焙烤制品当中的起酥油有关的气味。

食用油味：蔬菜油的气味。

大油味：提炼的猪油的气味。

牛油味：提炼的牛油的气味。

⑦其他气味。这些气味通常不是(焙烤)产品气味，也不是由产品正常成分或加工过程而产生的气味。

维生素味：产品中添加的维生素产生的气味。

纸箱味：用于包装的纸箱的味道，可能由包装引起，也可能由陈面粉引起。

酸败味：氧化油脂的气味，有的资料也称其为油漆味和腥味。

硫醇盐味：由硫醇盐类硫化物产生的气味，评价员还可能用下面的词汇来描述由硫化物引起的气味，如硫味，橡胶味。

(2)基本味道

①甜。由蔗糖和其他糖类，比如果糖、葡萄糖或其他甜味物质；由糖精、阿斯巴甜等刺激而产生的味道。

②酸。由酸类物质，如由柠檬酸、苹果酸、磷酸等刺激而产生的味道。

③咸。由钠盐，如氯化钠和谷氨酸钠和部分其他盐类，如由氯化钾刺激而产生的味道。

④苦。由奎宁、咖啡因和蛇麻草等刺激而产生的味道。

(3)化学感觉因素　是触觉神经对化学刺激的反应结果。

①涩。由鞣质或明矾等物质引起的舌表面的收缩感。

②灼热感。由一些特定物质，比如，由红辣椒中的辣椒素或黑胡椒中的胡椒碱引起的口腔中的灼烧感。一些棕色的调味料能使人口腔产生温暖的感觉，而不是灼热感。

③冷。由薄荷等引起的口腔和鼻子中发凉的感觉。

3)描述半固体物质口感的词汇

这些是专门用于描述半固体质地的词汇。用于描述固体质地的词汇也可以用来描述半固体。每一套用于描述质地的词汇都包括品尝样品的方式和步骤。

(1)第一口　将样品的1/4放入口中并在舌和上腭之间进行挤压。

①光滑感。样品在舌头上面滑动的程度。

[有拖拽感……………………………滑]。

②坚实感。在舌头和上腭之间挤压样品所需的力。

[软的……………………………坚硬的]。

③黏弹性。样品变形,但没有断裂的程度。

[断裂……………………………变形]。

④紧密度。样品断面的紧密程度。

[松散的……………………………紧密的]。

(2)咀嚼　将样品咀嚼3～8次,感觉下列特性。

①颗粒状物的数量。口腔中颗粒的相对数量。

[没有……………………………许多]。

②颗粒状物的大小。总体上颗粒的大小。

[非常小……………………………非常大]。

(3)食后(吞咽或吐出)感觉　糊嘴性:食用之后,留在口腔表面的膜的感觉。

[没有……………………………许多]。

4)描述固体物质口感的词汇(包括样品的操作程序)

(1)表面结构　用嘴唇和舌头感觉样品的表面。

①表面的几何情况。表面大小颗粒的总体数量。

[平滑……………………………粗糙]。

大的颗粒:表面团块/隆起的数量。

[平滑……………………………有团块感]。

小的颗粒:表面小的粒状物的数量。

[平滑……………………………有颗粒感]。

②易碎情况。表面松散,游离的碎屑的数量。

[没有……………………………许多]。

③干湿情况/表面湿润情况。

[干燥……………………………湿润/油腻]。

(2)部分咬压　部分咬压(用舌头、门牙或臼齿)样品,但不咬断也不要松开。

弹性:一段时间之后样品恢复到原来状态的程度。

[没有回复……………………………弹性很好]。

(3)第一口　用门牙咬下期望大小的样品。

①硬度。将其咬断所需的力。

[很软………………………… 很硬]。

②黏弹性。样品不断裂而变形的程度。

[断裂:………………………… 变形]。

③易碎度。样品断裂所需的力。

[碎屑………………………… 片]。

④咬的均匀性。将样品咬断用力的均匀性。

[不均匀……………………… 均匀]。

⑤水分释放情况。从样品中释放出来的水分/汁液的量。

[没有…………………………非常多汁]。

⑥碎屑的几何情况。由被咬食而产生的或者存在样品内部的碎屑的量。

[没有………………………… 颗粒状的/片状的碎屑]。

(4)第一次咀嚼 用臼齿咬下事先预计大小的样品。

①硬度。将其咬断所需的力。

[很软………………………… 很硬]。

②弹性/易碎度。样品变形而不断裂的程度。

[断裂………………………… 变形]。

[碎屑………………………… 片]。

③黏附性。将样品从臼齿上剥离所需的力。

[不黏………………………… 很黏]。

④紧密性。所经区域的紧密性。

[松…………………………… 紧]。

⑤脆性。样品断裂的声音和所需的力。

[不脆………………………… 很脆]。

⑥碎屑的几何情况。由被咬食而产生的或者存在样品内部的碎屑的量。

[没有………………………… 颗粒状的/片状的]。

⑦水分释放情况。从样品中释放出来的水分/汁液的量。

[没有………………………… 非常多汁]。

(5)咀嚼 用臼齿将样品咀嚼一定次数,至唾液与样品混合成团。

①水分的吸收。被样品吸收的唾液的量。

[没有………………………… 全部]。

②成团性。样品聚集成团的程度。

[松散………………………… 紧密]。

③黏着性。样品团粘贴在上腭或牙齿上的程度。

[不黏………………………… 非常黏]。

④尖锐碎片情况。团块中锋利的碎片的量。

[没有 ································ 许多]。

(6)溶解的速度 样品在咀嚼一段时间之后溶解的量。

[没有 ································ 全部]。

①团块的几何情况。粗糙度/颗粒感/成团性:样品中颗粒的量。

[没有 ································ 许多]。

②团块的湿润度。团块的湿润程度。

[干燥 ································ 湿润/油腻]。

③崩解所需咀嚼次数。统计样品崩解所需咀嚼次数。

(7)食后残留感 将样品吞咽或吐出之后:

①几何情况。留在口中的颗粒的量。

[没有 ································ 很多]。

②油腻感。残留在口腔表面的油腻感。

[没有 ································ 很多]。

③黏嘴情况。用舌头舔上腭时感到的粘连程度。

[不黏 ································ 很黏]。

④粘牙情况。残留在牙齿上的样品量.

[没有 ································ 很多]。

2.系列描述分析的强度标尺示例

不同的实验目的需要的强度的度量范围是不同的,可以使用 15 cm 的标尺,30 点的类别标度;也可以使用量值估计标度。目前常用的是 15 点标度法。系列描述分析还使用大量的参比点,这些点是经许多个评价小组的多次实验得到的。无论使用哪种标度,都至少有 2 个参比点,最好是 3～5 个参比,参比点选得好,可以减少评价员之间的差异,使数据具有可比性和可重复性。以下强度标度均为 0～15,可以作为培训和正式实验时的标准参比样使用,以对评价员的打分进行控制,避免各评价员之间给出的分值出入过大。以不同的方式食用食品可能会对食品的各种强度产生不同的感受,实验所用食品的数量、生产厂家不同,所感受的同一指标也会有所差异,因此,在进行实验时,要明确食用方式、食用数量,并标明生产厂商。以下标度(表 7-17 至表 7-20)并不完全,也不绝对,仅供参考。具体应用时,可以根据实验的具体内容、目的和要求,制定相应的标准。

表 7-17 常见气味的强度标度(0～15)

词汇	参比样	标度值
涩	葡萄汁(Welch's)	6.5
	浸泡 1 h 的茶包	6.5
烘烤的小麦	含糖曲奇饼干(Kroger)	4
	曲奇饼干(Nabisco)	5
烘烤的白小麦	饼干(Nabisco)	6.5

续表 7-17

词汇	参比样	标度值
焦糖	曲奇饼干(Nabisco)	3
	含糖曲奇饼干(Kroger)	4
	Social 茶(Nabisco)	4
	Bordeaux 曲奇饼干(pepperidge Farm)	7
芹菜	V-8 蔬菜汁(Campbell)	5
奶酪	美式奶酪(Kraft)	5
桂皮	大红口香糖(Wrigley)	12
煮熟的苹果	苹果酱(Mott)	5
熟牛奶	黄油硬糖布丁(Royal)	4
煮熟的橘子	冷冻橘汁浓缩液(Manute Maid)	5
熟小麦	煮熟的意大利面条(De Cecco)	5.5
鸡蛋	蛋黄酱(Hellmann's)	5
鸡蛋风味	带皮煮的鸡蛋	13.5
谷物综合体	小麦糊(Nabisco)	4.5
	煮熟的通心粉(De Cecco)	4.5
	Ritz 饼干(Nabisco)	6
	全麦通心粉(De Cecco)	6.5
	苏打饼干(Nabisco)	8
	Wheatina 谷物食品	9
葡萄	Kool-Aid	5
	葡萄汁(Welch's)	10
葡萄柚	瓶装葡萄柚汁(Kraft)	8
柠檬	Brown Edge 曲奇饼干(Nabisco)	3
	柠檬汽水(Country Time)	5
乳制品综合体	美式奶酪(Kraft)	3
	奶粉(Carnation)	4
	全牛乳	5
薄荷	薄荷口香糖(Wrigley)	11
食用油	马铃薯片(Pringles)	1
	马铃薯片(Frito-Lay)	2
	加热食用油(Crisco)	4
橘子综合体	橘汁饮料(Hi-C)	3
	冷冻橘子浓缩液(Minute Maid)	7
	新榨的橘汁	8
	橘子浓缩液(Tang)	9.5

续表 7-17

词汇	参比样	标度值
橘子皮	苏打(Orange Crush)	2
	冷冻橘汁浓缩液(Minute Maid)	3
	橘子浓缩液(Tang)	9.5
花生(烘烤程度中等)	Planters	7
马铃薯	马铃薯片(Pringles)	4.5
烘烤的	咖啡(Maxwell House)	7
	蒸煮咖啡(MedagliaD'Oro)	14
烘焙用苏打	含盐的(Nabisco)	2
调味料综合体	加调料的蛋糕(Sara Lee)	7.5
金枪鱼	金枪鱼罐头(Bumble Bee)	11
香草	含糖曲奇饼干(Kroger)	7

注:括号内的英文代表的是产品的生产厂商。

表 7-18 4 种基本味觉的强度标度(0~15)

物质	甜	咸	酸	苦
美式奶酪(Karft)		7	5	
天然苹果酱(Mott)	5		4	
普通苹果酱(Mott)	8.5		2.5	
大红口香糖(Wrigley)	11.5			
Bordaux 曲奇饼干(Pepperidge Farm)	12.5			
5%蔗糖/0.1%柠檬酸	6		7	
5%蔗糖/0.55%NaCl	7	9		
0.1%柠檬酸/0.55%NaCl		11	6	
5%/蔗糖/0.1%柠檬酸/0.3NaCl	5	5	3.5	
5%蔗糖/0.1%柠檬酸/0.55%NaCl	4	11	6	
咖啡因水溶液 0.05%				2
咖啡因水溶液 0.08%				5
咖啡因水溶液 0.15%				10
咖啡因水溶液 0.20%				15
芹菜籽				9
巧克力(Hershey)	10		5	4
柠檬酸水溶液 0.05%			2	
柠檬酸水溶液 0.08%			5	
柠檬酸水溶液 0.15%			10	

续表 7-18

物质	甜	咸	酸	苦
柠檬酸水溶液 0.20%			15	
可口可乐	9			
NaCl 水溶液 0.2%			2.5	
NaCl 水溶液 0.35%			5	
NaCl 水溶液 0.5%			8.5	
NaCl 水溶液 0.7%			15	
新榨的橘汁	6		7.5	
蔗糖水溶液 2.0%	2			
蔗糖水溶液 5.0%	5			
蔗糖水溶液 10.0%	10			
蔗糖水溶液 15.0%	15			
浸泡 1 h 的茶包				8
生菜				7
葡萄汁(Welch's)	6		7	2
葡萄(Kool-Aid)	10		1	
瓶装葡萄柚汁(Kraft)	3.5		13	2
清洁茴香泡菜		12	10	
柠檬汁(Real Lemon)			15	
柠檬汽水(Country Time)	7		5.5	
蛋黄酱(Hellmann's)		8	3	
苏打水(Orange Crush)	10		2	
冷冻橘汁浓缩液(Minute Maid)	5.5		5	
马铃薯片(Frito-Lay)		9.5		
马铃薯片(Pringles)		8.5		
Riza 曲奇饼干(Nabisco)	4	8		
苏打饼干(Premium)		5		
通心粉调味酱	8	12		
甜泡菜(Vlasic)	8.5		8	
橘汁浓缩液(Tang)	9.5		4.5	
苏打饼干(Nabisco)		9.5		
V-8 蔬菜汁(Campbell)		8		
Wheatina 谷物食品		6		2.5

注：括号内的英文代表的是该产品的生产厂商。

表 7-19 半固体食品的口感指标强度标度(0～15)

强度值	参比样	品牌/种类/生产厂商	样品的数量或大小
光滑感			
2.0	牛肉(婴儿用)	Gerber	28g
3.5	豌豆(婴儿用)	Gerber	28 g
7.5	香草酸奶	Whitney's	28 g
11.0	酸奶油	Breakstone	28 g
13.0		Krafts Foods	28 g
坚实度			
3.0	充气掼打奶油	Redi-Whip	28 g
5.0	掼打的面包涂抹品	Kraft	28 g
8.0	含奶酪的面包涂抹品	Kraft	28 g
11.0	花生酱	CPC Best Foods	28 g
14.0	奶油奶糖	Kraft	28 g
黏弹性			
1.0	即食用明胶甜点果冻	Krafts-General Foods	1 cm^3的方块
5.0	即食香草布丁果冻	Krafts-General Foods	28 g
8.0	香蕉(婴儿用)	Gerber/Beechnut	28 g
11.0	木薯布丁	罐装	28 g
紧密度			
1.0	即充气掼打奶油	Reddi-Whip	28 g
2.5	棉花软糖	Fluff	28 g
5.0	牛轧糖的中心	Mars	1 cm^3的方块
13.0	奶油奶糖	Kraft	1 cm^3的方块
颗粒状物的含量			
0	掼打的面包涂抹品	Krafts-General-Foods	28 g
5.0	酸奶油	Breakstone	28 g
	即食小麦糊	Nabisco	28 g
10.0	蛋黄酱或玉米粉	Hellmann's Argo	28 g
颗粒状物大小			
0.5	低脂奶油	Sealtest	28 g
3.0	玉米淀粉	Argo	28 g
10.0	酸奶油	Breakstone	28 g
15.0	即食小麦糊	Nabisco	28 g
15.0	大米花及其制品	Gerber	28 g
糊嘴情况			
3.0	熟的玉米淀粉	Argo	28 g
8.0	土豆泥		28 g
12.0	牙粉		28 g

表 7-20 固体物质口感指标的强度值(0～15)

强度值	参比样	品牌/种类/生产厂商	样品量
粗糙度标准标度			
0.0	明胶布丁	果冻	半勺
5.0	橘子皮	新鲜的橘子皮	1 cm
8.0	马铃薯片	Pringles	5 片
12.0	棒状花生糖	Quaker Oats	半根
15.0	黑麦华夫饼干	Finn Crisp	1 cm^3 的方块
操作要点:将样品放入口中,用嘴唇和舌头感受表面状况。 定义:样品表面的颗粒状物的含量。 [光滑·························粗糙]。			
湿润程度的标准标度			
0.0	无盐苏打饼干	Nabisco	1 块
3.0	胡萝卜	新鲜的,未煮的,未去皮的	1 cm 的长条
7.5	苹果	Red Delicious,新鲜的,未煮的,为去皮的	1 cm 的长条
10.0	火腿	OscarMayer	1 cm 的长条
15.0	水	室温下的过滤水	半勺
操作要点:将样品放入口中,用嘴唇和舌头感受表面状况。 定义:样品表面含水分的情况。 [干燥··························湿润]。			
对嘴唇的黏着度的标准标度			
0.0	樱桃番茄	新鲜的,未煮的,去皮的	1 cm 的长条
4.0	牛轧糖	M&M-Mers	1 cm 的长条,去掉表面的巧克力
7.5	Breadstick	Stella D'oro	半棒
10.0	椒盐饼干	Bachmans	1 片
15.0	大米花及其制品	Kellogg's	1 勺
操作要点:将样品放在嘴唇中间,轻轻闭上嘴唇,然后松开。 定义:样品表面黏附在嘴唇上的程度。 [没有··························很大]。			
标准弹性标度			
0.0	奶油奶酪	Kraft	1 cm^3 的方块
5.0	法兰克福香肠	蒸煮 10 min	1 cm 的片
9.5	棉花软糖	Miniature marshmallow/Kraft	3 个
15.0	明胶甜点	果冻(见注释)	1 cm^3 的方块
操作要点:将样品放在臼齿之间,部分咬下,样品不能断裂,然后松开。 定义:①样品恢复到原来的形状;②样品恢复到原来的形状的速率。 [没有弹性·························弹性很高]。 注释:将 1 个包装内的果冻用 1.5 杯的水溶解,然后冷藏 24 h。			

续表 7-20

强度值	参比样	品牌/种类/生产厂商	样品量
硬度的标准标度			
1.0	奶油奶酪	Kraft	1 cm^3 的方块
2.5	鸡蛋蛋白	带皮煮的鸡蛋	1 cm^3 的方块
4.5	奶酪	Land O'Lakes	1 cm^3 的方块
6.0	橄榄	Goya Foods/大个的，饱满的	1 个去皮的橄榄
7.0	法兰克福香肠	大的，加热的 5 min/HerbewNational	1 cm 的片
9.5	花生	真空锡铁罐装的混合型/Planters	1 整粒
11.0	胡萝卜	新鲜的，未煮的，未去皮的	1 cm 长的片
11.0	杏仁	去皮的/Planters	1 整粒
14.5	硬糖	LifeSaves	同种颜色的 3 块
操作要点：对于固体样品而言，将其放在臼齿之间，然后用力均匀地咬，评价用来压迫食品所需的力；对于半固体样品而言，评价用舌头将样品往上腭挤压所需的力。 定义：打到某种变形所需的力，比如，在臼齿之间压迫样品的力；在舌头和上颚之间压迫样品的力；用门牙将样品咬断的力。 [软 · 硬]。			
黏弹性的标准标度			
1.0	玉米松糕	Pepperidge Farm	1 cm^3 的方块
5.0	奶酪	Land O'Lakes	1 cm^3 的方块
8.0	椒盐饼干	软椒盐饼干	1 cm 长
10.0	干果	日光晒干的无籽葡萄干/Sun-Maid	1 勺
12.5	求斯糖果	Starburst/M&M/Mars	1 粒
15.0	口香糖	Freedent	1 块
操作要点：将样品放在臼齿之间，完全咬下（也可用门牙）。 定义：样品变形，但不是崩解破裂或断裂的程度。 [断裂 · 变形]。			
易碎性的标准标度			
1.0	玉米松糕	Thomas'	1 cm^3 的方块
2.5	面包	Stella D'oro	1 cm^3 的方块
4.2	全麦饼干	Nabisco	1 cm^3 的方块
6.7	烘脆的薄面包片	普通长方形的/Devonsheer，Melba Co.	1 cm^2 的方片
8.0	姜味曲奇饼干	Nabisco	1 cm^2 的方片
10.0	黑麦华夫饼干	Finn Crisp/Shaffer，Clerk&Co.	1 cm^2 的方片
13.0	花生薄片糖	Kraft	糖上的 1 cm^2 的方片
11.0	杏仁	去皮的/Planters	1 整粒
14.5	硬糖	片状的薄荷糖	1 块

续表 7-20

强度值	参比样	品牌/种类/生产厂商	样品量
操作要点：将样品放在臼齿之间，均匀用力，咬下去，直到样品断裂。 定义：样品断裂所需的力。 [松软的························脆的]。			
黏度的标准标度			
1.0	水	瓶装的 Mountain Spring	1 勺
2.2	分离稀奶油	Sealtest Foods	1 勺
3.0	重力分离稀奶油	Sealtest Foods	1 勺
6.8	枫叶糖浆	Vermont Maid，R. j. Reyonlds	1 勺
9.2	巧克力糖浆	Hershey Chocolate	1 勺
11.7	半勺加糖炼乳＋半勺重力分离稀奶油	Magnolia/Borden Foods	
14.0	加糖炼乳	Magnolia/Borden Foods	1 勺
操作要点：将 1 勺样品放在嘴边，轻轻吹气，使液体流动；在样品入口后，用舌头使样品在口中缓缓流动，衡量流动的速率。 定义：将双唇从勺子上面移动所需的力。样品在舌头上流动的速率。 [不黏························黏]。			
紧密性的标准标度			
0.5	掼打的面包涂制品	Brids Eys/General Foods	2 勺
2.5	棉花软糖	Fluff-Durkee-Mower	2 勺
4.0	牛轧糖	Three Musketeers/M&M/Mars	1 cm^3 的方块，去掉巧克力
6.0	糖球/麦乳精球	Whopper，LeafConfectionary	5 块
9.0	法兰克福香肠	煮 5 min，Oscar Mayer	5 片 1 cm 长的片
13.0	水果果冻	Chunckles/Hershy	3 个
操作样品：将样品放在臼齿之间进行咬。 定义：样品断面的紧密程度。 [有孔洞的/不紧密的························紧密的]。			
标准脆性标度			
2.0	棒状花生糖	Quaker 低脂咀嚼香肠	1/3 根
5.0	苏打饼干	Keeblers Partner Club Craker	半片
6.5	全麦饼干	Honey Maid	2 cm^2 的方片
7.0	燕麦片	Cheerios	28 g
9.5	麸皮脆片	Kellogg's Bran Flakes Cereal	28 g
11.0	奶酪饼干	Pepperdige Farm Cheddar Cheese Crakers	28 g
14.0	玉米片	Kellogg's Bran Flakes Cereal	28 g
17.0	烘脆的薄面包片	Devonsheer，Melba Co.	

续表 7-20

强度值	参比样	品牌/种类/生产厂商	样品量
操作要点：将样品放在臼齿之间，均匀用力咬，直至样品断裂或崩解。 定义：用臼齿咬至样品断裂而不变形所需的力和声音。 [不脆……………………………………很脆]。			
多汁性的标准标度			
1.0	香蕉	香蕉	1 cm
2.0	胡萝卜	生的胡萝卜	1 cm
4.0	蘑菇	生蘑菇	1 cm
7.0	嫩荚青刀豆	生的嫩荚青刀豆	5 粒
8.0	黄瓜	生黄瓜	1 cm
10.0	苹果	Red Delicious	1 cm 长的楔状
12.0	哈密瓜	新鲜的，未煮的，未去皮的	1 cm^3 的方块
15.0	橘子	Florida Juice Orange	1 cm 长的一瓣
15.0	西瓜	LifeSaves	1 cm^3 的方块(无籽)
操作要点：用臼齿将样品咀嚼 5 次。 定义：口腔中样品的含水量/汁液量。 [没有……………………………………很多]。			
片层性标准标度			
2.0	玉米片	Bugles Corn Snack	28 g
4.0	苏打饼干	Triples Cereal	28 g
8.0	带糖霜的麦片	Kellogg,s Frosted Flakes	28 g
12.5	硬糖	Candy Canes,Ribbon Candy	1 块
操作要点：将样品咀嚼 3 次，用舌头感受突出的颗粒状物和尖锐物的存在情况。 定义：咀嚼 3 次之后，样品断裂成碎屑的程度和量。 [没有……………………………………很多]。			
水分吸收性的标准标度			
0.0	甘草	Shoesting	1 片
4.0	甘草	Twizzlers/Red Licorice/Hershey	1 片
7.5	玉米花	袋装/Bachman	2 勺
10.0	薯片	Wise	2 勺
13.0	蛋糕	Pound Cake，冷冻型/Sara Lee	1 片
15.0	苏打饼干	未加盐的 Premium 饼干/Nabisco	1 片
操作要点：用臼齿将样品咀嚼 15～20 次。 定义：在咀嚼过程中被样品吸收的唾液量。 [没有吸收……………………………………吸收量很多]。			
聚集性的标准标度			
0.0	甘草	Shoestring	1 片
2.0	胡萝卜	未煮的，新鲜的，未去皮的	1 cm 的薄片

续表 7-20

强度值	参比样	品牌/种类/生产厂商	样品量
4.0	蘑菇	未煮的，新鲜的	1 cm 的薄片
7.5	法兰克福香肠	蒸煮 5 min/Herbew National	1 cm 的薄片
9.0	奶酪	Land，Lakes	1 cm^3 的方块
13.0	软的胡桃巧克力方饼	Archway Cookies	1 cm^3 的方块
15.0	面团	Pillsbury/Country Biscuit Dough	1 勺
操作要点：用臼齿将样品咀嚼 15 次。 定义：被咀嚼 10～15 次之后，样品成团的程度。 [松散的食物团·····························紧密的食物团]。			
黏牙性的标准标度			
0.0	蚌肉	Geisha/Nozaki America	3 个
1.0	胡萝卜	新鲜，未煮，未去皮的	1 cm 的薄片
3.0	蘑菇	新鲜，未煮，未去皮的	1 cm 的薄片
7.5	全麦饼干	Nabisco	1 cm^2 的方片
9.0	奶酪	Land Lakes	1 cm^3 的方块
11.0	奶酪	Wise-Borden Cheese Doodles	5 片
15.0	糖果	果胶软糖	3 块
操作要点：将样品吞咽下去之后，用舌头感觉牙齿表面。 定义：样品黏在牙齿上的程度。			

3. 系列描述分析的培训练习举例

1）基本味道组合练习

（1）应用范围　由于产品的风味通常是两种或三种味道的组合，将咸味、酸味、甜味进行组合可以对评价小组进行培训，以培养其对各种强度的味觉进行识别的能力，使其在对风味的分析中不会出现很大的偏差。

（2）检验设计　首先，配置 6 种不同浓度的单一成分溶液，按照味道和浓度的不同，在盛放溶液的杯子外面做好标记，如“甜 5”“酸 10”等，其中 5 表示味道弱，10 表示味道中等，而 15 则表示味道强烈，将这六种溶液作为参比样，要求评价员对其进行熟悉。在整个培训过程中，这些参比样一直备用。其次，对评价员进行 2 个或 3 个味道组合的练习，每次组织人员发给大家一个参比样组合，由评价员对其中的各种味道进行打分。在实验结束之后，统计各种实验样品的各种味道的平均值，发给每名评价员，为样品打的分应该在该平均分附近。

（3）检验用材料　假设参加检验的人数是 15 人，每人品尝的样品量是 10 mL，将每种参比样准备 1 L。所需溶质为白糖 150 g、盐 8.5 g、柠檬酸 3 g；其他材料为 300 个体积为 50 mL 的一次性塑料杯、15 个托盘、15 个不透明的带盖大塑料杯（如 1 斤装）、15 个漱口杯（150 mL 左右）、6 个盛水杯、1 包面巾纸、60 个品尝用勺子。

（4）参比样　按照表 7-21 准备 6 种参比样品。

表 7-21 基本味道培训的参比样

标记	内容
盐 5	0.3%NaCl
盐 10	0.55%NaCl
甜 5	5%蔗糖
甜 10	10%蔗糖
酸 5	0.1%柠檬酸
酸 10	0.2%柠檬酸

以上参比样品可以在检验开始前 24～36 h 准备,使用的水不含有任何气味,在样品准备好后,可以将其放在冰箱中冷藏备用。在开始检验前,将样品取出,使其升至室温(20 ℃左右),并将每种样品为每名评价人员准备 10 mL,以做参考。

(5)检验样品　按照表 7-22 准备检验样品,每个样品是 2 个或 3 个味道的组合,如样品 232 是甜味和酸味的组合,样品 627 是甜味、酸味和咸味的组合。

准备方式和时间与参比样相同。按照一定的组合方式发给每个评价员进行品尝并按表 7-23 打分,每种样品的品尝用量为 10 mL。

表 7-22 基本味道培训练习使用的检验样品　　%

样品编号	蔗糖含量	柠檬酸含量	NaCl 含量
212	5	0.1	
717	5	0.2	
116	10	0.1	
872	5		0.3
909	5		0.55
265	10		0.3
376		0.1	0.3
432		0.2	0.3
531		0.1	0.55
673	5	0.1	0.3
042	10	0.2	0.55
217	10	0.1	0.3
610	5	0.2	0.3
338	5	0.1	0.55

表 7-23 基本味道培训练习打分

参评人员姓名： 日期：

样品编号	甜	酸	咸
212	______	______	______
717	______	______	______
116	______	______	______
872	______	______	______
909	______	______	______
265	______	______	______
376	______	______	______
432	______	______	______
531	______	______	______
673	______	______	______
042	______	______	______
217	______	______	______
610	______	______	______
338	______	______	______

2)饼干变化练习

(1)应用范围 该检验通过使用成分不断增加(每次增加一种)的饼干来训练评价员形成描述词汇的能力。可以借鉴该检验对评价员进行其他含有多种成分的食品评价的培训。

(2)检验设计 评价员首先对 1 号饼干(只含有面粉和水)进行评价。由每个人提出对该样品的描述词汇,结束之后,大家一起讨论,除去意义重复的词汇,挑选具有代表性的词汇。评价员将每次结果以下列形式记录下来。然后进行 2 号饼干的描述,依此类推,最终形成一份关于这类饼干的全面的描述词汇。

①面粉、水 ______________________

____

②面粉、水、奶油 ______________________

____

③面粉、水、人造奶油 ______________________

____

④面粉、水、起酥油 ______________________

____

⑤面粉、水、起酥油、食盐 ______________________

____

⑥面粉、水、起酥油、苏打 ____________________

____

⑦面粉、水、白砂糖 ____________________

____

⑧面粉、水、红糖 ____________________

____

⑨面粉、水、奶油、白砂糖 ____________________

____

⑩面粉、水、人造奶油、白砂糖 ____________________

____

⑪面粉、水、起酥油、白砂糖 ____________________

____

⑫面粉、水、白砂糖、鸡蛋、人造奶油 ____________________

____

⑬面粉、水、白砂糖、鸡蛋、人造奶油、香草香精 ____________________

____

⑭面粉、水、白砂糖、鸡蛋、人造奶油、杏仁香精 ____________________

____

当所有样品的描述工作结束之后，为了检验所形成的描述词汇的有效性，可以任意挑选两个样品用刚才的词汇进行描述，看两个样品是否能够被全面、准确地描述，是否能区分二者之间的差别。检验通过之后，所形成的最终词汇可以用于对该类任何饼干进行描述。

（3）参照饼干样品成分组成　饼干样品成分组成如表 7-24 所列。

表 7-24　饼干样品组成

样品编号	成分组成	样品编号	成分组成
1	面粉、水	8	面粉、水、红糖
2	面粉、水、奶油	9	面粉、水、奶油、白糖
3	面粉、水、人造奶油	10	面粉、水、人造奶油、白糖
4	面粉、水、起酥油	11	面粉、水、起酥油、白糖
5	面粉、水、起酥油、盐	12	面粉、水、白糖、鸡蛋、人造奶油
6	面粉、水、起酥油、焙烤用苏打	13	面粉、水、白糖、鸡蛋、人造奶油、香草香精
7	面粉、水、白糖	14	面粉、水、白糖、鸡蛋、人造奶油、杏仁香精

（4）配方　参照表 7-25 的配方制备面团，将面团放入烤盘，先切成方块，在 176.67～187.78 ℃的温度下烘烤 35 min。样品可以在检验 24～48 h 前准备。

表 7-25 检验用饼干的参考配方(质量份)

样品编号	面粉	水	奶油	人造奶油	起酥油	食盐	小苏打	白砂糖	红糖	鸡蛋(个)	香草香精	杏仁香精
1	10	4										
2	10	1	3									
3	10	1		3								
4	10	1			3							
5	10	1			3	0.5						
6	10	1			3	0.2						
7	10	3						4				
8	10	3							4			
9	10	1	3					4				
10	10	1		3				4				
11	10	1			3			4				
12	10	1		3						4		
13	10	1		3				4		4	0.5	
14	10	1		3				4		4		0.5

(5)每人所需物品　一次性漱口用纸杯、清水、面巾纸和品尝用勺。

(6)检验用材料　面粉、奶油、人造奶油、起酥油、白砂糖、红糖、鸡蛋、食盐、苏打、香草香精、杏仁香精、纸杯、托盘、面巾纸和盛清水用杯。

(7)结果举例

①变化词汇练习结果。

A. 面粉、水生小麦/生面团/生面粉 ______

熟小麦/面条/小麦糊/面包屑 ______

B. 面粉、水、奶油同 1#,加上奶油/烘烤奶油,烘烤小麦 ______

C. 面粉、水、人造奶油同 1#,加上加热的食用油,烘烤小麦 ______

D. 面粉、水、起酥油同 1#,加上加热的油脂 ______

E. 面粉、水、起酥油、食盐同 4#,加上咸 ______

F. 面粉、水、起酥油、苏打同 5#,加上苏打味、咸味 ______

G. 面粉、水、白砂糖同 1#,加上焦糖味、甜味,烘烤小麦味 ______

H. 面粉、水、红糖同 7#,加上糖蜜 ______

I. 面粉、水、奶油、白砂糖同 2#,加上甜,焦糖味 ______

J. 面粉、水、人造奶油、白砂糖同 3#,加上甜,焦糖味 ______

K. 面粉、水、起酥油、白砂糖同 4#,加上甜,焦糖味 ______

L. 面粉、水、白砂糖、鸡蛋、人造奶油同 11#,加上烤熟的鸡蛋味 ______

M. 面粉、水、白砂糖、鸡蛋、人造奶油、香草香精同 12#,加上香草/蛋糕味 ______

N. 面粉、水、白砂糖、鸡蛋、人造奶油、杏仁香精同12#，加上樱桃/杏仁 ______________

②饼干完全描述词汇举例。

A. 白小麦综合体系：生的、熟的，烘烤的。

B. 鸡蛋。

C. 起酥油体系：烘烤奶油、加热蔬菜油。

D. 甜味：焦糖味、香草、杏仁/樱桃、糖蜜。

E. 其他风味（苏打等）：甜、咸、苏打感觉。

7.4 应用领域

描述性信息的应用范围非常广泛，具体包括监测竞争情况、贮藏稳定性/货架期、产品开发、品质控制、物理/化学和感官的相关性以及广告宣传的可信度。通过描述性分析可以得到产品香气、风味、口感、质地等方面详细的信息。具体来说，这种研究方法应用在以下方面。

7.4.1 监控竞争动向

根据这些信息可以预测产品的变化以及鉴别产品的缺陷。这种描述性信息能为改善产品的建议提供基本依据和更准确的方向。

7.4.2 贮藏测试

在贮藏测试中，产品会随时间的变化而发生变化。在测试开始阶段，描述性分析可为分析选取哪些变化提供依据。所有贮藏测试都会面临这样一个问题，即怎样在整个研究中获得通用的对照产品。产品在测试过程中常处于不同类型的受控环境，比如，冰箱（并不会阻止变化的发生），采用新鲜产品和贮藏产品进行比较又会引入其他变异性来源，而QDA法不需要对照产品。

7.4.3 产品研发

利用描述性分析法可以描绘目标产品，确定实验方式是否与目标产品相符以及为终端产品提供准确的感官信息。后一种功能不仅可以为企业广告提供支持，还对建立品质控制规范具有一定的参考价值。此外，它还可以用来评价新成分的使用效果。通过对消费者、经过培训的评价小组以及分析数据库进行统计分析，可以确定感官和分析属性的组合，以能够更好地预测消费者的喜好；还会继续利用描述小组对产品进行评价，直至一个或多个满足优化感官目标的产品出现。随着便携式数据采集设备的发展，评价小组很容易在典型的使用情况下对产品进行评价。允许小组成员携带产品回家或在使用产品所需的特定环境进行评价能为产品提供更多的细节。事实上，已经采用这种方法在全球范围内收集数据。

7.4.4 质量控制和感官指标

描述性分析可用于鉴别产品的感官极限，以及追踪产品长期的品质变化趋势。将描述性分析作为在线检测是不切实际的，因为在生产线上每天都要进行大规模的产品评估。尽管如此，描述性分析还是可以用于产品的质量控制。

7.4.5 物理/化学-感官评价间的相关联系

在鉴别那些与各类检测仪器和化学测定方法相关的产品差异性方面，描述性分析是一种特别有效的方法。一旦识别到 0 差异，就再次利用描述性模型对这些差异进行更详尽的揭示。

总之，描述性分析是一种相对复杂的产品感官分析方法。这种方法已经从最初的专家的观点，逐渐演化为一个更加严谨与科学的感知测定方法。尤其是定量描述分析强调了判断过程的行为依据，并采用严谨的方法评估响应值的信度，从而感官评价更为复杂。然而，描述性分析不应简单地认为就是感官评价测试方法的唯一类型或最优的评价方法。以定量描述分析为例，随着该方法应用方面的经验积累以及该方法的发展和相关领域的深入研究，定量描述分析将会得到持续不断的修正与完善。

描述性分析是一项重要的感官检验方法，通过这种方法可以定性、定量、全面地反映产品的各项感官性质。如果要持续成功地使用描述性分析，则要对基本应用原则和检验指导有较好的理解和认识。在使用时，可以只使用其中一种，可以将几种方法结合起来使用，因为各种方法之间并没有十分严格的界限。感官检验的方法不是一成不变的。在原来方法的基础之上，新的、更能说明问题的方法不断出现。根据需要，研究新的感官评价方法也是新一代感官评价工作者的任务。

思考题

1. 什么是描述性分析，其构成是什么？
2. 在描述性分析中，常使用的评分标度有哪些？
3. 总体印象的综合评估常用方式有哪些？
4. 什么是定量描述分析法？其特点是什么？
5. 简述定量描述分析法的操作步骤。
6. 质构剖面法一般包含哪些方面？

HAPTER 8

第8章 情感/消费者感官检验

【学习目的和要求】

了解情感/消费者感官检验的方法；了解消费者感官检验对评价员的要求以及情感/消费者感官检验在食品中的应用。

【学习重点】

情感/消费者感官检验的定义；掌握消费者感官检验类型有哪些；掌握各消费者感官检验类型的方法。

【学习难点】

在情感型检验中，人的感觉程度和主观判断起着决定性作用。在消费者喜好检验方法中，除定性检验方法外，还有定量检验方法，通过选择适合的统计方法进行科学的分析及解释其结果。

8.1 概　　述

感官评价一般分为分析型检验和情感型检验两大类型。分析型检验是一种利用人的感官对食品特性进行分析、鉴定的方法，包括区别检验和描述性分析。区别检验主要是辨别一组产品中是否有差别；描述性分析主要是定量描述产品间的差异。

情感型检验又叫嗜好型/偏爱型检验，是指依赖人们生理和心理的综合感觉做出的判断，是研究消费者的喜好和厌恶的感官评价方式。在情感型检验中，人的感觉程度和主观判断起着决定性作用，分析的结果受到生活习惯、审美观点等多方面因素的影响，因此结果往往因人、因时、因地而异。例如，一种风味食品在不同饮食习惯的群体中进行调查，所获得的结论肯定有差异，这种差异不能说明群体之间的好与坏，只是说明不同群体的不同饮食习惯，或者某个群体的嗜好，所以嗜好型感官检测完全是一种主观的行为。

随着经济的转型和全球市场的形成，企业越来越关注消费者小批量及个性化的需求，消费者的需求将引导企业产品和经营模式的创新，以提升企业的市场竞争力。产品只有符合消费者的喜好和意愿，才能得到良好的收益。

在产品生产结束时，企业经常进行消费者感官评价测试。消费者感官评价测试之后，进行市场研究检验。消费者感官评价检验和市场研究检验之间最大的差别在于感官评价检验一般采用有编码的产品来进行，而市场研究检验最经常采用有商标的产品来进行。在消费者感官评价中，生产者感兴趣的是消费者是否喜欢这个产品，偏爱的程度是否超过另一个产品。对一个产品能否在市场上立足而言，消费者不应只关注产品的受喜爱度，还应该关注产品的价格、市场形象、包装、小环境等，这些因素也会影响消费者对产品真正的接受度。因此，产品所处的市场大小和消费者的接受度共同决定了产品在市场上的成功与否。

市场的竞争不仅仅是产品的竞争，也是品牌的竞争。产品品质是品牌的核心和生命力。对于食品而言，产品品质的最重要表现是感官质量。消费者通过购买某品牌的商品，感受其特有的感官属性，形成风味、口味的记忆和依赖，再经过品牌其他属性的固化，形成品牌偏好。企业了解消费者市场偏好的重要途径是消费喜好检验。消费者的产品购买行为是由多种因素共同决定的，主要表现为在同类商品中的选择倾向。在首次购买时，会考虑质量、价格、品牌、口味等特征。在食品质量方面，消费者主要考虑卫生、营养、含量。对于产品的价格而言，消费者则关注单位购买价格、质量价格比。

消费感官检验是让真正的消费者品评产品，了解消费者对某种产品感官方面的接受程度、喜爱程度或者对产品的想法。因其直接关联消费者对食品质量的感知以及产品的市场竞争力，消费者感官检验成为企业进行产品研发及市场调研不可或缺的感官分析技术方法。消费者感官检验通常注重研究消费者对产品的外观、风味、质地等感官方面的接受、喜爱程度或想法。检验时，需使用盲测，不能让消费者知道产品品牌方面的信息。而市场研究检验一般会让消费者知道产品的品牌信息，通常研究消费者对产品的感官、品牌、广告、价格等方面的想法。对于产品的生产者而言，消费者的二次购买被赋予更多的关注。在产品的质量、价格与同类产品无显著差异的情况下，产品的口味特征表现得尤为重要，这就体现出食品感官评价的重要性。

8.2　消费者感官检验

8.2.1　消费者行为

感官评价的主要目的是评价消费者或潜在消费者对一种产品或一种产品的某特征的感受，其中包括偏爱性和接受程度。

通过消费者的产品检验技术，确定人们对产品实际特性的感知，洞察消费者的购买行为，建立品牌信用，保证人们能够重复购买该产品。消费品要想获得消费者的认可，并在激烈的市场竞争中得以保持市场份额的一个策略就是通过感官检验的测试确定消费者对产品特性的感受，消费者感官检验可以避免产品投放市场后出现的错误信息。通过消费者感官检验，我们从中可以发现在实验室检验中没有发现的问题。在隐含商标行为的基础上，由目标消费者进行检验，以获得一些用于宣传证明的数据。

8.2.2　消费者感官检验与产品概念检验

消费者感官检验与市场研究中所做的消费者检验种类有一些重要区别，如表 8-1 所列。

表 8-1　消费者感官检验与产品概念检验比较

检验性质	消费者感官检验	产品概念检验
指导部门	感官评价部门	市场研究部门
信息的主要最终使用者	研究与发展	市场
产品商标	概念中隐含程度最小	全概念的提出
参与者的选择	产品类型的使用者	对概念的积极反应者

在两个检验中，由消费者对产品进行检验评价，市场销售人员将消费者的意见进行评述。然而，对于产品及产品的概念性质而言，不同的消费者所给予的信息量是不同的。

市场研究的产品概念检验首先是由市场销售人员以口述或录像带等方式向消费者展示产品的概念，然后向消费者询问他们对产品的感受。参与检验的消费者在产品概念展示的基础上会期待这些产品的出现。市场销售人员会让那些对产品感觉并不好的消费者带些产品回家，在他们使用以后再对产品的感官特性、吸引力做出评价。而在感官定向消费者检验中，把概念信息维持在最低水平，在实际操作中只给出足够的信息以确保产品的合理使用，以及与适当的产品类项相关的评价，以确保信息中无明显特征的概念介绍。

8.2.3 消费者感官检验在食品感官研究中的应用

1. 维护产品质量

产品质量是消费者关心产品的重要特征之一，生产厂商也已经充分意识到保证产品质量对于商业获利的重要性。如今，随着人们消费意识的成熟，对产品质量的重视程度越来越高，厂家生产的产品要想在市场中占有一席之地，就必须在产品质量上下功夫。

消费者只会购买他们认为好的产品，而消费者对产品的这种接受性是不可预期的。若想了解市场，必须做事先的市场调查。对于一种食品来说，其质量特性包括外观、香气、风味、质地等感官性状之外，还包括营养和安全卫生以及是否容易保存、容易加工、容易运输等理化指标。保持某种产品质量的一致性是产品质量控制的关键一环。

2. 优化产品，提高产品的市场竞争力

通过消费者感官检验可以了解产品在感官方面的优势和不足，判断该产品在接受程度方面是否处于优势。消费者如果不喜欢该产品，应根据他们提出的不喜欢的理由，对产品进行优化。例如，消费者提出产品有异味、香气不浓、口感粗糙等建议，研发部门就要降低产品的异味、增加香气强度、增加口感的爽滑度，提高产品的感官品质，从而提高产品的接受程度。

随着竞争的升级和市场的逐渐成熟，产品优化已经成为一个越来越重要的系统。所谓产品优化是指在同一产品类别中能够开发出最好产品的规程。优化研究的第一步是收集可以得到的信息。我们需要以目标消费者的使用和态度信息作为出发点。分配一项或者多项创造性任务给参加定性评价小组的消费者，让他们可以专注于某种产品，并且在定性评价过程中能够和他人分享自己的观点和看法。然后，通过小组讨论对调查结果进行分析，这也是制定消费者测试定量阶段调查问卷的基础。

1）研发新产品

新产品开发是食品企业的研发部门通过制定新产品的配方，修改现有的产品配方，使用新工艺，加入新成分或者其他能够直接影响产品，使之能以新产品形式向消费者或目标市场进行推广的过程。新产品开发的目的是开发出适销对路，能满足消费者需求和嗜好的新产品。新产品由于利润高，市场成长空间大，所以其开发一直受到食品企业的重视。新产品的开发是个循序渐进的过程，在这个过程中可能会进行多次消费者感官检验。通过消费者感官检验可以确定消费者对新产品的接受程度。新产品的开发一般需要经过产品设想、研制、鉴评、消费者抽样检查、货架寿命研究、包装、生产、试销和商品化等几个阶段。在实际工作中，可根据具体情况调整不同阶段进行的顺序，也可以几个阶段结合进行，甚至可以省略部分阶段。在新产品开发过程中，从产品设想构思到商品化生产都涉及食品感官评价方法的应用。

2）确定产品的货架期

在某种产品生产的一段时间内，消费者组成的小组应定期评价产品，以确定消费者对产品的接受程度，并确定产品何时不能被消费者小组接受，进而确定该类产品的货架期。食品必须具备一定的货架寿命才能成为商品。除与产品本身的加工质量有关外，食品的货架寿命还与包装有着不可分割的关系。包装除具有吸引性和方便性外，还有保护食品、维持原味和抗挤压等作用。在这个阶段，通常需要两个感官评价小组：一个是专业评价小组对样品货架存放期的感官质量进行评价，并与产品标准进行比较，以确定样品的货架期；另一个是由消费者组成的评价小组对样品包装盒商标进行消费者可接受性评价，为设计受消费者欢迎的产品包装提供帮助。

3)预测流行的感官特性和产品形式

通过市场调查，不仅要了解消费者是否喜欢某产品，更重要的是要了解其喜欢的原因或不喜欢的理由。市场调查应根据产品的特点，选择特定的人群作为调查对象。营销系统人员的意见也起着很重要的作用。市场调查的人数每次不应少于400人，最好在1 500～3 000人，人员的选定以随机抽样为主，也可以采用整群抽样和分等级按比例抽样，以增强调查结果的可信度。市场调查的场所可以是家庭、办公室、商店、工厂、饭店和闹市区等。市场调查的方式可以问卷形式或面谈形式进行。总之，市场调查与感官评价检验无论在人员的数量，还是在组成以及环境方面都有很大差异。

4)了解潜在消费者的需求，扩大消费者数量

进行消费者感官检验可以了解潜在消费者对产品的要求，进而对产品进行调整，在维持现有消费者的基础上赢得新的消费者人群，从而扩大了消费者的数量。

在消费者的感官评价中，研究者感兴趣的是消费者是否喜欢这个产品，对这个产品的喜爱是否超过对另一个产品的喜爱，或者在感官特性的基础上发现产品的接受性。接受性检验是感官评价中最重要且必要的组成部分。在产品评价过程中，接收性检验通常跟随分析型感官检验，如差别检验、描述性检验等，分析的结果可以有效地将备选产品的数量降低至特定的范围。选定的特定范围应具有感官差异，这些感官差异可被用于大规模消费者感官检验，例如市场调查和消费者趋向。从感官评价的观点来看，情感型检验应该具有含义明确的研究目标、方法，参加者资质标准以及可交互使用的关键结果。

接受性检验是用于衡量消费者对某个产品的喜爱或偏爱程度。偏爱是指某一产品相对其他产品所表现出的吸引力。通过相互比较两个或多个产品可以直接测得偏爱度，即在两个或多个产品中，哪一个更受喜爱。为了提高效率，感官评价的重点应是从多个产品中检测产品的喜好/接受度，通过所得数据，对偏爱度进行间接评定。

消费者感官检验是情感型感官评价方法，是指针对某种产品、某种产品概念或者产品的某种感官特性消费者所表现出来的心理和行为倾向所进行的检验。情感型感官检验是产品感官评价中不可或缺的重要一环，是预测新产品市场响应、了解旧产品市场反馈、分析市场消费趋势的技术依据。

8.2.4 消费者感官检验类型

消费者感官检验通常是指检验目标消费者对某个产品的接受程度或偏爱程度。消费者

感官检验根据检验的性质不同分为两种类型:定性消费者感官检验和定量消费者感官检验。

定性消费者感官检验是测试消费者对产品感官特性的主观反应的方法。定量消费者感官检验是研究数量较多的消费者对产品的接受程度、喜好度、感官特性等的方法。定量消费者检验注重收集大量的消费者评价数据,而定性消费者检验更注重消费者的行为和反应,如果把定性和定量两种方法结合起来,对全面研究消费者的想法很有帮助。表 8-2 所列的是定性消费者感官检验和定量消费者感官检验的区别。

表 8-2 定性消费者感官检验和定量消费者感官检验的区别

比较内容	定性方法	定量方法
参加检验的消费者数量	相对较少	较多,且有计划地对消费者进行抽样
使用的方式	描述	评价、预测
注重的内容	方式和原因	内容和数量
参加检验的消费者之间的影响	消费者之间可以相互讨论,所以相互之间有干扰	消费者独立进行评价
问题的灵活性和深入性	问消费者的问题比较灵活,可以做深入的探讨	问题固定、有限,不适于深入探讨
适合/不适合进行统计分析	评价结果有主观性,不适合进行统计分析	评价结果客观和可靠,适合进行统计分析

8.3 定性消费者感官检验

定性消费者感官检验是研究消费者对产品感官特性的主观反应的方法,注重消费者的行为和反应。定性消费者感官检验适用于新产品的研究,它能对产品的感官特性、消费者的期望值、消费者的态度等做出解释。定性消费者感官检验一般有几种用途:①了解消费者的偏爱、消费者关注的感官特性及其消费行为,尤其适用于研究特殊产品的消费者行为。②了解消费者的潜在需求和产品的使用趋势。③预测消费者对某种新产品或者某种产品概念的反应。使用定性消费者感官检验可以帮助研究人员确定某种新产品或者某种产品概念是否能被一般消费者所接受,确定产品存在的明显问题等。④在定性研究时可以确定消费者关注的一些关键的感官特性,然后用于定量消费者感官检验,以做进一步的研究。⑤可以帮助研究人员研究消费者使用的描述产品的词汇,并可将这些词汇用于问卷或者产品的广告宣传。定性消费者感官检验可分为中心地点法、模糊前端法、消费者调查法等。

8.3.1 中心地点法

中心地点法(central location testing)是组织一定数量的消费者在某个固定的场所(如实验室、超市、商店、家庭等)集中对产品感官品质进行讨论。该方法是定性消费感官检验中最常用的方法。中心地点法可以帮助研究人员评估消费者对产品的喜好或者新产品能否被消费者接受,确定产品是否存在明显问题等。中心地点法可以通过剔除表现不好的产品,减少备选产品的数量，并且利用雇员进行测试要比利用其他大规模的消费者测试更具有安全性。

根据消费者感官检验场所可将中心地点法检验分为3种基本类型：实验室型、集中地点型（超市、商店、展会、学校等人群聚集点）和家庭使用型。表8-3列出了3种检验类型及其各自的优缺点。

表8-3　中心地点法不同检验类型的特点

指标	实验室型	集中地点型	家庭使用型
消费者类型	雇员或当地居民	群众（普通或者筛选过的人群）*	雇员或者群众
每个样品的响应数/个	25～50	100＋	50～100
样品数量/个	每个阶段最多5～6	最多5～6	1～2
测试类型	偏好检验，与品质无关	同实验室类型	偏好检验、接受度、表现（强度和市场信息）
优点	条件可控 快速的数据反馈 经验丰富的检验人员 低成本	大量的检验人员 没有企业雇员	产品在实际使用条件下进行测试 获取整个家庭意见、市场信息（价格、使用频率等）
缺点	对产品熟悉有限 对产品接触有限	控制较少 信息有限 检验时间有限 指导有限 需要大量的检验人员	很少甚至没有控制 耗费时间 成本高

注：* 普通人群（在市场、展会、零售店等征集的检验人员）；筛选人群（学校、酒吧、教堂等征集的检验人员）；从某种程度来说，实验室型和集中地点型的区别并不像其与家庭使用型的区别那么清晰。

1. 集中地点型检验

集中地点型检验在市场研究中最常用于消费者检验的类型，又叫作街头定点访问。它通常选择在消费者比较集中、容易招募的商场，学校食堂，写字楼或者其他类似的地点进行。集中地点型检验的组织者可在户外邀请合格的路人并将他带到指定的场所参与检验，也可以通过电话告知经过筛选的消费者到指定的场所参加检验。为避免检验时间过长给消费者带来不愉快的情绪，检验中的样品一般控制在6个以下。工作人员在准备样品时要回避参与检验的消费者，不能让消费者看到样品的品牌信息。样品用统一的容器盛装并用3位随机数字进行编码，样品准备好后让消费者品尝，集中地点型检验要求每种样品至少有100个评价结果。对于许多产品而言，商场招募消费者给出的只是间接报酬，例如，购物中心里的商店折扣券。如果检验产品的使用率相对较低，那么商场拦截将会比预先招募的方法更费时间。例如，一个产品在人群中的预期使用率为10%，那么就要求至少要拦截1 000个人才能找到100个产品使用者，且并不是所有具有资格的人都愿意参加测试。因此，商场拦截的方法在参与率非常低时将需要花大量的时间来完成。如果一个商场的检验计划需要设计较多的预备产品和处理工作，检验工作需要额外的时间和产品，那么商场拦截方法的低成本优势将会丧失。显而易见的解决措施是利用多个商场进行检验。然而，这也会导致一系列的问题：一方面，商场是一个潜在变异性的混杂来源；另一方面，在集中地点型的检验中，预先招募和安排检验人员允许在 1 d 或 2 d 的特定时间内完成检验，这对货架期较短的产品或者需要较复杂预处理的产品来讲是非常有限制的。

除此之外，消费者可以从学校和其他组织中招募。这样的群体具有同质性和便捷性，并且易于招募。不过这些消费者代表的是比较狭窄的人群，且具有偏向性。当进行大规模产品检验时，这种类型检验数据的误差会变大。

集中地点型检验的优点：①样品由真正的消费者品评，检验结果的有效性很高。②一个消费者可以同时品尝多种产品，检验的成本会降低。③研究周期较短。

集中地点型检验的缺点：①消费者在中心地点食用样品的行为可能与消费者平时的行为不一样，做出的评价也可能不客观。②检验时间不能过长，问消费者的问题有限，所以收集的信息量有限。③检验的条件不好控制。④需要较多的消费者。

集中地点型检验的地点还可以设在移动服务车或者移动实验室，其特征见表 8-4 所列。

表 8-4 集中地点型检验中移动地点的特征

指标	移动服务车	移动实验室
消费者类型	公司雇员*	群众（普通或者筛选过的人群）
每个样品的响应数/个	22～50	40～60
样品数量/个	2～5	2～5
测试类型	偏好检验，接受度检验（与品质无关）	同移动服务车
优点	快速的数据反馈 经验丰富的检验人员 低成本	没有雇员 条件可控
缺点	有限的控制 有限的信息 对产品熟悉	有限的信息 不能时间过长或有令人不愉悦的任务 有限的指导

注：* 公司雇员（公司内没有经过感官评价培训的内部职员）。

移动实验室检验是将可控的实验室带到消费者面前的一种方法。房车或者拖车要具有样品预备保存设施、品评间，合适的灯光和通风等条件。这个单元可以被带到购物中心、展会，或者其他任何大量人群聚集的地方。在某种程度上，移动实验室检验可以在类似于实验室的环境下进行检验。当受访人群是独特的，例如，当对学龄儿童采样比较感兴趣时，这种方法是最有效的。在采用这种方法时，样品的数量要控制，推荐的样品数量每个人不超过 5 个。在检验过程中，如果感官疲劳，出现 2 个或 2 个以上计分卡问题，响应的时间将会增加，并可能导致出现比预期更大的变异性。若检验人员没有经验，检验过程中会出现一定的焦虑感，因此推荐的检验人员数量应不少于 50 名。

2. 实验室型检验

实验室型检验是中心地点法的一种。由于雇员可以进入实验室，实验室型检验可以最大可能地控制和确保检验中所要确保的因素，如灯光、环境控制、产品准备等，并且可以非常快速地获得结果反馈。参加实验室型检验的人员可以是雇员，也可以是本地居民。在实验室型检验中，测试的样品一般少于 6 个，但有的检验中样品数量也可以多于 6 个，具体样品数的多少和样品种类、检验中评价的特性的数目、检验使用的实验设计、品评人员的感官疲劳度等有关。如果检验使用平衡不完全分块设计，建议每个评价人员品尝的样品数量不低于总样品数量的 2/3，例如，如果总样品数量为 7，那么推荐使用每个人品尝 5 个或 6 个样品的平衡不完全分块设计。在实验室型检验中得到的每种产品的最终评价数一般为 25～50 个，最多可达到 75 个。Sidel 和 Stone 提供了一种可以基于喜好标度(9 点喜好标度)的期望差异程度和标准差大小来选择评价小组人员数量的方法。例如，当一个有 40 名检验人员的评价小组，标准差不大于 1.5 时，在 $\alpha=0.05$ 的统计学显著差异可能在标度上对应的是 0.50 分的差异。

评价小组的人员数量、差异强度、变异性(检验人员、样品是实验方法)都会影响统计学的显著差异。不同的样品类型具有自己独特的要求，例如，加工品可能要比天然产品表现出更少的变异性，天然产品很容易受到采收品质等的影响。在这种情况下，没有一个足够大的检验人员数量是不可能获得统计学显著差异的。虽然当变异性降低时，检验人员数量较少的评价小组也可以得到显著差异，但顺序效应和其他效应会影响结果，降低其有效性。

选择实验室进行消费者感官检验的优点：①环境安静，温湿度合适，有遮蔽样品颜色的灯光，有加热或贮藏样品的设备。②检验的条件可进行控制，例如，样品的准备和呈送可以严格控制。③能方便迅速地通知人员参加检验，检验的时间较短，能节省时间。④成本较低。⑤在实验室进行检验能更方便迅速地得到实验数据。

此外，如果在实验室安装了收集和分析数据的感官软件，例如 compusense five 软件，那么可以让评价人员在电脑上回答问题，这样就能非常快地收集评价人员的数据并且快速分析数据，得到检验结果。在实验室进行消费者感官检验也存在一些缺点：①实验室的空间有限，不可能同一时间对大量的评价人员进行检验。②从样品的准备、食用量和食用时间等条件来说，实验室的环境不是消费者平时食用样品的自然条件(如家里)，会对检验结果造成影响。③如果检验中的评价人员是雇员，就存在着对样品熟悉的问题。

3. 家庭使用型检验

家庭使用型检验(in-home-usetest，IHUT)是让消费者将样品带回家去食用，经过一段时间的反复食用，再提交评价结果。参加检验的消费者要能够代表该样品的目标消费者，家庭使用型检验得到的结果常常代表了整个家庭的观点。

在设计家庭使用型检验时，需要确定参与检验的消费者数量、样品数量、如何比较样品等细节。家庭使用型检验一般调查 50～100 个家庭，待测样品一般用相同的容器盛装，容器上标有 3 位随机编码。在检验开始前，用邮寄或召集消费者到固定地点的方式，把待测样品、检验的问卷和检验的相关指导内容给消费者。在家庭使用型检验中，最常见的是对两种样品进行比较，一般设计为让消费者在一段时间内只食用一种样品，4～7 d 后提供第二种样品让消费者食用。如果有很多样品需要用家庭使用型检验，那么可以采用平衡不完全分块设计。

由于家庭使用型检验无法控制检验环境或者其他变量，因此评价小组的人数需要比在实验室型检验多。检验人员的数量会受检验方案、检验员经验、产品类型等具体检验的影响。如果检验人员具有感官评价的经验，则可以减少评价小组的规模；然而，这种对评价小组的缩减是基于经验的，不能随意决定。排除表现不稳定或者不同于常人的个人以及仅代表一小部分人群商业兴趣的检验人员可以进一步提高评价效果。

家庭使用型检验的优点：①样品在家庭这种自然的条件下被评价，能反映消费者平时的行为。②对样品的评价是反复品尝的结果，而不是凭直觉就得出的结果。③因为消费者评价一种样品的时间较长，因此有机会充分考虑样品的各个方面，得到的信息量会更大。④整个家庭的观点都能被考虑。

家庭使用型检验的缺点：①家庭使用型检验的研究周期长。②检验条件缺乏控制，样品的准备和品尝可能没有按照标准进行，会对检验结果产生一定的影响。③参与检验的消费者数量不如实验型检验多。④有的家庭可能会忘记定期食用样品，存在不真实填写问卷的情况。⑤家庭使用型检验不适于样品数量较多的样品研究，它最多只能进行 3 种样品的比较，如果数目再多，对样品的使用条件就将是不自然的，而且成本也比较高。

8.3.2　模糊前端法

模糊前端法(fuzzy front end)定义为“从一个新产品思想产生开始，到该思想通过评估并准备进入产品开发阶段”之间的一个过程。模糊前端法是指研究人员深入消费者的购买环境，通过观察或与消费者对话，收集信息，确定消费者接触产品后的反应。模糊前端法要求参与调查的消费者经常使用该产品，有对产品不满意的地方或对产品有潜在需求。该方法可以深入理解消费者的行为，得到消费者对概念或产品的反应，常被用于新产品的开发。

8.3.3　消费者调查法

消费者调查法包括问卷调查法、移情设计法、信息加速技术法、萨尔特曼隐喻诱引技术法和自由捕获技术法。

1. 问卷调查法

问卷调查是消费者检验中被广泛使用的一种工具。问卷调查法是指调查者运用统一设计的问卷向被选取的调查对象了解情况或征询意见的调查方法，主要包括确定调查目的、筛选消费者、调查问卷设计、收集数据、结果分析等步骤。问卷调查法主要用于了解消费者对产品的态度、意见和反应。

问卷设计是问卷调查的重要环节。问卷应符合合理性、一般性、逻辑性、明确性、非诱导性和便于整理分析等原则。设计问卷将主要的问题按顺序完全列出，包括：①能证明回答者身份的选择性问题。②总体接受性。③喜欢或不喜欢的可自由回答的问题。④特殊性质的问题。⑤权利、意见和出版物。⑥在多样品检验中的可接受性与满意度或其他标度之间的偏爱。⑦敏感问题。其中可接受性的最初评价与最终价定经常是高度相关的。如果改变了问题的形式，就有可能出现一些冲突情况。例如，当单独品尝时，一个被检验为"太甜"的产品在偏爱检验，实际上要收到比甜度合适产品更多的偏爱。此外，问卷中的不同主题可能会产生不同的观点。

问题的构建是调查问卷重要设计的核心组成部分。在设计问卷时：①问题要简洁、详细而明确；②词语定义要清晰，避免含糊；③问题不能带有倾向性、不要引导回答者；④所提的问题能被消费者接受，注意措辞的影响；⑤不要询问被调查者不知道的事情；⑥注意光环效应和喇叭效应；⑦多项选择之间应该是专有的和彻底的；⑧发布前需要经过预检验。

问卷调查可以让消费者自由回答问卷上的问题，不存在偏见，没有建议明确的回答、主题或特性，消费者可以用他们自己的语言集中他们的意见和判断理由。自由回答的问卷调查结果很难编码和制成表格。如果一个人说这个产品是乳脂状的，而另一个人说是光滑的，那么他们可能或不可能对同一感官特性做出反应。在特定的感官特性中会出现不确定性，就像将品尝结果描写为酸感、酸的或辛辣的。实验者必须确定作为同一反应的答案编码，否则结论就会变得太长，以至于很难观察主题的模式，答案难以汇集并总结。

问卷调查法可控性强，可对大量对象同时进行调查，结果可以量化，便于统计处理与分析。然而问卷形式比较固定，难以深入了解消费者的意愿，且问卷的真实性和回收率难以保证。

2. 移情设计法

移情设计由 Polanyim 首次提出，随后被应用于新产品的开发。移情设计的理论基础是人类学的调查理论和隐性知识，基本方法是观察顾客如何使用产品或服务。

移情设计是调研人员在顾客正常消费环境中观察消费者，收集消费者使用产品或服务的信息。该方法强调观察，观察人员较少通过提问来收集数据资料。企业可通过现场观察发现顾客在消费过程中面临的问题，而消费者往往并不知道企业能够解决这些问题或根本没有意识到这些问题。该方法成本和风险较低，在消费者没有意识到某些存在的问题时，调研人员可观察和了解消费者在真实消费环境中面临的问题，从而指导企业研发适合消费者意愿的新产品或改进现有产品性能。

3. 信息加速技术法

信息加速最早是 Urban 等提出的，该方法采用虚拟的产品或产品概念来获得消费者的信息反馈，收集的数据用来预测潜在消费者的购买行为或为给消费者提供一个虚拟的购买环境，如有利于产品购买、不利于产品购买或对产品购买无作用的环境，记录消费者在虚拟环境中的表现，在此基础上预测消费者的购买行为。

信息加速技术法可以精确模拟复杂的购物环境。与传统的调查研究相比，它更加形象真实，可减少消费者的感官疲劳，但成本较高，目前市场应用较少。

4. 萨尔特曼隐喻诱引技术法

萨尔特曼隐喻诱引技术（zaltman metaphor elicitation technique，ZMET）法是一种非文

字语言(图片)与文字语言(深入访谈)相结合的消费者调查方法,由 Zaltman 于 20 世纪 90 年代提出。

ZMET 法以受访者发送而来的图片为素材,通过个人深度访谈,来预测受访者的构建心理并建立构建之间的关系,描绘出阐释消费者感觉及想法并产生行动或决策的心智模式地图。广义而言,心智模式包括看法、情绪、感觉、行为、目标、个人价值、印象、过去消费者议题的记忆、经验预期消费观和经验知觉的陈述等。由于 ZMET 法是以视觉隐喻与图片为基础,因此这些研究结果被转化为广告、电影、网站等强调视觉元素的传播媒介更具有便利性与有效性。但 ZMET 法要求访谈员经过专业特殊训练。ZMET 法访谈资料的分析整理非常复杂,分析结果不具备推广效应。

5. 自由捕获技术法

自由捕获技术法是一种特殊的个人面谈技术,是消费者自由描述对产品的感觉,研究人员主要对消费者已掌握的产品知识进行研究。自由捕获技术法的理论基础是图式理论。图式理论是一种知识的认知模式,自由捕获技术法就是想让人们通过回忆来引出产品的属性。例如,提供给消费者一种叫作“黑牛”的豆奶粉的名字,消费者就会形成一些与该产品相关的词语:低脂的、健康的、美味的等。

自由捕获技术法需要提供一系列能够刺激消费者的词语,由消费者迅速用语言描述与刺激有关的概念。例如,当刺激为一个产品的名字时,就会引出消费者关于该产品所有属性的词语,通常认为第一次说出的属性是最重要的。与贮备网格法相比,自由捕获技术法可以得出更多的属性,且得到产品抽象属性的比例也较高。

8.4 定量消费者感官检验

定量消费者感官检验是研究数量较多的消费者对产品的接受程度、喜好度、感官特性等问题反应的方法。定量消费者感官检验中的消费者人数为数十人至数百人。定量消费者感官检验可分为偏爱性检验和接受性检验。

8.4.1 偏爱性检验

偏爱性检验是要求消费者评价员在多个样品中挑选出喜爱的样品,也可以是对样品进行评分,比较样品质量的优劣。其主要包括成对偏爱检验、偏爱排序检验和最大差异检验。

1. 成对偏爱检验

成对偏爱检验是一种用来进行消费偏爱检验的定量方法。当一个人对某个产品的偏爱程度直接超过第二个产品时,就会利用这项技术作为产品改进的依据或决定竞争性商标的取舍。当消费者评价小组有很低的阅读理解能力时,这项技术就会得到很好的应用。该项检验具有相当程度的直觉性,评价人员能够很容易理解自己的任务。选择是消费者行为的基本要素,人们能够同时比较两个样品,也有可能进行一系列的成对偏爱检验。

成对偏爱检验以随机顺序，同时呈送给消费者两个样品，要求消费者从中选出一个更喜欢的样品。它包括强迫选择和非强迫选择。强迫选择要求消费者在两个样品间必须做出选择，不允许有“无偏爱”的结论；非强迫选择允许消费者选择“无偏爱”的结论。图 8-1 表示了不同类型的成对偏爱检验记分卡实例。成对偏爱检验有两个可能的呈现顺序（AB，BA）。这些顺序应该由相等数量的评价小组进行任意排列，首先收到样品 A，或者样品 B，且没有重复检验。

姓名：　　　　编号：　　　　日期：

选项 A

从左侧开始评估两个样品。勾选你更喜爱的样品。必须做出选择。

□386　　□547

选项 B

从左侧开始评估两个样品。勾选你更喜爱的样品。必须做出选择。

□386　　□547　　□没有偏爱

选项 C

从左侧开始评估两个样品。勾选你更喜爱的样品。必须做出选择。

□386　　□547　　□同等喜欢　　□同等不喜欢

注：选项 A 只有两个选项；选项 B 增加一个“没有偏爱”的选项；选项 C 则增加两种额外的选项。样品由任意 3 位数编码，在每个新检验中应改变。选票中的一般数字应是左到右位置堆成，如 AB 和 BA。

图 8-1　不同类型的成对偏爱检验记分卡

结果分析可以采用与差别检验同样的计算方式，使用 $P=0.05$。在进行检验前，最好事先计算出必须参加检验的人员数量和在置信区间内对某种样品有偏爱的数量。如果实验设计允许出现“没有偏爱”或“两者都不喜欢”的选项，结果分析就不会像二项式成对偏爱检验模型那样简单。Gridgeman 认为成对偏爱检验中“没有偏爱”的平局关系提供了更多检验人员反映的样品信息。然而，当检验人员数量较少时，该种平局关系则降低了发现差异性的可能性，降低了统计功效。在感官评价中，当参加检验人员的数量少于 50 名时，最好不要出现“没有偏爱”的选项；当检验人员数量超过 100 名时，大量的关于“没有偏爱”的选择将会变得尤为重要，因为该情形代表对样品的偏爱度是一样的。当检验中选择“两者都不喜欢”等选项的较多时，将会质疑检验样品对该种检验方法的适宜性，更有可能质疑参与产品评价的检验人员的资质。答案中关于“两者都不喜欢”的占比应尽量少，控制在 5%～10%。

两个或多个产品的成对比较偏爱检验在市场调研方面的应用最为广泛，因为该方法设计比较明确，吸引力较强，且消除了传递性，易于评估多种市场方面的假设。例如，提供不同样品的定位说明，偏爱度是否会改变。就感官评价而言，成对偏爱检验提供的信息量较少，而且效率也低于 9 点喜好标度的直接标度法。所提供的信息量较少的原因是“偏爱 A”“偏爱 B”“没有偏爱”这些响应不能直接对偏爱的程度进行衡量，且还可能对两个样品都不喜欢。效率较低的原因是对每个样品只有一个响应，只有一个判断。

该方法要求的消费者人数较多，一般要求100名以上的消费者参加检验。成对偏爱检验简单易行，消费者很容易理解任务，但信息量有限，每次只能向消费者提出一个偏爱问题，只能得出产品有无偏爱差异的结论，适用于小量样品的偏爱性检验。

［**例1**］成对偏爱检验举例——巧克力牛乳的个性发展感官检验项目

检验目的：有的消费者反映某公司的巧克力牛乳的颜色较浅，感觉不像真正的巧克力的颜色。该公司根据消费者的意见加深了巧克力牛乳的颜色，并想通过消费者感官检验来确定加深颜色的产品是否比原来的产品更受欢迎。

项目设计：该项目采用实验室检验方式，筛选出100名经常购买巧克力牛乳的消费者到实验室参加检验。加深颜色的产品与原产品都使用同样的容器呈送给消费者，容器上都标有3位编码。一半的消费者先得到加深颜色的产品，再得到原产品；另一半的消费者先得到原产品，再得到加深颜色的产品。要求参加检验的消费者必须从两种产品中选择一种更喜欢的产品，在问卷上写出更喜欢的产品的编码。

项目结果：68名选择加深颜色的产品，32名选择原产品。查表6-26，5%显著水平对应的答案数100的临界值为61＜68，所以得知在5%的显著水平下，加深颜色的产品受到明显的偏爱。

感官部门给出的建议：用加深颜色的产品代替原产品。

在一个成对偏爱检验中，有A、B两个样品，共有40名评价员参与评价。在评价结果中，25名选择偏爱A，15名选择偏爱B。判断评价员对A、B两个样品的偏爱是否有显著差异。通过成对偏爱检验显著差异的最小判断数，查寻得到实际偏爱评价人员数量大于或等于表6-26中对应的显著水平数值，则认为两个样品被偏爱的程度有显著差异。在成对偏爱检验中，总评价员人数为40名，查表6-26可以看出，5%水平上的差异显著的最小判断数为27，实际选取A的评价人员数为25名，小于27名，表明两个样品的偏爱程度没有显著差异。

［**例2**］40名评价员参与评价，其结果有20名选择偏爱A，10名选择偏爱B，10名选择无偏爱。判断评价员对A、B两个样品的偏爱是否有显著差异。本次成对偏爱检验可以采用3种处理方式：①去掉无偏差选项。在40名评价员中，10名选择无偏爱，其有效评价员人数可看作30名。查表6-26，5%显著水平上的差异显著的最小判断数为21，实际选取A的评价员人数为20名，小于21名，则认为两个样品的偏爱程度没有显著差异。②将无偏爱结果评分。则选择偏爱A的人有20+5=25，偏爱B的有10+5=15，查表6-26可得出，40名有效评价员，5%显著水平上的差异显著的最小判断数为27，大于实际检验值25，故认为没有偏爱差异性。③按比例分配两个评价结果。在将选择无偏爱结果的人数10中，2/3分配到选择A项，1/3分配到选择B项，则偏爱A的评价员人数变为20+10×2/3=27，偏爱B的评价员人数变为10+10×1/3=13。查表6-26可得，5%显著水平上的差异显著的最小判断数为27，实际选取A的评价人员数为27，相等，则表明两个样品的偏爱程度是有显著差异的。

在本次成对选择偏爱检验中，两个样品的偏爱程度有显著差异。在偏爱检验中，如果没有特别需要，最好要求评价员做出选择，这样结论才能更可靠一些。

2. 偏爱排序检验

偏爱排序检验是让消费者按照喜好程度由高到低或者由低到高的顺序对两种以上的产品进行排序的方法，是成对偏爱检验的扩展。在排序过程中，通常不允许检验人员相互联系。成对偏爱检验其实是偏爱排序检验的子集，在这种情况下，只要求研究对象对两个样品进行排序。排序结果表明人们对产品的偏爱方向，但并没有给出对产品偏爱的相对差别。在偏爱排序检验中，一次排序只能针对一个指标，如果让消费者对不同的指标排序，例如让消费者对风味、颜色等多个指标进行偏爱排序，则要对样品重新编号，并设置多个排序问题。

在偏爱排序检验中，一般要求消费者把不同的样品按不同的顺序排列，有时也能允许消费者把不同的样品按相同的顺序排列。偏爱排序检验操作简便、消费者易于理解，也适用于儿童或阅读能力低的人。序列是建立在特定样品内部参照系的基础上，因此，偏爱排序检验不能比较不同系列、重复产品产生的数据。视觉和触觉的偏爱排序相对简单一些，对风味或品尝进行的排序相对复杂。图 8-2 为偏爱排序检验的样本选票。

姓名：　　　　编号：　　　　日期：

请按给出的顺序从左至右品尝 5 个样品。使用下列数字，按最受喜爱至最不受喜爱的顺序排列样品。

1＝最受喜爱　　　　5＝最不受喜爱

样品　排序(1～5)
(不允许相等)
521
333
786
584
694

注：选票上的变化之处是列出了从 1＝最受喜爱至 5＝最不受喜爱的顺序。空白处写上相应的每个排列样品的 3 位数编码。

图 8-2　5 个产品偏爱排序检验的样本选票

数据在性质上是有顺序的，因而序列值并不是独立分布的，数据是非参数性的。偏爱排序检验可以通过使用 Basker 表或 Friedman 检验进行分析。使用 Basker 表可以简易分析排序数据。给每个样品一个打分（1～n），从最受偏爱的一个样品开始，把主题群的打分加起来，最终获得每个样品的排列总数。由于每个消费者主题都进行了遗传样品偏爱的排序，所以样本数量应等于主题数量。

［**例 3**］6 位消费者使用排序标度对 7 个样品进行排序，1＝最喜爱，而 7＝最不喜爱，见表 8-5，在该例子中，产品排列总数从 A～G，如表 8-6 所列。。当然，在实际生活中，我们不可能只设 6 位消费者对某个样品进行评价研究。

表 8-5　使用 Basker 表进行排序总数分析

样品	John	Mary	Todd	Anne	Mark	Susan	秩次和
A	3	2	4	2	4	3	18
B	7	3	2	3	6	7	28
C	2	5	7	1	3	2	20
D	1	1	1	5	1	1	10
E	5	4	3	7	2	5	26
F	4	7	6	4	7	4	32
G	6	6	5	6	5	6	34
合计	28	28	28	28	28	28	168

表 8-6　产品的排列总和及显著性分析

项目	样品						
	A	B	C	D	E	F	G
排列总数	18	28	20	10	26	32	34
显著性	ab	ab	ab	a	ab	ab	b

Basker 表说明，6 位消费者和 7 个样品的标准差别值是 22。在该检验中，排序总数下的相同字母的样品没有显著差异。在这一比较中除发现样品 D 明显比样品 G 更受偏爱外，没有发现其他的偏爱。

Basker 表需要强迫评价小组做出选择，它没有固定的序列，而 Freidman 检验能允许少量固定的意见。

Friedman 检验是非参数性的，等同于没有相互作用的方差分析。Friedman 检验的方程建立在 χ^2 分布的基础上。

$$\chi^2 = \frac{12}{[N(K)(K+1)]}\sum (T_K)^2 - [3(N)(K+1)] \quad (8.1)$$

式中：K 为样品数；N 为评价小组的人数；T_K 为秩次和；χ^2 的自由度为 $K-1$。

当感官评价结果有显著差异时，需要进行排序总数分离的比较，来判断在偏爱检验中哪一个样品与其他样品有差别。我们把偏爱排序中决定显著差异的值非正式地称为“最小显著性排序差别”或 LSRD。LSRD 的方程为：

$$\text{LSRD} = t\sqrt{NK(K+1)/6}$$

式中：K 为样品数；N 为评价小组的人数；t 为在 $\alpha=5\%$，自由度 $=N-1$ 时的标准值。

使用 Friedman 检验的数据：$\chi^2=15.43$。根据 χ^2 表中的值，α 在 5%、自由度为 6 时的标准 χ^2 是 12.59，所以这个数据组的偏爱排序在 $P<5\%$ 时具有显著差异。根据上述公式可以计算出 LSRD＝14.7，并提供了偏爱统计差别的下列模式(表 8-7)。

表 8-7 产品的秩次和以及显著性分析

项目	样品						
	A	B	C	D	E	F	G
秩次和	18	28	20	10	26	32	34
显著性	ab	bc	abc	a	bc	bc	c

在这个模式中，带有相同显著性群体字母的样品在偏爱排序检验中表现为没有差异。这个模式说明，样品 D 明显比样品 B、样品 E、样品 F 和样品 G 更受偏爱。样品 C 明显比样品 A 和样品 D 更受喜爱。Basker 表得到的结果比 Friedman 检验的结果更为保守。

在偏爱排序检验中，消费者被提供足量的样品，以便消费者在不能一次得到评价结果时进行多次评价。每次评价样品的数量取决于消费者注意力和记忆力时间的长短以及消费者的情绪。一次实验提供的样品数量不宜过多，一般为 4～7 个，否则消费者可能出现厌烦情绪。

偏爱排序检验同时提供给消费者一组随机排列的样品，由消费者按照喜好程度对样品进行排序，给出每个样品的序位，把每个消费者的排序结果转化为秩次，即给样品编秩。例如，一共评价 5 个样品，如果某消费者把 A 样品排在第一位，则给 A 样品编秩为 1；如果把 C 样品排在最后 1 位，则给 C 样品编秩为 5(也可以给 A 样品编秩为 5，给 C 样品编秩为 1)。如果消费者对两个样品排相同的顺序，那么这两个样品的秩次就是其秩次的平均值。计算每个样品的秩次之和，然后用 Friedman 检验进行分析数据。

[**例 4**] 偏爱排序举例——草莓味乳饮料的消费者感官检验项目

检验目的：有 3 种草莓味乳饮料的实验样品，3 种实验样品仅在草莓香气上有区别，分别为生草莓香气、熟草莓香气和半熟的草莓香气，某公司想通过消费者感官检验来确定哪种草莓香气更受欢迎。

项目设计：该项目采用中心地点法，筛选出 200 名经常购买草莓味乳饮料的消费者到已选定的中心地点参加检验。3 种样品用同样的容器呈送给消费者，容器上都标有3 位数编码，让消费者根据喜欢程度由大到小对这三种样品进行排序。

项目结果：见表 8-8。

表 8-8 草莓味乳饮料的消费者感官检验项目排序结果

项目	样品			秩次和
	A	B	C	
生草莓香气	75	56	69	394
熟草莓香气	72	35	93	421
半熟的草莓香气	53	109	38	385

注：A 为排第一的人数；B 为排第二的人数；C 为排第三的人数。

表 8-8 中 200 名消费者的排序结果进行编秩，排第一的编秩为 1，排第二的编秩为 2，排第三的编秩为 3，统计每种样品的秩和，例如，生草莓香气样品的秩和为 75×1＋56×2＋69

×3＝394，熟草莓香气样品的秩和为 72×1＋35×2＋93×3＝421，半熟的草莓香气样品的秩和为 53×1＋109×2＋38×3＝385。再用 Friedman 检验分析秩和数据，计算 Friedman 检验中的 F 统计量。

$$F = \frac{12}{200 \times 3 \times (3+1)} \sum (394^2 + 421^2 + 385^2) - 3 \times 200 \times (3+1) = 3.51$$

在 0.05 显著水平下，查对应的临界值为 5.99＞3.51，所以在 0.05 显著水平下，3 种不同香气的草莓味乳饮料不存在明显差异。

感官部门给出的建议：由于在 0.05 显著水平下，3 种不同香气的草莓味乳饮料不存在明显差异，可重点考虑成本的因素，采用成本较低的实验样品。

在食品生产中，配方、热处理的温度、贮藏温度和时间等都有自然顺序。在这种情况下，为了检验该因素效应，可采用 Page 检验。在产品有自然顺序时，Page 检验比 Friedman 检验更有效。Page 检验也是一种秩和检验。

3. 最大差异检验

Finn 和 Louviere 于 1992 年提出采用最大差异检验（Maximum Difference Scaling）的方法进行消费者偏喜好检验，即提供给消费者一系列样品，要求消费者从样品组中选出能代表最大差异（最喜欢/最不喜欢）的两个样品。该方法没有用到直接标度，解决了间距不相等、或标度使用因人而异等问题。另外，该方法也没有用到语言标度，可以在不同的国家使用。最大差异检验所花费的时间至少是标度法所需时间的 3 倍，极易引起感官疲劳。最大差异检验是消费者偏好检验中不常用的方法，主要用来检验消费者对产品的主观接受程度及重要性。在新产品研发过程中，需要确定由于不同原料、工艺条件、贮藏方法的变化对产品质量的影响时，偏爱排序是较为理想的方法。

进行偏爱排序检验之前，感官评价组织者应该注意：①根据检验的目的选择检验的方法，制定实验具体方案。②明确需要排序的感官特性。③指出排列顺序是由弱到强，还是由强到弱。④明确样品的处理方法及保持方法。⑤指明品尝时的注意事项。⑥指明对评价员的要求及培训方法，评价员对需要评价的指标和要求有一致性的理解与认识。

分类检验法是在确定产品类别标准的情况下，要求评价员在品评样品后，将样品划分为相应的类别。当样品评分困难时，可用分类检验法评价样品的好坏差异，得出样品的类别、好坏，也可以鉴定样品的缺陷等。

样品以随机的顺序呈现给评价员，要求评价员在按顺序评价样品后，根据评价表中所规定的分类方法对样品进行分类。评价完成后，由组织人员将评价员的结果进行统计，统计出每个样品中的各级别的评价员数量，采用 χ^2 检验比较两种或多种产品落入不同类别的数量，从而得出每个样品应属的级别，并判断样品间的感官质量是否有差异。

［例 5］ 现有 4 种不同工艺生产的同类型果汁饮料，根据不同的质量标准分为 3 级。由 30 名评价员拟通过分类检验方法对 4 种饮料的质量进行评价，以判断加工工艺对饮料质量是否有明显影响。分类检验结果见表 8-9。

表 8-9　分类检验结果

果汁饮料	一级	二级	三级	合计
A	7	21	2	30
B	18	9	3	30
C	19	9	2	30
D	12	11	7	30
合计	56	50	14	120

各级别的期望值 E，用下列公式计算：

$$E=\frac{\text{该等级的次数}}{\text{总次数}}\times\text{评价员数量}$$

根据期望值公式计算出各级别的期望值：

$$E_1=\frac{56}{120}\times 30=14 \qquad E_2=12.5 \qquad E_3=3.5$$

计算每个样品相应级别的实际测定值 Q 与期望值 E 之差(Q_i-E_i)。

由此计算出χ^2。

$$\chi^2=\sum_{i=1}^{r}\sum_{j=1}^{c}\frac{(Q_{ij}-E_{ij})^2}{E_{ij}}$$

$$=\frac{(-7)^2}{14}+\frac{4^2}{14}+\frac{5^2}{14}+\cdots+\frac{3.5^2}{14}=19.49$$

误差自由度＝样品自由度×级别自由度

$=(m-1)\times(t-1)$

$=(4-1)\times(3-1)$

$=6$

查χ^2表可得，临界值＝16.81＜实际值＝19.49。因此，可推断在 $\alpha=1\%$ 显著水平上，这三个级别之间有显著差异，即这四个样品可以分为三个等级，其中 C 和 B 相近，所以 C 和 B 为一级，A 为二级，D 为三级，见表 8-10。

表 8-10　样品的实际测定值与期望值之差

果汁饮料	一级	二级	三级
A	−7	8.5	−1.5
B	4	−3.5	−0.5
C	5	−3.5	−1.5
D	−2	−1.5	3.5

8.4.2　接受性检验

接受性检验是感官检验中很重要的一种方法，主要用于检验消费者对产品的接受程度，既可检验新产品的市场反应,也可通过这种方法比较消费者对不同公司产品的接受程度。

1. 接受性检验的种类

接受性检验是要求消费者评价员在一个特定标度上评估他们对产品的喜爱程度的方法,不一定需要与另外的产品进行比较。具有特点的接受性检验方法有喜好标度、脸谱标度、标记情感标度、恰好标度。

1)喜好标度

喜好标度是最常用的消费者接受性检验方法。Lawless 等发现一共有 9 个均匀分布的标度并且在标度中间有一个中性点,形成了能够检验消费者对一系列产品平均喜欢程度的 9 点标度。根据需要,7 点标度、5 点标度、3 点标度也相继出现。

9 点喜好标度是从 9 种描述中选择出最能反映自己对产品喜好的描述,包括极端喜欢、非常喜欢、一般喜欢、稍微喜欢、既不喜欢也不厌恶、稍微厌恶、一般厌恶、非常厌恶、极端厌恶等。它使用简单并且已被研究证明具有效性和可靠性,在接受性检验中得到了普及。喜好标度是采用标度的形式将消费者对产品的情感状态从不喜欢到喜欢的程度进行量化赋值(评分),即对结果进行分析的时候,将语义描述转化为数值进行计算,“极端喜欢”等于 9,“极端厌恶”等于 1,计算出对产品的评分。直到 David Peryam 提出了“快感标度”来代替用于测定食品产品喜爱程度的 9 点快感标度(9-point hedonic scale)。

(1)快感标度　快感标度是要求评价员将样品的品质特性以特定标度的形式来进行评价。采用的标度可以是 9 点快感标度、7 点快感标度或 5 点快感标度。图 8-3 为 9 点快感标度的示例。

姓名:　　　　　　编号:　　　　　　日期:

请在标度中圈出最能代表你对样品态度的选项

样品:832　　716　　572

非常喜欢 □　　很喜欢 □　　一般喜欢 □　　有点喜欢 □　　不喜欢也不讨厌 □

有点不喜欢 □　　一般不喜欢 □　　很不喜欢 □　　非常不喜欢 □

图 8-3　9 点快感标度

接受性检验的结果分析与评分检验方法的统计分析相同。将快感标度换算为数值,然后进行统计分析。分析方法为 t 检验或方差分析。

[**例 6**] 有 10 名评价员采用 9 点标度对两种饼干的风味进行评分,以判断这两种饼干的风味之间是否有显著差异。

表 8-11 两种饼干风味的评分检验结果

样品	1	2	3	4	5	6	7	8	9	10	总和	平均
A	8	7	7	8	6	7	7	8	6	7	71	7.1
B	6	7	6	7	6	6	7	7	7	7	66	6.6
评分差 dj	2	0	1	1	0	1	0	1	−1	0	5	0.5

A,B 样品可以采用成对数据 t 检验分析。

$$t=\frac{0.5}{0.85/\sqrt{10}}=1.86$$

查 t 值表可得出,$t_{0.05,9}=2.262>1.86$,由此可以判断两种饼干风味之间没有明显差异。

(2)非结构化线性标度　非结构化线性标度是喜好标度的延伸,喜好标度的标度点固定。当标记的语言不能准确表达消费者感觉时,该方法就不再适用。因此,Cardello 于 1996 年提出了非结构化线性标度的方法。这种方法可以便于消费者根据自己的感觉进行选择,也避免了边界效应,减少了实验误差。

非结构化线性标度并不将所有语言标度都标记出来,只是将固定线段(如 15 cm 的线段)的两端按从左到右的顺序分别标示为极其喜欢和极其不喜欢,有时也在中间定义一点为既不喜欢也没有不喜欢。要求消费者根据自己的感受选择线段上的某一点作为响应。在结果分析时,将线段的长度转化为数值进行计算。该方法使用灵活,便于消费者根据自己的感受进行选择。

(3)行动量表　行动量表是由 Schutz 提出的,用于检验一定人群对产品的接受程度的方法,是喜好标度的延伸。行动量表是检验消费者对待产品的一般态度。这种标度包括消费者的行为和喜好的类型。每次可检验一种或多种样品,可询问消费者标度中的哪一等级最能代表他们的态度。如某种食品行为标度的语义描述为:一有机会我就会食用该食品;我会经常食用该食品;我会时常食用该食品;我喜欢该食品也会偶尔食用它;空闲时我会食用该食品,但是我也不会放弃食用其他种类食品的机会;我不喜欢该种食品,但我偶尔会食用它;我几乎不会食用该食品;我仅仅会在没有其他食物可以吃的前提下才会选择食用该食品;我只会在被迫时食用该食品。

行动量表的使用具有一定的局限性,语言交流有障碍的群体(如儿童或不识字的群体)不能使用,且其语义标度固定,缺少自由度。

标度的形式可根据消费者的类型而变化。当检验人员为儿童时,9 点快感标度并不容易被儿童所理解,因此可采用图示类标度供儿童消费者选择。快感标度在 9 点标度的基础上衍生了脸谱标度、P 和 K 语言标度等。

2)脸谱快感标度

脸谱快感标度是让儿童看几个微笑或者不微笑的人物脸的画像来理解喜欢和不喜欢的程度,从而做出评价。年幼的儿童经常会被选为感官接受度测试的评价人员,因为他们是消费者,他们会影响大人的购买选择,所以他们的偏爱度对消费品公司来说很重要。如果想从中获得有价值的信息，就需要解决各种困难。儿童可能并没有认识能力推断这些画像，以表示他们对样品的内在反应，并且他们可能会被这些图像转移注意力，导致脸谱快感标度表现得不是很好。Kroll 认为语言描述符，即所谓的 P 和 K 语言标度要比 9 点快感标度或脸谱快感标度更适合于儿童。P 和 K 语言标度被证明是一种非常实用和可靠的工具，美国的 A. W. Chen 等的研究表明，36～47 个月的儿童适用于 3 点脸谱快感标度与 P 和 K 语言标度结合使用的技术；47～59 个月的儿童适用于 5 点脸谱快感标度与 P 和 K 语言标度结合使用的技术；60～71 个月的儿童适用于 7 点脸谱快感标度与 P 和 K 语言标度结合使用的技术。这个研究结果可以发现，P 和 K 语言标度是可靠的。

总之，对儿童进行的偏爱检验或接受性检验可以根据成年人的方法进行一些修改，然后再实施。这些内容包括：①为了确保顺从，并将社会影响减少到最低，在大部分情况下，这是进行一对一的检验。②儿童可以对语言标度或者图片标度做出回答。③如果与年纪较小的儿童一起进行的话，可以把标度截去末端后再使用。④成对偏爱检验非常适合于 4～5 岁的儿童。在这个年龄段以下，必须通过儿童的行为来推断喜欢和不喜欢，例如，在自由状态下的口头接触或咀嚼和吮吸行为。图 8-4 为一个 6 点脸谱快感标度，图 8-5 所示为 P 和 K 语言标度示例。

图 8-4　6 点脸谱快感标度

- □ 非常好
- □ 真正好
- □ 好
- □ 只有一点好
- □ 可能好，也可能坏
- □ 只有一点坏
- □ 坏
- □ 真正坏
- □ 非常坏

图 8-5　儿童使用的 P 和 K 语言标度

3)标记情感标度

标记情感标度是由 Schutz & Cardello 于 2001 年制定的一种分类标度，可以有效测量消费者对产品的喜爱程度。它是量值估计、视觉模拟量表和标记分类标度的结合，基于比例关系将描述喜爱程度的短语标注在直线的旁边，基于目前标准的 9 点喜好标度的标注，采用比例缩放的方法确定最高等级与最低等级的标注。测试分析结果，标记情感标度需要满足统计推断分析的假设。与其他标度相比，标记情感标度能更好地区分测试人员高度喜爱的一组食品，且与量值标度和喜好标度具有高度的相关性。标记情感标度允许分析结果涉及比例形式的表述，如某种产品在标度的单位上评分是另一种产品的 2 倍，那么该产品的喜爱程度就是另一种产品的 2 倍。目前标记情感标度在评价消费者对茶叶的喜爱程度、感知甜味的遗传因素的研究、不同年龄段人群对不同口味的橙汁的偏爱研究等方面均有广泛的应用。

标记情感标度的位置不固定，由消费者根据对样品的感受进行标记。例如，一条 15 cm 的垂直线段以一定的增量按照从下到上的顺序进行标度，分别标记为最不喜欢、极其不喜欢、非常不喜欢、很不喜欢、有点不喜欢、既没有喜欢也没有不喜欢、有点喜欢、很喜欢、非常喜欢、极其喜欢、能够想象得到的喜欢（图 8-6）。标记情感标度采用连续的直线而不是固定的分类标度，因此具有更强的区分能力。标记情感标度中没有数值点，因为数值与语言标注的语义所包含的比例关系不能一一对应，但是通过转换可以进行分析，例如，以最不喜欢的程度为 0，最喜欢的程度为 100 进行转换。该标度的分析方法与 9 点喜好标度类似，可以使用方差分析。标记情感标度可以将结果在代表其相应含义的 1～9 的数字中进行转换，各类别的响应频率也可采用 9 点喜好标度进行统计分析。用于标记情感标度响应频率的分布见表 8-12。

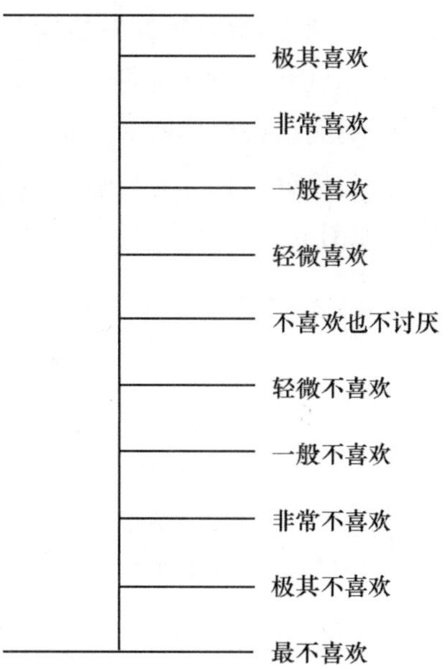

图 8-6　标记情感标度

表 8-12　标记情感标度响应频率的分布*

指标	上限	标度	下限	氛围
最喜欢		100	94	7
极其喜欢	93	87	83	11
非常喜欢	82	78	73	10
一般喜欢	72	68	62	11
轻微喜欢	61	56	53	9
不喜欢也不讨厌	52	50	48	5
轻微不喜欢	47	45	40	8
一般不喜欢	39	34	28	12
非常不喜欢	27	22	17	11
极其不喜欢	16	12	6	11
最不喜欢	5	0		6
总和				101

注：* 共有 101 个值可供消费者选择。当值为 94～100 时，结果归类于“最喜欢”；当值为 83～93 时，结果归类于“极其喜欢”。

4)恰好标度

恰好标度是将产品感官属性强度与接受性关联起来的一种标度。标度的中点相当于属性强度“恰好”,即属性强度既不特别强也不特别弱,是一种理想感官强度的水平。恰好标度是由 Thurstone 和 Likert 在 19 世纪 20—30 年代发展起来的一种检验态度的方法。Thurstone 提供了区分消费者不同态度的标度方法,Likert 在标度上将数字与含义结合起来。有的研究者认为,恰好标度在检验产品最优水平时可以代替喜好标度,也有一些研究者并不认为喜好标度和恰好标度具有一致性。1999 年,恰好标度已被广泛应用于产品指导。

常用的恰好标度有 3 点恰好标度及 5 点恰好标度,两个端点分别代表太强或太弱,中间位置点为恰好。如 5 点恰好标度的分类包括一点都不(甜)、有点(甜)、正好、太(甜)、非常(甜),如图 8-7 所示。

姓名:　　　　编号:　　　　日期:

请在标度中圈出最能代表你对样品态度的选项

香气	甜度
□ 太强烈	□ 太强烈
□ 恰好	□ 强烈
□ 太微弱	□ 恰好
□ 微弱	□ 太微弱

图 8-7　3 点恰好标度及 5 点恰好标度

该方法可以找到能使消费者接受的点,可与喜好标度和特性强度结合起来,为产品开发和产品优化提供信息,但是不能代替感官描述性实验数据。通常在资源有限或对感官描述方法了解有限的情况下会利用恰好标度,在感官评价测试中一般不推荐使用恰好标度。即使消费者不理解特定的描述性用语,也会提供响应,这就使位于标度中间位置的类别“恰好”选项的判断结果占据了优势,因此,基于这种情况,一些研究者把恰好标度的类别项制定为 5 点和 7 点。在为每个类别进行标注时,类别项太多会导致一定难点的出现,也会导致消费者忽视未被标注的类别。

2. 接受性检验的场所

接受性检验根据检验进行的场所不同分为实验室场所、集中场所和家庭场所 3 种类型。其特征见表 8-13。

表 8-13　不同场所的接受性检验特征

项目	实验室场所	集中场所	家庭场所
评价员类型	员工或当地居民	普通消费者	员工或普通消费者
评价员数量/个	25～50	>100	50～100
样品数量/个	<6	≤5 或 6	1～2
检验类型	偏爱,接受性	偏爱,接受性	偏爱,接受性

续表 8-13

项目	实验室场所	集中场所	家庭场所
优点	条件可控，反馈迅速，评价员有经验，费用少	评价员数量多，没有员工的参与	环境接近食用环境，结果反映了家庭成员的意见
缺点	过于熟悉产品，信息有限，不利于产品的开发	可控性差，没有指导，要求评价员较多	可控性较差，花费较高

8.5 混合检验法

20世纪50年代，美国心理学家Kelly提出了个人构建理论。该理论的基本观点是人在他所身处的世界是通过不断构建、检验，继而修正他对周遭事物的认知方式，最终可以预测、控制生活。构建通常是一组对立概念，而且是有层级的。

1. 贮备网格法

贮备网格法是基于个人构建理论而发展起来的，也是基于访谈的技术，包含元素、构建、网格等3个关键概念。元素是指实验样品的集合，构建是指描述元素的特征（如脆度高、脆度低、番茄味浓、番茄味淡等），网格是指元素在构建上的等级（如5点标度、7点标度等）。在消费者调查过程中，贮备网格法的关键在于引出构建，即描述产品的关键因素。在Kelly的基本理论中，构建是一组两极的概念。常用的建立构建的方法有：三元素组合法、二元素法、卡片排序法、阶梯法等。贮备网格法是定性与定量结合的方法，能实现态度、感觉与认知的量化，数据处理相对简单，时间成本较低。

2. 手段目的链阶梯法

阶梯法理论最早由Hinkle提出，应用在临床心理学领域，随后该方法被应用于消费者检验领域。手段目的链于1982年由Gutman引入营销学中研究消费者的行为，将消费者与产品有关的知识结构与个人利益及价值结合起来，是一种很好地理解消费者认知网络与购买行为的方式。标准的手段目的链模型的基本结构为属性+利益+价值。随后，Walker等对Gutman的模型做了一些修改，扩大了链水平。他们认为这三种较低水平（物理属性、抽象属性和功能结果）代表消费者的产品认知，另外三个高级水平（心理结果、工具价值和最终价值）代表消费者的自我认知水平。

在手段目的链阶梯法检验过程中，消费者能描述或区分不同产品最有用的特征；随后建立分级价值体系，将问题转移到与利益及个人价值有关的抽象水平，最终建立消费者所认知的产品属性、结果利益及价值间的关联性。手段目的链阶梯法理论的核心在于通过阶梯法层层挖掘消费者对产品的认知结构，由价值层级图清晰地看出消费者的产品知识结构。

3. 联合分析法

联合分析法产生于1964年，不久之后就被应用于市场营销领域，用来检验消费者对不同属性及其水平组成的产品的喜好性。Baker等利用联合分析法研究了人们对转基因食品的偏好程度：选定 3 个玉米片因素（品牌、价格和来源），每个因素确定 2 个或 3 个水平，通过正交实验模拟 12 种产品并提供给消费者，消费者根据自己的喜好打分，通过分析可以得出每个属性被消费者喜好的重要性程度。

联合分析法是通过假定产品具有某些特征，对现实产品进行模拟，然后让消费者根据自己的喜好对这些虚拟产品进行评价，并采用数理统计方法将这些特性与特征水平的效用分离，从而对每一特征以及特征水平的重要程度做出量化评价的方法。联合分析法可将产品的多个特征提供给消费者进行综合考虑，通过分析可以预测不同类型人群的抉择结果，实用性较强，可以了解消费者真实或潜在的需求。

8.6 消费者感官检验中的评价员

感官检验中的评价员应由消费者组成，且要根据产品的性质、消费人群等特征来选择评价员。安排消费者进行接受性检验或偏爱性检验的关键在于评价小组成员的选择。

在消费者感官检验中，消费者群可能由一些受雇者或当地的居民组成，由此带来的问题是不能确认群体是否最大限度地代表了广大的消费者，并可能会给检验带来错误判断的风险。

如果消费者检验的评价员来自内部的消费者，例如在公司中或实验室中利用受雇者进行感官检验，产生的问题是受雇者对产品不是盲评，对所检验的产品可能有其他潜在的偏爱信息或潜意识。同时，技术人员观察产品可能与消费者有很大的差别，他们完全着重于产品的不同特性。可见，应该筛选这个种类产品的使用者参与检验。如果不是有规律的使用者，没有资格预测产品的可接受性。例如，对产品调查的问卷收回后会发现，没有使用过产品的人返回的问卷即使是填满的，但有的回答没有逻辑，这些都对最终的统计分析结果产生影响。

消费者检验的评价员来自当地的消费者评价小组来进行检验可以节省时间和资源，包括从属于学校或俱乐部的团体或就近原则的其他组织。通过领导者或同等地位的人互相交换意见，为产品和问卷的分布节省一些时间。然而，评价员之间可能有所了解，并且大家都在一个有规律的基础上互相交谈，因此，不能保证这些意见都具有独立性。

在感官检验中，要明确产品的使用对象，评价小组要能代表所研究的目标人群。如加糖的早餐粥的使用人群是 4～12 岁的儿童；衣服、杂志和娱乐品的主要消费人群应该是 12～19 岁的年轻人；20～35 岁的成年人是高消费的人群，在感官检验评价员的选择中应占主要地位；而 35 岁以上人群的主要消费应和家庭有关。如果评价小组的成员不是这些人群的代表样本，那么数据就几乎不具有或者根本不具有预测的价值。不同性别的人群在消费上的差别也应考虑。如女性热衷于购买消耗品与衣物，男性热衷于购买汽车、酒和娱乐品。虽然男女在消费上的差别越来越小，但任何一种产品都应选择其典型的消费者作为感官检验的评价员。另外，还要考虑消费者的收入水平、地理位置等因素。

筛选消费者感官检验的目标消费者群体样本的最有效方式是使用调查问卷，询问这些人群有关产品使用信息，如图 8-8 所示。

用来调查您的产品偏好、使用情况，请务必按要求完成填写。对于您所提供的一切信息，我们都会给予保密。

姓名： 部门： 分机号码： 日期：

一般信息：

女性 男性 已婚 单身

34 岁以下群体 35～50 岁 50 岁以上

1. 下列食品中如有您不喜欢的，请一一加以指出（食物过敏或不适等）。

奶酪 家禽 巧克力

海鲜 鸡蛋 大豆

水果（请具体说明） 香料（请具体说明）

肉类（请具体说明） 蔬菜（请具体说明）

牛奶

2. 如果您的个人食谱有特殊要求，请一一指出。

糖尿病低盐高能量。

低能量无特殊要求其他（请具体说明）。

图 8-8 消费者感官评价产品态度

思考题

1. 试述消费者检验中的消费者的组成。
2. 举例说明消费者感官检验在食品中的应用。
3. 消费者检验类型有哪些？各有什么特点？

CHAPTER 9

第9章 食品感官评价的应用

【学习目的和要求】

了解食品感官评价的基本应用场景；了解食品感官评价在新产品开发中的作用；了解感官、物理和化学之间的关系；了解感官质量控制系统建立的基本过程；掌握感官评价是如何解答新产品开发中遇到的问题；掌握感官评价在企业应用中的注意事项；掌握感官评价在食品质量控制中的应用；掌握市场调查的目的、对象、场所以及调查方法。

【学习重点】

理解感官评价技术对于食品企业重要的现实意义。在掌握基本感官评价检验方法的基础上，更深入地了解其在食品企业中实际应用的规则和特点。

【学习难点】

了解感官评价技术在食品企业中应用时所应注意的问题；理解和明确感官评价部门与企业的生产、研发和市场部门的协作关系；了解感官评价工作人员所应具备的能力和素质。

9.1 食品生产中的感官质量控制

9.1.1 感官质量控制及其在企业中的重要意义

食品感官评价是在相对稳定的环境条件下，以感官评价员的感觉器官为基础，采用适当的数理统计方法评判食物优劣的一种实验方法。作为一门应用技术学科，感官评价已被广大食品企业所接受和认可，并被广泛地应用于食品的生产、加工、贮运、贸易、消费等方面，在食品市场调研、新产品开发、生产质量控制等工作环节中起着重要作用。

产品的感官质量是产品质量的重要组成部分。随着人民生活水平的提高，消费能力的增长，消费者变得越来越“挑剔”，产品的感官属性（如色、香味、听和触感）越来越成为消费者选择自己满意、喜爱产品的重要指标之一，它直接或间接地决定消费者的购买意愿。

在企业的生产过程中，产品的感官质量控制是产品质量控制系统中不可缺少的分析评估工具。它可以使企业在整个产品的生命周期从原材料到成品的各个加工环节跟踪、监管产品的感官质量和品质，对其感官性状（如颜色、气味、口感、质地等）或某一个特殊感官属性（如甜度、酸度、嫩度等）进行评价，准确、客观地了解产品感官属性的优缺点，确定产品的感官质量规范，监管和控制产品的质量，寻找准确、有效的产品改进及研发方向，从而更好地把握消费者的需求，生产物美质优的产品，提高企业产品的竞争能力。

我国绝大多数的食品生产企业内部都已经建立质量跟踪检测系统，但它们大多依赖于仪器的理化指标测量，只有少数企业已经建立产品的感官质量跟踪检测系统。

9.1.2 感官质量控制的历史和现状

在食品行业中，除了理化指标外，产品的风味、香气、外观和质地等感官性质是决定产品质量的一个重要因素。对一种食品而言，无论营养价值如何，其可接受性最终往往是由感官评定的结果来决定。因此，在食品质量控制当中，就一定有感官检验。感官检验可以对产品的所有指标进行测量。虽然仪器可以测定产品的硬度，但不能确定消费者认为合适的程度，而感官检验就可以提供消费者对产品态度的信息。因此，在食品行业中只有将食品理化分析和感官评价结合起来，才能生产出满足消费者需要的既营养卫生，又色、香、味、形和质地俱佳的高质量食品。感官评价在食品质量控制中的作用越来越受到重视，从历史角度来看，它的发展经过了以下 5 个阶段。

①专家阶段在 20 世纪 30—50 年代。人们意识到了感官评价对产品质量的重要性，采用经验丰富的专业人员对产品进行评价，从而决定产品质量，如啤酒和葡萄酒酿造行业。

②培训过的评价员阶段在 20 世纪 50 年代至 60 年代早期。因为生产规模的扩大，只用专家进行所有产品的质量控制已经不现实，人们开始用受过培训的评价员对产品进行评价，这是真正意义上的产品质量控制的初始阶段。

③感官评价系统在食品工业中的建立及其在产品质量控制中重要性得到广泛认识，这

一阶段在 20 世纪 60—90 年代。

④在 20 世纪 90 年代以前，虽然建立了正式的品控感官检验系统，但并没有统一的方法，包括实验内容和操作程序等。

⑤从 21 世纪初开始，感官评价已发展成为多学科交叉的食品感官科学，在食品质量控制中发挥着重要作用。

我国的感官评价技术在食品质量控制中的应用起步较晚，大多数企业尚未建立感官质量控制系统，特别是些中小型企业。尽管有些企业建立了质量控制体系，但它们所采用的质量控制手段主要是理化指标和仪器的测量分析（如电子鼻、电子舌），它们并不完全信任和接受以“人”作为测量工具的产品感官评价技术。迄今为止，现代理化指标和仪器的测量分析不可能完全模拟和替代人的感官系统。从消费者的观点出发，仪器不可能发现产品在感官质量上的优缺点，从而决定了仪器分析不可能完全替代感官评价。

在质量控制部门，现代理化指标和仪器的测量分析可以很好地为感官评价结果进行准确有效的认证。反之，感官评价为仪器分析结果提供了相应的参考依据，因此这两种测量分析方法是相辅相成、有益补充的，有助于企业及时发现产品感官质量上的问题，及时纠正，确定产品的感官质量规范，建立完善的感官质量控制系统。

在现阶段，制约感官质量控制系统在企业建立、发展的因素主要有四点：①现代感官评价技术在企业尚未引起足够的重视。②我国还未建立完善的感官评价标准化技术和应用指南。③缺少感官评价专业技术人员。④感官评价标准化技术在企业中的推广和示范力度不够。

加强产品的感官评价技术在企业中的推广和普及，发挥其在质量控制、新产品研发、市场研究领域的重要服务职能作用是摆在我国食品专业技术人员面前的现实问题。

感官评价在食品质量控制中的发展方向：①重要意义被认识，在组织（公司）内部得到的支持增多。②建立和完善评价员的培训系统。③建立和完善感官规范。④建立和完善感官检验方法。⑤与产品开发部门合作，生产质量更一致的产品。⑥全球化。⑦向其他行业（如药品、生活用品和造纸业）渗透。⑧网络化。⑨成为向消费者提供质量更加一致的产品的一种有效方法。

9.1.3 感官质量控制体系的建立

1. 感官质量控制体系中感官评价员的培训

建立包括感官检验的完善的食品质量控制系统，评价员的培训是必不可少的。因为品控的一个重要任务就是保证产品质量的一致性，如果使用没有经验的评价人员，所得结果可靠性不高。而专家级评价员因为不能长期使用，也不是理想的人选。为了保证检验的连贯性，在企业内部训练合格的评价员是最理想的方式。因为他们是企业内部成员，对产品的特性很熟悉，随着实验次数的增多，他们的判断准确程度会越来越高。

要客观、准确地进行感官评价，就需要在企业内部建立自己专有的感官评价团队（15～20人），由感官评价专业技术人员对其进行选拔、培训、测试和管理。企业内部感官评价队伍的建立是企业一项长期的战略投资，也是企业感官质量控制系统的不可或缺的重要组成部分。通过他们，企业能够及时有效地跟踪、监测产品的感官质量。企业内部感官评价队伍可以由企业不同部门的人员组成，如行政管理、质量控制、市场、销售等部门，人员的选拔可参考这些条件进行：①公司的管理模式。②个人的工作时间安排。③个人的动机。④个人的感官敏感度。⑤个人的鉴别区分、表达和记忆能力。

对于个人感官敏感度和个人的鉴别区分、表达和记忆能力，我们可以采用6个测试对感官评价员进行选拔：①视觉测试（颜色、外观）。②嗅觉辨别测试（香气检验）。③味觉辨别测试（酸、甜、苦、咸、涩和金属味）。④口感质地辨别测试（酥、脆、黏、颗粒感）。⑤触觉辨别测试。⑥鉴别区分、描述、表达和记忆能力测试。

一旦企业内部感官评价队伍组成，就需要对他们进行培训。根据企业产品属性的不同，培训一般需要3～6个月。由于人体感官系统的复杂性（如嗅觉），感官评价员必须经过一个熟悉、培训的过程，才能承担产品的评价工作。在培训阶段中，感官评价专业技术人员要指导评价员从食品的颜色、外观、气味、口感、质地等感官角度客观地评价产品，并教授他们使用适当的词汇术语进行描述，表达各个感官性状，同时向感官评价员提供参照物和品评的方法，培养他们的鉴别、记忆能力，从而提高评价员感官的综合评价能力。

为了客观、准确地描述产品的感官性状，在培训过程中，感官评价员还必须达到3个基本要求：①理解和正确定性运用感官描述词汇；②理解和正确定量运用感官描述词汇；③正确使用不同的标度尺进行标志。

感官属性描述词汇的建立主要通过两种途径：一是参考现有的文献资料；二是建立自己专有的产品描述词汇。后者需要1～2个月。通过感官评价专业技术人员和感官评价团队的紧密合作，反复推敲、筛选，并运用统计学方法进行分析论证，争取用最少量的、客观准确的描述词汇最大限度地描述产品的感官属性。一种产品的感官属性描述词汇有十几个到二十几个。在培训过程中，感官评价专业技术人员要定时对感官评价员的评价能力进行分阶段测试和评估，并根据测试结果，及时发现问题，准确、有效地改进他们的评价能力。考察主要包括感官评价员的辨别能力、重复能力和准确能力。

感官属性的辨别以及定性、定量的鉴别和理解通常采用下列一些感官评价方法来培训感官评价员，评价他们的感官评价能力：①浓度逐级递减法，即辨别某种香气或口味在溶液中是否存在，通过逐级递减它们在溶液中的浓度，提高感官评价员的感官敏感度；②三点检验、二-三点检验等差别检验法，即评估感官评价员的区分辨别能力。

采用循序渐进、由简入繁的方法训练感官评价员对感官描述词汇的正确识别、理解和记忆的能力，正确使用标度尺以及准确定量的能力。通常应用排序梯度法、评分法等，帮助评价员完成从简单到复杂的测试，以训练他们正确使用不同的标度尺。

在对企业内部感官评价员培训时，对他们要进行系统管理，建立他们的个人感官品评档案，每年进行2～3次的感官品评能力测试和评估，所有的评估成绩都应记录在案，并根据他们的测试,评估成绩,有针对性地对他们进行再培训,使每个感官评价员都能够保持良好、稳定的品评能力。为了更好地完成培训工作,在企业内部要建立感官评价培训样品库(香气样品、口味样品和质地样品库等)以及相关的图书、图片资料和产品评价档案。这些资料库的建立是对感官质量控制系统的一个有益补充,能够进一步完善质量控制体系的建设。

2. 感官标准的建立

感官标准的建立是品质控制关键的一步。生产企业必须有产品的质量标准,其中包括感官质量标准,有了标准才能进行评价分析工作。这个标准包括产品标准、精神标准和文字标准。产品标准是指评价中有时使用真实的产品,有时使用产品中的单一成分作为标准物(参照物);精神标准是指由一名或多名专家级的评价员或一个受过高度培训的评定小组制定产品应该达到的各项感官标准;文字标准是指对该关键感官指标的定义和描述词汇在文字上进行规定,评价时有据可依。

3. 感官指标规范的建立

感官指标规范的作用是确定产品的可接受性。它对各种指标的强度都有一个规定范围。如果经评价小组评定后,产品指标落在这个范围内,表示可以接受;如果产品指标落在这个范围之外,则表示不可以接受。感官规范的建立可以通过消费者实验建立,也可以由公司高层按照经验进行规定。通过消费者实验,建立感官指标规范的过程为:①选择一组能够代表各种感官指标的产品,且能够真实反映产品在市场中可能发生的各种变化,有时还可以增加几个能够说明产品重要缺陷的样品;②比较各个样品之间或样品与参照物之间的差异;③进行大量的消费者产品接受性实验;④分析产品指标的变化和消费者接受性之间的关系,从而建立各项指标的接受范围。

颜色、气味、口感、质地和声音构成了一个产品的感官属性。食品的生产从原料、半成品到成品是一个复杂的加工过程,每个生产环节都有自己的感官性状。感官质量控制部门的首要任务之一就是对产品生产的每个环节进行感官质量跟踪检测,确保其感官质量,因此必须建立从原料、半成品到成品等各个生产中间环节的感官质量规范,对各个环节产品的感官性状(如颜色、气味、口感、质地等)或某一个特殊感官属性(如甜度、酸度、嫩度等)进行评价。

建立产品感官质量规范的同时,还必须考虑原料的选择及配送、生产工艺、生产设备、生产环境、贮存条件等相关因素和技术参数。在产品生产中的每一个环节(从原料、半成品到成品),提供与产品感官质量规范相符的样品标本及理化、仪器测量数据参数,使质量规范真正发挥对产品生产的每一个过程进行质量跟踪检测的作用,这样才能够发现质量问题,并及时纠正问题,建立一套完善、有效的感官质量控制系统。

产品感官质量规范的建立需要感官质量控制部门和生产、采购、销售、市场等部门紧密配合,根据各部门反馈的信息和市场的需求,依据国家现行的政策和法规,及时进行更新、修订。

4. 选择正确的感官评定实验方法

差别检验、描述性分析和情感实验在食品质量控制中都得到广泛使用。感官评价实验方法的选择应根据实验目的和产品的性质而定，以能够衡量出样品与参照物之间的差别为原则。如果产品发生变化的指标仅限于5～10个，则可以采用描述性分析的方法，而如果发生变化的指标很难确定，但广泛意义的指标（如外观、风味和质地等）可以反映产品质量，则可以对产品进行质量打分。如食品企业经常需要进行原料替换，然而原材料的变更很容易引起产品感官特性的变化，为了保证变换了原料的产品的感官质量不差于市场在售的产品质量，就需要对实验品进行不断的改进。如果已经确定实验品与在售产品的感官差异比较小，但是不确定这种差异是否能被消费者鉴别，这时可选择三点检验评价样品的总体差异是否显著。

通常实验品需要不断改进才能完成与在售产品的完全匹配。在这些改进过程中经常遇到的一个情况是实验品与在售产品在大部分感官属性上的差异都很小，唯独某一感官属性的差异稍显明显。研发人员想要确定两个样品在这一特定感官属性（比如，甜度、脆度、易碎性或香草味）上的差异是否显著，可采用定向成对比较检验的感官评价方法。

大多数评价都是使用差别检验和描述性分析，只是这些方法在使用的时会根据问题的性质、测试员的具体数目和有限的决策时间进行一定的修改。

①每间工厂都要指定执行测试的区域。通常要有3～4个品评间、1个小型的准备区和1个小组讨论间（可以作为普通房间和其他人共用）。

②参与测试的所有测试员都要经过筛选。一定要清晰定义筛选的程序，让所有测试员都能遵循相同的规程。这类规程通常是由研发部门负责感官的员工来制定的（根据实验进行适当的修改）。

③差别检验和描述性分检中所使用的参比样[可以是产品和（或）原材料]可能会被识别，如果可以，要记录它们的制备和使用过程。根据经验，参比样不需要很多。随着时间的推移，需要利用差别检验和（或）描述性分析来评价补充的参比样。如果评价涉及原材料、半成品及成品，那么每次测试都需要用参比样。

④一旦经过筛选，测试员就会开始接受描述方面的培训，学会识别那些落在标准范围之内和之外的产品属性。

⑤作为初始建立程序的一部分，无论是评价的频率和时间，还是测试规程及相关事宜，都应该进行具体的说明。

⑥产品的接受（拒绝）标准一定要有文件记录并得到工厂管理层的批准。一般来说，品质控制程序都会采用同一个规程来培训测试员。因此，品质控制程序要取得成功就要确保测试者无须直接负责产品的决策。除此之外，使用二级评判可以增加程序的成功概率。例如，品质控制经理与工厂经理可以一起评价所有处在标准边界线上和（或）超出标准范围的产品，然后根据包括感官评价在内的所有可得到的信息做出最终的决定。

⑦与任何感官分析测试一样，测试员的表现会受到监控。评价过程应涉及参比和培训中用到的产品。测试员应当清楚自己是受监控的，且有机会查阅自己的评价记录。要淘汰那些表现不稳定的测试员（先暂时停止使用这些测试员，然后对他们进行重新认证）。

⑧建立正规的记录和报告规程。

9.1.4 感官评价在食品质量控制中的应用

感官评价在质量控制领域的应用很广泛，可以及时、有效地跟踪、监管产品的质量。通过感官评价，利用企业内部培训的感官评价员队伍和建立的产品感官质量规范可以进行6项工作：①产品原料的选择和质量与成本的控制和管理。②产品感官质量图谱和质量规范的建立和更新。③生产工艺、生产设备、贮存条件等因素的变化对产品感官质量影响的甄别。④企业产品与其他竞争产品在感官质量上优缺点的鉴别。⑤产品感官质量稳定性的跟踪测定。⑥产品感官质量有效期的确定。

生产过程中的产品品质监控分三个阶段：第一阶段是在收到原材料之后确定其是否可以被采用；第二阶段是原材料的存放期间；第三阶段是多个生产环节中。在这些阶段中，实施感官品质监控是为了减少不符合标准的物品被错误放行。

在接收原料时，要对它们进行检查以确认其是否符合标准。在正式的监控程序中，明确需要进行感官检验的原料清单，并且确定相应的检验频率。例如，某些原料的每个新批次都要进行检验，而其他一些原料则是每十个批次或者每个月做一次检验。在确定了检验频率之后，就要对感官评价的方法具体化。测试员要记录原料的所有决定，包括接受、拒绝或扣留。对于那些被扣留的原料，要让另外一些同样合格的测试员遵照相同的测试规程来进行评价。每家公司都必须有自己的原料接收标准。当3名受过培训且合格的测试员做出拒绝或者超出50%的响应认为要扣留原料时，管理层就应该加以重视。管理层也可以在收到拒绝或扣留某个原料的建议之后，仍然根据其他商业方面的因素批准使用该原料。

有些原料一旦被接收就会进入生产系统，并且在同一时间接受评价。而另外一些原料则可能会被贮藏几个月，甚至更长时间，这时就要对原料进行定期评价以避免出现各种问题。评价的规程与原料接收时的检验类似。实际上，所有在生产之前就进厂贮藏的原料在投入使用前都应该进行评价。

对于最终产品的评价来说，快速做出决策的依据是采用带有多个代表可接受产品的参比的差别模型或者经过改良的描述性方法。测试员通过培训学会辨别那些具有超出可接受范围差异的产品。此时产品的接受、拒绝或扣留标准则与原料和半成品的标准类似。

在生产过程中，为原料和半成品建立及补充参比则是一项更为困难的工作。一旦建立参比，且对补货周期达成一致之后，就可以把它们用于产品品质的感官监控。产品及原料参比是可以获得并贮藏的，但需要昂贵的费用。在这种情况下，依靠研发部门的感官工作组对产品提供完整的描述性分析结果以及鉴别哪些可用于培训及监控工作人员感官技能的参比。在食品安全和食品保障受到高度重视的商业环境中，进行评价的难度更大，而且可能很快就会被电子鼻和电子舌替代。

产品质量控制和新产品研发是企业内部两个重要的职能部门，它们之间必须紧密配合，明确分工，生产高质量的产品，更好地满足消费者的需求。产品研发部门根据市场部反馈的信息、企业自身的条件和发展策略，研发新产品。在此期间，研发部门和质量控制部门紧密合作，共同制定新产品的质量规范。当产品进入生产阶段，质量控制部门要定期跟踪检测产品质量，确认产品达到质量规范的要求；如果出现质量问题，及时反馈，找出质量问题的来源，及时采取措施（如调整生产工艺或生产设备，更换原材料等），以改善产品的质量。

9.2 创新前沿

创新的程序通常可以分为四个方面：①概念生成；②概念的评价和发展；③产品的研发和评价；④商品化。

概念的生成是这一程序的首要组成部分，其可最大限度地为实现企业的业务目标提供策略计划。研究概念形成的方式主要有两种：识别研究和概念识别，前者强调定位市场上未被满足的需求；后者则是一种用于确定可能会填补识别需求概念的研究技术。很多方法可以确定未被满足的需求，包括焦点小组、观察研究、人种学研究等定性分析方法和象限分析研究等定量分析方法。另外，也可以通过分析市场趋势和社交媒体形成概念。

感知图通常用于激发产生新的构思或明确未被满足的需求。在同一个产品类别中，所有的产品都可能满足了最基本的需求，但是新产品可能仅满足了一个之前未被满足的消费者需求。观察研究或人种学研究也可用于识别未被满足的需求。在开发新产品的初期，了解消费者以及潜在消费者需求最好的办法之一就是在实际的情况下或在产品通常被使用的地方观察消费者。很明显的是，消费者并不能很明确地知道自己对产品的需求。对于消费者而言，并不需要了解产品的研发人员、销售人员或者产品制造商。

在新产品的开发阶段，通常会有新的概念形成，但是并没有切实可用的产品能够验证这一概念。而这一概念应该被很好地定义以促进它的传递。它可通过简单的口述，也可通过一个简单的名字、包装或某种广告形式。

大部分企业会投入大量时间进行产品新概念推广的前期活动，探索恰当的产品概念定位，对概念进行验证，以判定是否需要继续对概念进行修改或按概念原型开发产品。

探索性研究通常以市场调研或（和）消费者需求为导向，并且与之后的产品包装、广告研发等环节密切相关。早期阶段的研究需要包括焦点小组、综合研究、使用意向调查表、产品实际使用和购买等，以更好地了解消费者的需求或确定新产品的市场潜力。

新产品的研发需要加强创新者和消费者共同关注的重要问题之间的交流，并保证所做出的改变是为了更广泛的人群。研究者或创新者的目的在于指出消费者的需求。通过对这些行为进行观察，可能会比焦点小组的直接讨论更能挖掘更多的实际需求信息。在研发创新阶段，反映所有消费者的潜在需求和需要是非常重要的。另外，任何一种创新技术都需要提升消费者的体验度。

产品研发更倾向使用市场细分的方法，即利用市场的每个部分或不同的感官偏好的信息，设计出满足特定目标市场需求且并不中庸的产品。有人认为“人口细分”是分析市场的一种传统方式，“市场细分”需要营销人员了解购买者的心理、动机、价值观、使用模式、审美喜好和敏感程度。当今市场细分是发展竞争性策略的关键环节。市场细分能够激发消费者和竞争者的意识和新产品的研发机遇。就感官科学而言，对偏爱性进行细分具有基本的优势。研究细分法的主要原因是更好地了解目标消费群体，例如，产品的关键程序设计应满足他们的期望。

当市场出现“空缺”，并且商业策略放在新产品研发时，在一个项目团队中，销售人员、市场调研、产品研发和感官评价等都是长期项目成功的关键。典型的做法包括与供应商共同合作，如广告商、市场调研或感官和消费者测试公司。

在描述性分析的早期，需要明确代表产品的属性和属性的组合，这些属性可以应用于市场出现“空缺”的多种情况。例如，对偏好图的研究，研究者可以通过消费者的使用方式、初级和次级利益、特性、情绪和其他产品的包装以及在市场方面的表现确定新产品的最佳定位。一旦项目小组组建完成，必须明确业务和研究目标，具体包括 6 点：①定义和满足目标消费者的需求。②对目前能够满足消费者需求的产品进行描述，包括替代产品，如消费者在某一类似的场所或情况下可能用到的产品，或者是直接竞争产品。③对替代品或竞争产品进行拍照，并进一步进行感官和市场实验。④对可以满足消费者需求的技术，并能反映广泛的感官冲击和市场使用体验的产品原型和概念进行开发。⑤定期与管理者交流，以确保产品符合企业的市场策略。⑥明确竞争产品的潜在不足，包括是否需要技术保密以对竞争性产品加以限制。

通常，项目小组通过回顾已进行过的研究、使用习惯和态度的研究、商业计划等，明确目标市场和消费者的需求，主要目标是要明确产品的实际需求和市场机遇。这些信息在最初的消费者情感测试后可以用来形成更正式的市场概念。

一个焦点小组通常由 6～8 人组成，共同探讨各种议题并（或）对某一理念或产品做出相应的响应。精心筛选的观察者会监视参与者的行为。由专业的主持人负责焦点小组的运行，包括对 5～10 个关键问题进行询问或对行为进行调查。

刺激性材料包括真实材料，如产品、广告和宣传资料、原始材料；如概念板、提示板、光影资料、叙述材料、情节串联图板、模拟推广、模拟编辑、模拟网络等及其他材料；如文字图片资料、理事会或模拟面谈等。焦点小组的分析报告应该包括所能搜集到的全部材料和文件，涵盖了主持者的手稿和报告、可视或可听的会议记录和文字记录。这些知识可被应用于决策过程。

对于消费者测试而言，人种学被认为是专业的观察者对消费者在其所处的特定环境中进行的观察，他们选择是否需要摄像机等特殊设备的协助。

当出现这些情形时，观察是很有效的方法。①所调查的现象是潜意识产生的。②拥有方便观察的调查环境。③调查的现象是一种社会行为或大众活动。④被调查的消费者不能与研究者直接沟通与交流。

观察是基于消费者不确定的需求而进行的，是一种强大的创新工具。由于数据是定性的，所以数据的分析、解释及应用都是复杂的。

为了前端的创新活动，概念和新产品理念的产生都应用了各种各样的方法。感官专家可以在创新活动中成为策略性的合作者，并在新产品的研发中为研究团队提供关注点和主要构架。

9.3 产品开发

所谓产品开发，是指开发新的产品配方、调整现有的产品配方、使用新技术、加入新成分，或能够直接使消费者（或目标市场）认为产品是新的或获得类似的指示的其他方面的产品改进。由于新产品利润高、成长空间巨大，且在市场上已经取得成功的品牌所带来的光环效应会对该品牌的其他产品产生有利的影响，所以新产品的开发总是备受关注。

新产品是企业生存与发展的动力和源泉，尤其是大多数的食品“生命周期”相对较短，产品更新换代较快。因此，对食品企业而言，如何源源不断地开发新产品，打造坚固的“生产—储备开发—构思”产品链就显得尤为重要。

一个新食品从设想到商品化生产主要包括设想构思、研制和评价、消费者抽样调查、货架寿命研究和包装、生产和试销及商品化六个阶段。

9.3.1 感官评价在新产品开发中的作用

感官评价在产品开发的过程中扮演着非常重要的角色，无论是早期的策划阶段，中期的配方形成—调整阶段，还是最后的大规模生产阶段，都发挥着独特的作用。策划阶段主要涉及的是确认所需要的资源，包括对目标消费者的描述，以及推算出实施各个步骤的最佳时机，如预测产品的初次评价时间、市场测试的时间等。虽然产品开发项目可能只是对现有生产线的扩展或者对现有工艺的改进，并且预期并不会产生什么问题，但感官评价人员仍然需要对项目计划和做出重大决策的时间表有所了解。在着手进行工作之前，我们常常可以通过查阅某种产品既有的数据库来获得技术上的帮助，例如，建议扩大生产线可能会涉及以前测试过的配方。

为满足消费者的各种需求和嗜好，提高企业的经济效益，提高改进原有生产工艺，积极开发适销对路的产品是企业发展的必由之路。新产品的设想、研制、消费者调查、试销过程中都涉及感官分析。构思、设想是新产品开发的第一阶段，是工作人员以市场调查、消费者建议等资料为基础，是个人想象力、观察力和思维能力综合的结果，一般从技术的适用性、费用合理性和市场接受性等方面综合考虑，经过可行性论证后所做出的决策。

新产品开发是建立在大量实验研究基础之上的，通过反复实验调制，直到产品达到质量可靠、消费者满意、成本较低。在这个过程中，消费者评价和专业评价员的评价都是必要的，即一方面对开发各阶段、各工艺处理后的产品进行判别检验和描述性检验，另一方面由消费者对产品嗜好性做出检验，并且最好将研制工作与鉴定同时进行。经初步实验研究的产品，为增加其可靠程度，明智的开发商一般要进行消费者抽样调查、生产试销等，即将试样分送给产品的主要用户、单位或家庭，经过试用后，反馈对产品的价格、质量、消费频率、可接受程度、有关建议等信息，以减少新产品投入市场后的风险。

对于企业来说，新产品开发的目的只有一个，即开发出适合于消费者"口味"的新产品。感官评价恰恰是可以将产品和消费者的需求直接联系起来的一个工具，贯穿于每个研发步骤，从早期产品概念的确定一直到产品的生产和上市均可发挥重要作用。其主要体现在：①诊断市场，了解消费者真正的需求和市场趋势——消费者需要的是一个更好的苹果，我们却给了一个更好的橘子。②全面掌握新产品的感官属性特征及其市场潜力——消费者需要的更好的苹果是不是应该更甜、更脆。③确定产品模型的感官属性是否与其概念产品一致——消费者要求的是一个更甜的苹果，根据我们设计的生产工艺和配方，却生产出了一个更酸的苹果。确定新产品的一系列感官质量参数——我们的新苹果的脆度能保持多长时间？几天还是几个星期？在什么温度下保存？④产品上市后，根据消费者对其感官属性优缺点的反馈，确定感官属性的优化方向和程度——我们的苹果应该从哪方面入手才能做得更好？

一个新产品的研究开发涉及研发、市场和生产等多个部门。我们可以将感官评价在新产品开发中的作用大致总结为 3 个方面：①感官评价应该在整个研发过程中对各个部门提供全方位的指导，并对不同阶段的各项工作加以协助，以确保新产品的生产配方和工艺与市场的需求相吻合，从而避免新产品开发的盲目性。②在一个企业中，感官评价承担着数据信息库的作用。它提供的信息与企业的效益息息相关。在新产品研发过程中，决策者们常常需要做策略研究。比如，为了降低成本，如何选择既经济又不会影响产品感官质量的原材料？作为一门定量科学，感官评价通过收集和处理数据，以帮助决策者做出正确的商业决定，降低战略决策的风险。③通过对食品本身感官特性的解析和消费者的研究，了解消费者对产品喜欢或厌恶的理由，从而为后面的市场营销提供重要的理论和实践基础。

新产品在开发中会运用所有常用的感官评价方法。在新产品的生产和筛选阶段，只有寻找到正确的研发方向，才能避免以后走弯路。一旦明确了研发方向，接下来需要的是配方的选择和调试。当实验样品的数量缩小到一定的范围，此时进行消费者测试就可以验证产品的各项感官性状是否与消费者的需求相吻合，以便及时调整配方和工艺。一般来说，差别检验和描述性分析检验常用于研发的初期和中期，而消费者的情感检验一般在研发的后期用得更加广泛。

差别检验和描述性分析检验同属于分析范畴的评价方法。差别检验的主要目的是验证产品之间是否存在能被察觉出来的感官区别。与描述性分析检验相比，差别检验更简便易行且能更迅速地解答问题。差别检验只适用于产品之间的差别非常小的情况，如果样品间的差别明显，就不必再用差别检验来验证。而描述性分析检验则是通过对产品本身感官特性的解析和感官性状的量化，来告诉我们产品间在哪些感官性状上有区别以及区别的程度大小。

与分析范畴的评价方法不同，消费者的情感检验不再关心产品本身的感官属性和感官品质，而是期望通过目标消费群的视角去了解产品感官性状的优缺点，消费者对产品的喜好程度及喜好或不喜好产品的理由。

1. 新产品构思的生成

新产品的想法可以来自不同的渠道，如从现有产品中提炼和挖掘、消费者反馈、研发部门和企业员工的创新、竞争者和同行业信息、商业展览会、学术会议等。在有些食品企业中，其新产品的想法并非源于对消费者需求的分析，而是多来自企业技术或管理者个人的判断。这些想法也并未在上市前加以验证，这样就容易导致产品定位与消费者需求之间的错位。

为了避免上述情况的发生，最普遍采用的方法是焦点小组。这种方法原本是在市场研究领域内广泛使用的一种方法，近年来，感官评价工作人员在他们的工作目录中也加入了这些技巧，以支持新产品的开发。通常是由大约 10 个消费者围坐在一起，由专业的主持人引导主题，一起就这个主题展开讨论。主题是多方面的，通常涉及的是产品的想法或其功能特性。利用焦点小组不仅能够定性地探查消费者对新产品的反应，而且还能有效地掌握消费者对未来新产品功能性质的需求和重要感官性状的要求。这是焦点小组在感官评价领域中的使用与其在纯市场研究中的区别。

此外，还应该鼓励对焦点小组提供的信息进行定量研究。我们可以把源自焦点小组的信息转换成系列的封闭式问题，然后让更多的消费者根据该问题进行打分。这是一种对定性信息进行独立评价的方法。

2. 配方的调整

根据定义的新产品的构思，研发部门可以根据原料选择不同的生产工艺，开发多个不同配方的实验样品。在这个阶段，研发部门常需要不停地筛选、调整配方，直到找到最佳的产品配方和确定相应的技术要点。这时，描述性分析检验便是一个比较有效的方法。

［例 1］　天然草莓低糖果酱的开发

步骤 1：通过色盲、色弱、感官灵敏度、语言描述能力和标度使用能力等一系列测试，筛选出 12 名态度积极认真的评价员（评价员的性别和年龄在这里不作为筛选的参数）。

步骤 2：评价小组讨论并确定影响该类产品特性的重要感官指标，然后通过一系列强化训练，评价员能学会正确评价感官指标，并能够区分样品间的感官差异。

步骤 3：在个体成员和整体评价小组的评价训练结果的重复性和一致性都达到要求后，评价员对开发的 3 个不同配方的样品（359、421 和 682）就感官指标（后味、草莓果香、化学异味、甜度、酸度、颜色深浅、断面的透明度和入口的润滑性）进行正式评价。评价采用 0～20 分的线性标度，分数越高，说明这个感官性状表现得越明显。

结果分析：在这个例子里，因为感官指标和样品数目相对较少，所以利用简单的平面雷达图就可以将数据结果直观地表现出来（图 9-1）。

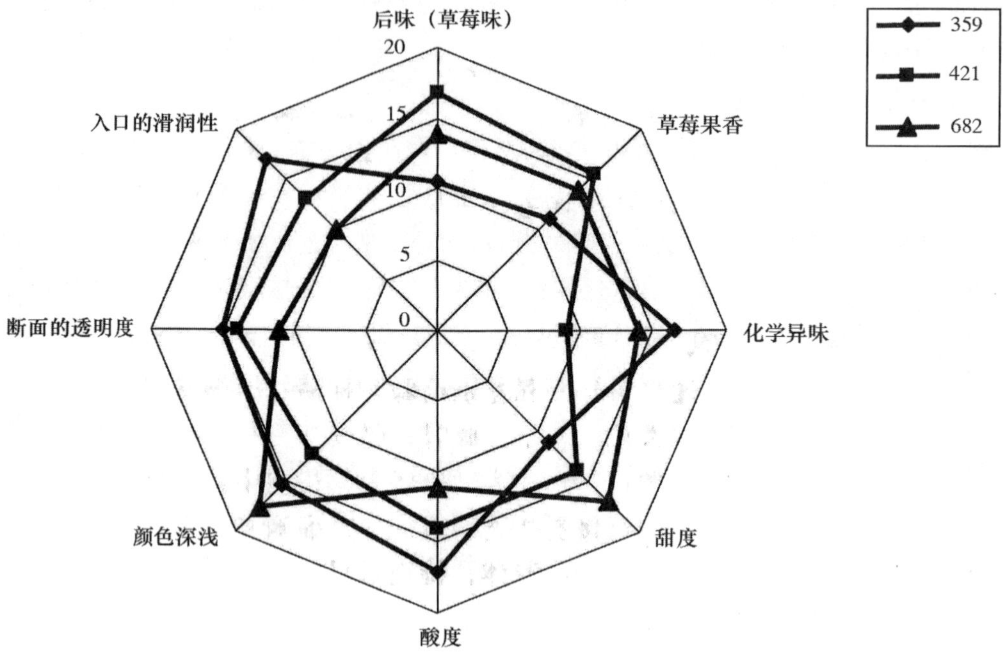

图 9-1　天然草莓低糖果酱感官性状剖析

由图 9-1 可以看到，样品 359 在入口的润滑性和断面的透明度很好，但是口味酸，草莓果香味不仅不突出，相反还有明显的化学异味。样品 421 呈现明显的草莓果香，没有明显的化学异味，但果酱的颜色相对较浅。样品 682 口味甜，但果酱的入口润滑性和断面的透明度较差，并且果酱的颜色过深。通过分析，可以看到这三个配方还需要在不同的方面做适当的调整，以达到目标要求。

3. 工艺的调整

企业有的时候也期望能通过更新生产工艺来优化产品的感官性状，描述性分析检验非常适合检验其效果。如果产品间的区别并不容易被察觉，简单的差别检验会更实用。

[**例 2**] 开发杏仁果汁

检验目的：企业打算应用一种新工艺使果汁喝起来有一种清爽的感觉。但是这种感觉相对来说很微弱，而且不像其他的感官指标容易描述。这种工艺的更替对企业来说将是一笔不小的投资。所以企业想首先确定这种新工艺是否确实能给消费者带来不同的感觉。此时，我们选用差别检验中的三点检验法来解决这个问题。

检验步骤：由 24 个评价员组成一个品评组，将 3 个样品呈现给每个评价员，其中 2 个样品是源于同一个生产工艺，而另外 1 个样品是来自另一个生产工艺。在不告诉评价员任何有关于产品不同之处的信息的情况下，要求每位评价员品尝产品，然后指出哪个样品是与其他两个样品不同的。

结果分析：我们先假设评价员无法觉察样品间的差别，评价员做出正确选择的概率应该是低于或等于 1/3，如果高于 1/3，说明人们是能够觉察到产品间的区别。确定出现类型 1 误差 α 的最高限度是 5%的概率，也就是说，在这个检验中，有 5%的可能性会将本来消费者觉察不到的有区别的产品误认为有区别。通过统计得出，如果想推翻假设，回答的正确的人数应该至少是 13 人。而在这个感官评价中，经统计，回答正确答案的人数是 11 人，低于 13 人，因此假设成立。消费者是不能觉察到替换生产工艺前后的产品的区别的。很遗憾，企业的这种新工艺在产品的感官性状上没有达到所期望的不同。通过一个简单的差别检验，企业能避免盲目地进行大笔投资来更换工艺。

4. 产品的消费者测试

在研发初中期，利用描述性分析检验和差别检验对样品进行筛选。这样，到了研发后期，实验样品的数量已经大大地缩减了。此时，研发部门需要检验的是样品被消费者喜爱的程度和喜欢或不喜欢的理由。因为在描述性分析检验中，评价员要求在抛开个人的口味喜好的情况下，通过接受严格的培训后，准确并详细地描述产品的感官属性，所以他们的意见不能代表消费者群体，特别是目标消费者群的喜好。另外，如果忽视了极其重要的感官特性，一个在实验室中各项感官品质都非常优秀的产品也会因此遭到市场的淘汰。因此，在研发的后期，对消费群体进行产品的喜好测试可为研发部提供一个相对冷静的思考和客观检验的机会，同时起到了对未来产品进行上市前的风险预测的作用。

[**例 3**] 某公司决定在他们开发的奶茶中添加玫瑰口味。产品上市之前，其公司决定用消费者测试来检验消费者对产品的喜好程度

测试目标人群的确定：根据市场部反馈的这款产品市场定位的信息，感官评价工作人员确定了测试目标消费者的特征：①100%的女性消费者；②其中 50%的消费者年龄为 18～30 岁，另外 50%的消费者年龄在 31～45 岁；③饮用奶茶的频率每个月至少 3 次。

测试人群的招募：在设计了筛选问卷后，工作人员通过电话问答的形式筛选了 120 名符合要求的目标消费者。

测试内容：在目标的基础上品尝产品，要求消费者先在 9 点标度上表明他们对产品的颜色、质地、口味、后味的喜好程度，最后写出对产品喜好和不喜好的理由。

结果分析：收集数据，经过统计学分析，其公司发现消费者一致不满意的是产品的口味。消费者认为产品特有的玫瑰口味有苦涩感，偏离了他们的预期口感。其公司根据感官评价的结果，立即寻找原因，对产品进行技术和工艺上的修改，避免了灾难性的损失。

5. 对市场的诊断和对竞争对手的关注

在新产品上市后，感官评价部门的工作其实并没有结束。时刻关注产品的销售和竞争对手的产品是至关重要的。而通过个由描述性分析检验得到的感官描述图就可以直观地将竞争对手的产品和自己的产品在感官性状上的区别和相似性呈现得一清二楚。

如果项目的管理人员对竞争很关注并且正在考虑对配方进行更改，那么这些描述性分析的结果就非常重要。在相互角逐的过程中，我们会比较容易忘记最初的目标。而描述性

分析的结果可以起到提醒的作用，并且在各种配方制定工作中充当焦点。

[**例 4**] 以一种富含维生素 C 的橙汁为例

检验目的：生产商 Q 是第一个推出这种产品的公司，虽然其他的公司也竞相效仿，但是 Q 产品的销量始终是最好的。探其原因，就营养成分来说，Q 产品与其他公司的产品没有任何区别，而唯一不同的是，Q 产品的橙汁口感好。可是，好景不长，没过多久，市场销售人员纷纷反馈，A 公司的同类橙汁卖得越来越好，大有超越 Q 产品的趋势。于是 Q 决定首先利用描述性分析检验将自己的产品和所有竞争对手的产品，共 6 个产品（Q，A，B，S，R 和 H）就感官性状进行比较。

检验步骤：由已经在评价这类产品有一定经验的 12 名评价员讨论和商定橙汁的表述词汇。通过对评价员每次 1～1.5 h，共 10 次的强化培训后进行品评，重复品评 3 次。

结果分析：收集数据，进行主成分分析，结果简化见图 9-2。

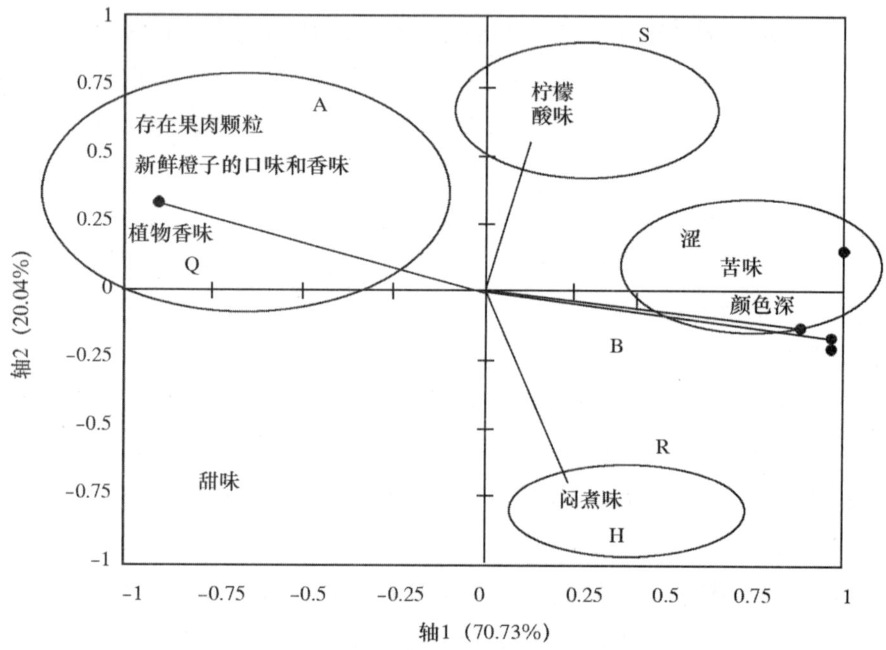

图 9-2　橙汁的感官分析

图 9-2 将 6 个产品根据其感官性状特点（颜色、口味和质地等几个方面）进行区分。轴 1 即主成分 1 将 B 与 Q，A 呈相反方向；轴 2，即主成分 2 将 S 远离 H 和 B。从 Q 和其重要竞争对手 A 公司的橙汁中可以发现，在图 9-2 上，这两个公司的橙汁距离很近，这说明，这两个公司的橙汁在感官特性上具有一定的相似性。橙汁中均含有明显的果肉颗粒，植物香味和新鲜橙子的香味，口味也都很浓郁。

如果再比较其他公司的橙汁，就可以发现，B 口感偏涩，橙汁的颜色较深，而且喝到口里会残留苦味。而 S 的柠檬酸味相对明显。与 B、S 不同，R 与 H 中有一种焖煮味。

以前 Q 橙汁以优质的感官质量取得了市场，而现在 A 橙汁的感官特性与 Q 橙汁越来越相近，如果再加上行之有效的市场促销和广告宣传，占据Q的市场是在所难免的。

在研发中，还可利用描述性分析检验和差别检验确定一个新食品的感官质量的保质期、保存或食用条件等。另外，产品的感官属性可以通过描述性分析检验来解析，通过消费者研究又可以探求消费者对产品的喜好，如果将这两个检验方法的数据通过分析软件结合起来，做出一个消费者偏爱图，便可以更直观地把握被消费者喜欢的产品应该具有何种感官特性，即确定消费者的喜好趋势或确定最佳产品。这样，对研发部门来说，寻找改进产品的方向，就容易多了。

为了更好地满足企业在研发周期短和研发成本低等方面的要求，越来越多的感官评价专家致力于研究新的感官评价方法，如自由选择法、自由选择剖面法和快速剖面法等，以力求在保证评价效果的同时，缩短对评价小组训练的时间，使感官评价技术更适用于企业的实际需求。

9.3.2　感官评价在食品质量分级和比赛中的作用

随着人们生活水平的不断提高，物质生活的极大丰富，面对同种类型的商品，消费者往往有着数种，乃至数百种不同的选择，特别是在食品行业，这一趋势尤为明显。尽管不同的消费者有着不同的嗜好需求，对食品的选择倾向也千差万别，但归结于某一特定类型的产品，其质量的优劣往往可以依据具体的技术指标来进行评判。一方面可以根据国家、行业、企业不同的标准对其进行评定，另一方面也可以通过感官评价分析对其进行衡量。

食品质量分级，特别是工业食品质量分级，对加强食品的质量监督，保护消费者的合法权益和健康，都有着特别的意义。此外，对自身产品等级的正确认识，也有助于企业明确自身的行业定位，提高产品质量，占有更多的市场份额，实现经济效益的最大化。质量分级的主要项目包括卫生指标、理化指标、感官指标、标签标准和经济指标五大类，其中感官指标由相关检测中心或行业协会组织全国专家评选。

除了具有行业指导性的食品质量分级，由行业协会或其他权威单位组织的各类食品质量大赛也有着重要的意义。参与质量大赛的产品必须符合国家的产品质量要求，是合格并被允许上市的产品。评审专家依据其质量的优劣对参赛产品进行评价，依据得分高低和先后排名予以优质产品相应的奖项。这一方面有助于行业内部形成积极进取、良性竞争的良好氛围，不断提高产品质量，满足消费者的需求，扩大经济效益；另一方面有助于树立良好消费导向，为消费者的理性消费提供必要的参考，有助于消费市场的成长与完善。食品的感官质量是消费者最为关心的食品质量要素之一，几乎是许多类型的食品在质量大赛中最为核心的衡量要素。这类大赛所要评判的关键问题就是食品好不好看、好不好吃、好不好喝、好不好闻。

因为大赛评比的特殊性，其使用的感官评价方法与在产品研发和消费者调查中使用的有着极大的不同。第一，评判人员不同，参与评判的不是一般的消费者或企业技术员，而是行业内知名的评审专家，具有较高的理论水平和丰富的实践经验，评判结果具有权威性。第二，评判对象不同，一般由企业或经销商提供质量高、反响好的优质特色产品，参赛产品往往来自不同省份，甚至不同国家，数量巨大。第三，评判方法不同，不同于简单的嗜好性评价，专家评价需要对参赛产品感官质量的各个方面进行详细的打分或评价，客观、公正、理性地对参赛产品进行评定，有时甚至需要对获奖产品给予相应的评语。

9.3.3 感官评价在企业应用中的注意事项

1. 描述性分析检验

在描述性分析检验中，企业既可以挑选公司的职员，如在生产、销售或者质量管理控制等部门工作的员工组成评价小组，我们称之为内部评价小组；也可以通过在消费者群体里广泛招募，经过系列测试筛选后组成一个外部评价小组。这两类品评小组各有其优点和缺点（表 9-1），企业可根据自己的实际情况斟酌考虑。

表 9-1 内外部品评小组的优缺点比较

	内部品评小组	外部品评小组
成本	间接成本，成本较低 一般不用直接向评价员付酬金，可以以适当的奖品礼物作为酬谢	直接成本，成本较高（招募消费者的费用和评价员的酬金）
筛选	选择面比较窄，特别是在一些小型企业，由于受到员工人数的限制，更新评价员较为困难	选择面广，可广泛招募筛选优秀的评价员
自由时间	由于工作时间的限制，评价员很难在上班时间根据需要随时去参加品评	充足，只要在招募时商议好评价时间和频率，就可保证评价按时正常进行
保密程度	评价内容和评价结果保密性较高	评价内容和评价结果保密性较差
管理	方便，评价员流动性不高，但是一旦评价员不符合评价要求，很难在不伤害同事的自尊心和同事之间的关系的情况下，将评价员从评价小组中开除	需要花费更多的时间和精力，而且由于难以控制的因素（搬家、工作调动、生育等），评价人员流动性较高
评定质量	由于评价员对产品的生产工艺、配方比较熟悉，所以评价时容易受这些因素的影响	对评价的产品不带有主观意见

2. 消费者检验

在一些企业中，为了节省开支，在消费者检验中也常常像进行描述性分析检验一样仅仅选用公司的员工或者在校的学生作为评价员，其实这种做法是不可取的。与市场调研的方法不同，感官评价应严格避免向消费者透露相关的产品信息，以减少评价员主观因素对产品性能评价的影响。公司的员工由于比最终消费者更熟悉和了解所评价的产品，包括产品的生产工艺和配方，这就导致了他们的意见与未来的产品购买者的喜好之间存在着一定的差异。在校的学生虽然不像公司的员工那样了解要评价的产品，也是真正的消费者，但是在校的学生常常不能代替那些实际购买和食用产品的消费者。

选择专业的感官评价服务咨询公司代理这类测试对企业来说不失为一个明智的选择。

因为这样的代理公司拥有充足的消费者数据库，能够保证对目标人群的挑选，为企业节省了时间、人力和物力。

3. 差别检验

在差别检验中，对评价员的要求并不像在描述性分析检验中那么苛刻，检验目的也并不是探寻消费者的喜好意见，所以对评价员的选择就显得较为容易，范围也较广。但是企业还是应该避免选择产品研究开发、质量控制、产品销售等部门的职员。只要对招募消费者进行适当的训练，以确保消费者理解差别检验的步骤和熟悉要检验的产品即可。

4. 感官评价与市场调研的区别

感官评价中的消费者喜好研究与市场调研有很多相似的地方，很多人常常将这两个领域混为一谈。其实，这两者还是有很多区别的。与市场调研最大的区别在于，感官评价是在盲标的基础上进行的，消费者的喜好常脱离产品的包装、商标和价格对产品的影响，只是对感官特性进行判断。感官评价可帮助研发人员在整个研发过程中跟踪产品，确定在感官特性上是否与研发目标一致。而市场调研则是帮助企业了解市场的变化和趋势，帮助企业了解产品的包装、商标、价格等商业因素是否与吸引消费者的目的一致，可以说，感官评价与市场调研是相辅相成的，二者对企业的经济发展都是缺一不可的。

5. 感官评价与其他部门的关系

在整个研发过程中，感官评价工作人员应与所有参与新产品开发的部门呈现一种共生的关系。感官评价工作人员应该第一时间加入产品的研发团队，即当研发部门和市场部商讨准备开发一个新产品，并决定一起协作时，感官评价工作人员就应该立即加入这个工作团队，并在整个研发过程中，与团队及时地进行信息的沟通和交流。因为只有清楚地掌握产品开发的背景和意图，感官评价人员才可以正确地设计出每一个研发步骤所需的感官测试，从而更好地向团队提供有效的信息。

开发一个满足潜在购买者需求的产品对一个食品企业的生存和发展是至关重要的。一套完善的感官评价体系不仅可以确保产品满足消费者的期望，从而提高产品上市的成功率，而且在产品上市后，可以监控产品的市场走向，优化和改善产品。

当然，再完美的感官评价检验也不能保证产品在市场上一定会成功。随着人们生活水平的提高，消费者对产品感官质量的要求也变得越来越高和越来越挑剔。如果产品的感官性状与消费者需求不吻合，产品就不能在市场上取得成功。

一个感官评价工作者仅仅知晓每个感官评价方法的理论知识和组织感官测试是远远不能满足食品企业的需求的。每个常用的感官测试都只能回答一个特定的问题。因此，感官评价的工作人员应能够根据评价的目的，或者产品开发中所遇到的实际问题适时、快速和正确地选择感官评价方法，分析及解释数据。需要有能力归纳和总结来源于不同评价测试的数据，为产品研发和市场销售提供最完备的信息。为了能做到这一点，与企业其他部门的紧密联系、信息沟通的能力也应成为感官评价工作人员必须具备的基本能力之一。

9.3.4 产品优化

所谓产品优化是指在同一产品类别中能够开发出最好产品的规程。这个方法是基于多元设计的应用,并通过电脑硬件和软件保证其实用性。信息优化被认为具有相当大的吸引力,因为其对于寻求竞争优势的市场专员来说具有即时性和实际应用性。对于产品专员来说,这些信息为配方工作提供了关注点;对于品质控制来说,其为在加工前、中、后期确定需要监控的那些特殊产品参数提供了理论依据。在优化作为有意义的感官评价资源被完全接受之前,必须进行细致的研究。

Box 等开发了一种响应面分析(response surface methodology,RSM)的多变量设计方法。该方法对优化模型的发展起到了极大的推动作用。这种统计学设计概念在一般的工程和生产中很有价值,它可以识别和控制输入参数和输出参数,并能通过数学方法鉴别能够获得最佳结果的输入变量组合。响应面分析得到了广泛的认可,在工业和应用研究领域都有大量的使用实例,其中包括在品质控制方面的应用。响应面分析在感官评价中的应用也变得越来越普遍。

除了响应面分析之外,行为科学的发展也为感官优化提供了更多适用的统计学模型。多元回归/相关性技术是一套复杂有效的统计学方法,其可以帮助研究者通过变量之间的相关性和基于未知变量来开发可预测未知事件的数学表达式,从而确定最重要的变量。通过统计方法对可能性进行梳理,数学模型可以被检验和改进,从而演变为可以应用于广泛产品的预测工具。

对于多元回归/相关性方法来说,重要的变量必须在产品设置中有所体现,但是多变量设计法则要求对重要变量进行处理(需要提前知晓哪些是重要变量)。如果仅需要变量在方法中有所体现,那么我们则可以将其他感兴趣的产品,如竞争产品也包含在内。这种方法还可以将产品设置中的重要变量包含在内。即使不是全部产品,也应该有大部分产品是不相同的(不同是因为感官品质不同,而不仅仅是因为配方或化学分析结果不同)。如果事实并非如此,样品量则有可能会更少(相应的数据库也会更小),也就会显著降低结果模型的有效性;预测也只能基于相对有限的数据库进行。

优化研究通常会依照一套符合逻辑顺序的步骤来进行。如图 9-3 所示,实验设计阶段包括选择产品类别、获得产品、确定所选用的优化方法、定义消费群体和准备实际的实验计划。无论配方如何,能够获得充分反映市场的产品是非常重要的。根据所选用的具体优化方法,产品在经过筛选后才能用于测试,这一过程通常由项目成员在实验室完成。用于分析的方法是内添加的,不是通过外推法获得的,因此对于体现产品所属类别的感官空间来说是非常必要的。如果使用多变量设计方法,需要准备额外的配方以确保一个适用的产品矩阵。一旦启动测试程序,整个项目就需要以更系统的方式推进。

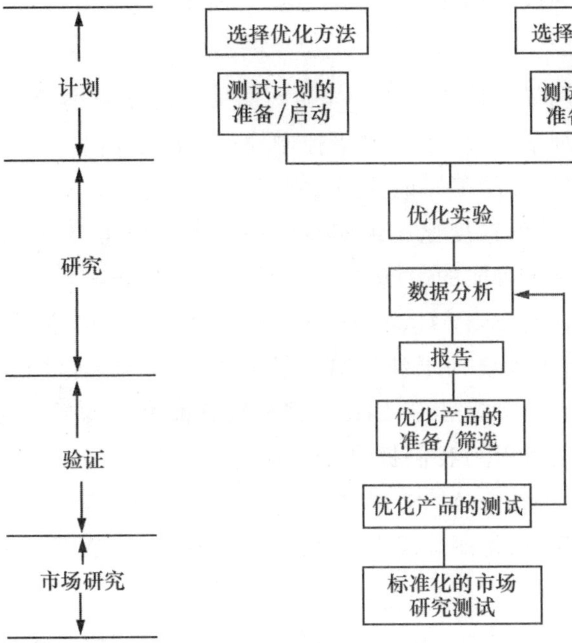

图 9-3 优化实验方案的主要步骤

9.3.5 感官、物理、化学之间的关系

就某些产品测定(重复性测试)而言,需要降低对评价小组的依赖性,并对已经被证实的对偏爱性有消极影响的感官指标的强度进行鉴定,同时需要建立物理、化学指标与偏爱性之间的因果关系。常规的评价包括以评价原材料和成品为目的的生产设施方面的应用。此外,为了降低对评价小组的依赖,设备或其他物理测定方法,特别是仿真类仪器,的确能够增强我们对产品评价中感知过程的认识。仿真是一种使用设备来评价产品特性的方法,该设备与人类的响应方式有关。

感官评价有其内在的缺点:样品必须同时同地制备并进行评价。而仪器测定(如质地测试仪)可以随时随地检测并量化食品的物性参数,尽管这些参数必须通过感官的接受性来解释。仪器测量值可以对不同时、不同地获得的样品给出可比性的具体数值,如对不同时、不同地收获的蔬菜可以进行仪器测定并对其物性参数加以比较。

结合人的感官和仪器进行食品质地的综合评价,将能更客观可靠地获得食品特性的数据。感官评价的新进展是将人的感官与仪器(主要是传感器及计算机技术)组合进行同步感官实验。有时将人作为一级传感器(或者口腔相当于质地测试仪的探头),真正的传感器相当于二级传感器,再进入计算机进行信号处理与分析。人通过感官及神经系统,将来自感官的食物信息变成肌肉的运动或神经信号,这些信号经过二级传感器变成数字信号进入计算机进行下一步处理。例如,在食品的机械性能方面,人们进行了大量的研究,比如咀嚼行为;这些仪器能够精确记录不同的感知动作,比如记录咀嚼的动作,同时为这些动作提供数学上的解释。下面以目前研究最为成功的几个例子对人机一体化感官评价技术加以阐述。

1. 多点传感器片

压缩实验是常用的仪器测量质地的方法。样品间测量值的变异小，研究者、工业界及消费者对其测量值都有统一的理解，实验条件易于控制，操作简便，有各种各样的测量探头可选用，许多测量值利用强度指标都能很好地预测食品的品质指标。尽管如此，机械测量终归不能模拟实际的咀嚼过程，咀嚼的速度比压缩实验的探头速度快得多，牙齿可以咬穿食品，由于仪器的零间隙设定几乎是不可能的，否则压力传感器很可能被破坏。

利用多点传感器片(multiple-point sheet sensor，MSS)可实现直接测定咀嚼时牙齿的压力，并且不用对受试者的牙齿施加任何干涉。MSS 最初用于研究牙齿的咬合，后来才用于食品质地的研究。它测定咀嚼的实际过程，因此更能代表食品真实的质地特性。一般来说，结合几种不同的质地测试方法可以为我们提供更可靠的质地信息，尤其是这几种不同的方法基于不同的原理，如感官评价结合 MSS、感官评价结合肌电图、感官评价结合腭电图、人的味觉结合近红外分光分析等，感官评价技术发展到了一个崭新的阶段。

2. 肌电图

肌肉收缩会产生微弱电流，在皮肤的适当位置附着电极可以测定身体表面肌肉的电流。电流强度随时间变化的曲线叫作肌电图(electromyogram，EMG)。该法简单易行，电极与皮肤的接触不影响正常的肌肉活动。咬肌和颞肌是咀嚼的两块主要肌肉，正处于脸颊的下面，因此易于测量。Sakamoto 等应用肌电图研究了 43 种食品的咀嚼形式，发现闭嘴时，咬肌的咀嚼能变化为 3～108，张嘴时，下腭的二腹肌咀嚼能变化为 13～154。

3. 腭电图

Jack 和 Gibbon 应用腭电图(electropalatography，EPG)记录摄食和吞咽时舌头的运动及其在质地研究的应用。依受试者上门齿到软硬腭结合处的硬腭为模板定制一个非常薄的假腭，在假腭置入 62 个电极，这些电极排成 8 行，每行 8 个，仅紧挨牙齿的第一行为 6 个电极。电极上的引出线连接到一个外部处理器。每当舌头接触到某一电极时，信号就被传送到处理器，处理器每 0.01 s 记录一次数据。

4. 电子鼻和电子舌

随着传感技术和计算机技术的进步，科学家们发明了模拟嗅觉系统和味觉系统的仪器，称为电子鼻和电子舌。人类的感官系统包括感受体和大脑。在嗅觉系统与味觉系统中，感受体是一类我们称之为 G-蛋白的蛋白质。G-蛋白能够对某些化学物质做出反应。感受器发出的神经信号能被转换成相应谱图并经过大脑的整合处理。类似地，当前的电子鼻和电子舌运用传感器的排列去探知化学物质，并且针对不同化学物质的独特的谱图做出反应，就如同在嗅觉系统和味觉系统中感受器一样工作。但是传感器的排列变化要远远少于嗅觉系统和味觉系统中的感受器排列的变化。在人类的嗅觉系统，据估计至少有 1 000 个基因影响、控制着 G-蛋白的表达，这意味着至少有 1 000 多个种类的感受器和数百万的感受器存在于我们的嗅觉上皮细胞。电子鼻和电子舌的大脑部分是一个带有模式识别程序的计算机。

尽管传感器和电子鼻、电子舌的大脑部分并不像人类的感官系统那么精密复杂，但这些仪器在某些方面相当有用。

电子鼻和电子舌的检测能力由构成仪器的传感器的类型决定。在电子鼻和电子舌中，传感器是某种化学成分（挥发或不挥发性的）给出可逆的（尽可能短的反应时间）实时信号的部件。传感器不能由于与化学物质的感知反应而被破坏或变性。3 种类型的传感器被广泛使用：金属氧化物半导体型传感器、传导聚合物传感器和石英微天平传感器。金属氧化物半导体型传感器检测在传感器表面上的化合物的沉积物引起的电导率变化。基于传导聚合物传感器也检测该类电导率的变化，但是这种变化是由涂在传感器表面上的聚合物膨胀引起的。这种膨胀增加了其在传感系统中的持久性。石英天平传感器的操作不同于其他的传感器，其是检测在传感器表面上的化合物的沉积物引起在振荡频率上的变化，不同的化合物，改变频率的程度不同。在使用石英天平传感器前要设置参照频率，偏离参照频率会产生信号响应。除了这三种传感器外，荧光阵列传感器也正在开发。当传感器与化学物质接触时，这种荧光传感器会发射不同波谱的光（可见或不可见）。传感器的敏感性依赖于传感器的类型，范围从 10^{-9} 级到 10^{-12} 级。基于石英天平的传感器据说能在 10 s 内发现 10^{-12} 级挥发性化合物。

电子鼻和电子舌必须经过校准进行检测、识别并对刺激物做出反应（易挥发的样品用电子鼻，不挥发的样品用电子舌）。因此，刺激物的特征谱图即为刺激物的特征"指纹"，存贮于计算机中。电子鼻和电子舌的选择取决于传感器的类型与样品识别程序。

在很多情况下，使用这类设备或系统将具有决定性的优势，如评价辣椒油的辣度等类似的棘手问题。我们应该加强对各种既有测试手段的了解；测量了什么？如何让该方法与现有的操作互相配合？对于众多物理与化学测定方法而言，明确其与特定产品感官特性之间的直接因果关系是重要的第一步。

有人会将仪器测得的数值等同于偏爱度。如图 9-4 所示，结合喜好标度响应模式对产品感官与分析量之间的对应原理进行演示，可看出曲线呈倒"U"形喜好响应可以描述为抛物线函数，而其他方法可能呈线形、曲线形或 S 形。产品的喜好度会随着产品组分、工艺以及包装的变化而变化，但是这种变化不能单纯通过单一的物理、化学或感官指标进行解释。当产品出现某种额外的变化时，产品的偏爱度可能没有发生改变，但是分析结果会指出所发生的变化。这并不是说不能将物理、化学方法与特定的感官评价方法相结合，也并不是说某种物理、化学和感官评价相组合的方法不能用于预测产品的接受度；只是想强调问题的复杂性和依赖单一评价方法来确定人们对产品的喜爱程度的高风险性。必须要记住的是，许多与市场相关的其他因素对产品偏爱度的影响要比产品本身大得多。

为了便于讨论，我们要转而关注特定的物理、化学方法和感官评价的关系鉴定。举例来说，啤酒的苦味和异葎草酮（啤酒花的一种成分）浓度之间的关系。对苦味单位（与异葎草酮含量相关）从 10～30 的啤酒进行了相关测试，其与偏爱度的相关系数 $\geqslant +0.75$。对啤酒的喜好度也表现出类似的相关性，但是仅仅用苦味强度（能感知的或用化学方法检测的）来解释对啤酒的偏爱度是不正确的。实际上，10 个苦味单位范围内的啤酒表现出的偏爱度是相

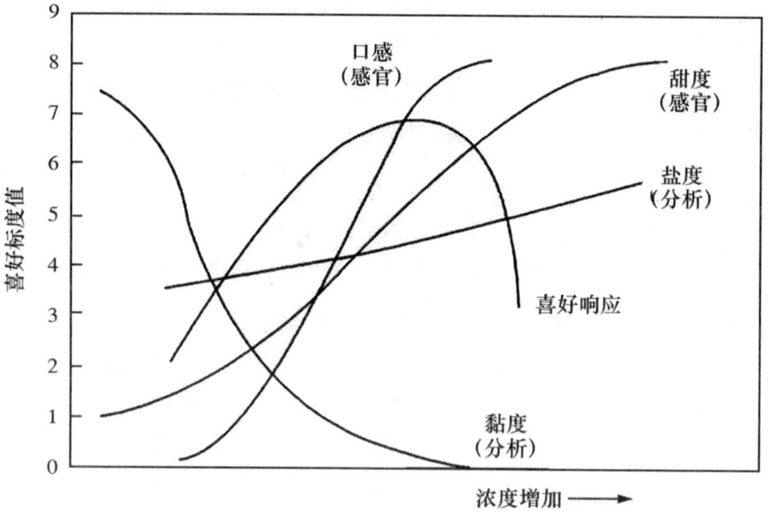

图 9-4 喜好响应函数

同的,这进一步确认了相关关系之间多元性的特质。通过相关矩阵确定所检测属性的其他相关关系。单变量之间的相互关系为进一步计算和加强该类实验的意义提供了理论基础。例如,检测结果可以鉴定具体的分析是否是多余的,这样就可以在不丢失产品信息的前提下缩减成本。

在该类研究开始时,必须确立具体的研究目标,确定所要使用的仪器或测试手段(感官评价或物理、化学方法),特别是信息的使用方式。例如,想要研发一种在原料采购时替代感官测试的仪器,那么所采用的信息就要与品质控制过程中的有所不同。原材料的采样频率一般会低于半成品或成品的采样频率,因此测试的类型和频率也就不尽相同。在获得数据之前,要对测试计划进行调整,以选择合适的产品和测试方法。测试计划要考虑到各种仪器的测量精度和其他相关的背景资料。例如,做一次耗时且成本高的理化测试是很不实际的,在计划中要考虑到类似的信息。

测量精度较高的预设应用仪器需要进行相应的调整,以正确反映其测量和控制的结果。其他需要注意的事项还包括原材料或产品的拒收标准(如果这是测试目的的话);测试设计其他资源的可利用性;判别标准,以及判断结果的责任主体。对这些信息加以重视可以减少在产品可接受度、指标使用和结果分析方面的分歧。预估测试频率和预期的差异量级等信息(由预实验得出)都可用于界定测试范围。

感官评价的方法通常是多元性的,而物理、化学方法都是一元性的。一个具体的物理指标可能代表着多种感官特征,所以在建立潜在的因果联系时会用到多种物理、化学方法。对于简单体系来讲,很容易说明仪器与感官方法之间的一元关系(比如物理元素和感官元素更相似),但是当刺激系统变得更为复杂时,这种关系可能就不成立了。

在理想情况下,当评价的产品超过 20 个时,才能得出有意义的相关性。包括多元回归/

相关性分析方法在内的这些分析都需要足够多的产品差异才能得出有意义的关系式。因此，所选择的样品要能代表该产品类别的差异性。当变量的差异性较大时，插入变量就会很容易。在得到数据之后，要对每类数据进行典型的单变量分析（univariate analyses），以确保结果能符合已知的产品要求，接下来要进行的是诸如主成分分析和因子分析之类的数据简化过程，确定各种指标之间的内在联系，同时找出冗余的参数。

如表 9-2 所示，用正交旋转法通过因子分析合并理化数据和感官数据，可以得出 92.89%的分辨率，即由 7 个因子（14 种产品的 20 项感官测量和 19 项理化测量）对差异百分率进行解释。个体单独分析的结果分别是 83.9%和 87.27%，个体的解释是有趣的。如图 9-5 所示，这样的图对于分析化学家来说是非常有用的，因为分析化学家可以利用其对产品化学方面的知识解读图中所蕴含的相关性。下一步是选择一个感官测量指标，如酸味，并鉴别出能预测所得数值的理化指标组合。结果如表 9-3 所示，其确定了最能解释酸味组合的指标组合。根据需要可以重复该过程以获得其他的指标组合。基于上述信息，需要重点关注与产品优化过程或消费者行为密切相关的指标并进行各种分析。

表 9-2　结合感官数据和理化数据的因子分析结果

项目	因子 1	因子 2	因子 3	因子 4	因子 5	因子 6	因子 7
苦味	0.95						
后味中的涩味	0.94						
后味中的苦味	0.94						
总体后味	0.93						
涩味	0.92						
辣味	0.89						
后味中辣味	0.87						
总体味道	0.85						
相对密度	0.77						
表观抽提物	0.77						
表观注意力	−0.74						
水果味	−0.71						
原始抽提物	0.7						
果糖	0.53						
苯丙氨酸		0.96					
异亮氨酸		0.96					
亮氨酸		0.95					
总氨基酸		0.94					

续表 9-2

项目	因子 1	因子 2	因子 3	因子 4	因子 5	因子 6	因子 7	
甘氨酸		0.92						
氯化物		0.88						
磷酸盐		0.8						
葡萄糖		0.78						
pH		0.75						
总多酚	0.57	0.66						
总体香气		0.64	0.58					
总有机酸		0.61				0.57		
醋酸异戊酯			0.84					
水果香气	−0.52		0.65					
酸腐味		0.6	0.65					
甜香气			0.63					
后味中的甜味				0.93				
甜味				0.88				
后味中的水果味	−0.56			0.69				
通透的外观					−0.84			
外观的颜色	0.55				0.73			
颜色	0.57				0.72			
酸味						0.82		
后味中的酸味						0.8		
硫酸盐							0.93	
								总计
方差解释百分比	32.2	24.92	8.73	8.48	7.34	6.94	4.28	92.89

表 9-3 鉴别理化指标的回归分析结果——最好的预测感官酸味的方法

模型	B	Beat	零级	局部	贡献/%
氯化物	−0.05	−0.844	−0.438	−0.769	37
总有机酸	0.014	0.877	0.248	0.743	36
表观衰减度	0.163	0.489	0.114	0.577	28
常数	10.932				
R	0.8				
R^2	0.64				
校正后的 R^2	0.57				
估算标准误差	1.65				

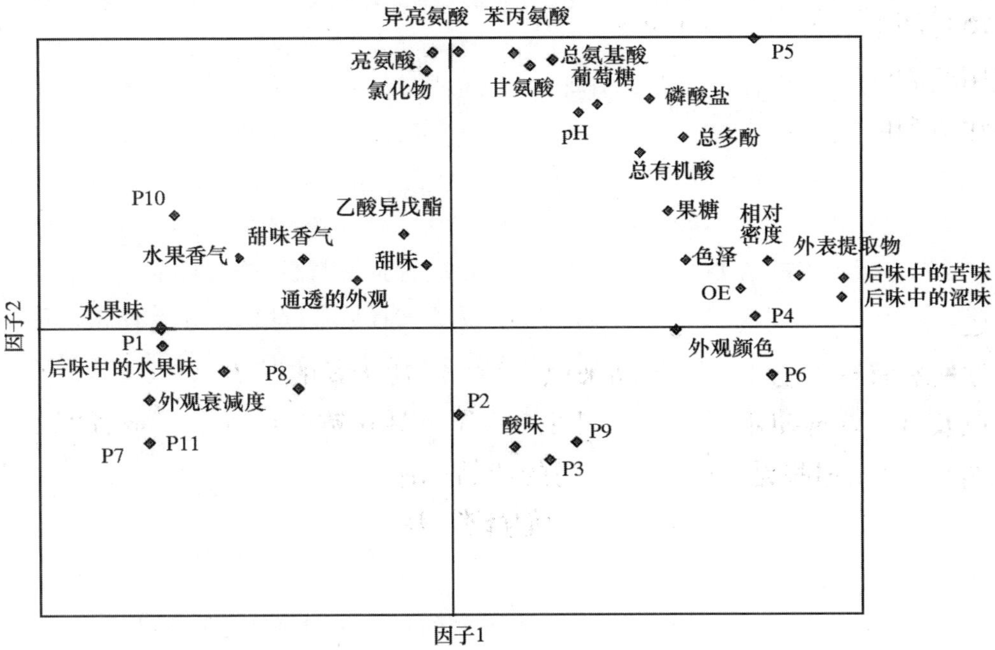

该图中的这两个因子解释了75%的差异性。

图9-5 基于两个因子所描绘的感官和理化测量项目关系

毫无疑问,建立有意义的仪器一感官关系是可能的,也是必要的。理化和感官测量能力都很复杂,也容易获得。电子鼻和电子舌是其中的一部分,尽管它们主要被看作是一种研究工具。当然,程序的成功与否高度依赖于相关人员对所研究系统了解的完整性以及管理者对项目的重视程度。

9.3.6 稳定性测试

很多企业都会测量产品的稳定性:①随着时间的推移,所有产品都会发生变化,且这种变化通常是不利的。②无法通过测量稳定性来确定产品的货架期、消费日期或其他类似的内容。③制订测试计划时要考虑到产品会在测试过程中发生改变,且会依赖于某些特定的实验设计方法(比如裂区设计)。④由于测试工作通常具有延续性,测试用到的参比是无法"定格"的,所以不能假设其不会发生变化。⑤一定要在确定了测试开始和测试结束的标准后,才能启动稳定性测试。标准说明包括时间零点、操作的时间点或一些其他的时间点。⑥确保有足够数量的同一批次的产品,以保证能够完成全部的感官、物理、化学和消费者测试,从而完成整个测试。⑦必须具体指明产品的来源,且产品能够代表当前市场上的产品。⑧在完成实验设计之前就必须指定停止实验的基础。

在接到测定货架期的申请之后,感官评价人员一定要和申请人商讨该项目的所有细节、提出申请的背景以及一些额外的问题:申请的提出是基于技术、新包装材料,还是竞争对手等?产品目前的货架期多长?现有什么关于稳定性方面的信息可以提供?

除了上述标准之外，其他的重要事项还包括贮藏过程中的产品取样间隔、最能测量出产品预期变化的测试类型以及产品本身。一般来说，技术人员会请求进行有频率的测试，比如在产品的预计货架期范围内，大概每月进行 1 次测量(例如，在 18 个月内每个月测 1 次)，当使用加速贮存法时，可以每周测一次。感官评价方会希望测试次数尽量减少以降低对测试资源(设备、雇员和测试员)的使用频率。理想的做法是在时间零点或 1～2 次额外测试的基础上确定大致情况，然后把后续测试集中在预计的贮藏期限附近进行。准确列出测试次数是不太可能的，因为它完全取决于产品的性质、相关背景资料、成分的稳定性以及整个项目的目的。有些产品要经过一段时间的贮藏之后才能被释放，这样做是让各种成分有时间进行充分的混合从而满足规定的要求。时间零点并不一定是产品的生产日期。在准备实验设计和计划取回样品测试的日期时就要考虑这一情况并加以记录。

频繁的测试会超出感官资源的负荷，也可能让我们在产品贮藏的早期就鉴别出产品的各种变化。相应地，如果产品在生产出来一个月之后才能抵达零售商处，并且 95%的产品会在 6 个月之内售出和被消费，那么测试频率可以定位于起始，1 个月以及 6 个月的期限之前、之中和之后。对于感官方面的投入来说，第 2 个月、第 3 个月、第 4 个月的测试很可能没什么实际意义。显然对于预期有 12 个月或更长时间的稳定性(贮藏期)的产品来说，测试遇到的困难会更大。感官方面的难度在于要设计一个在保证测试质量的前提下通过改良经典测试方法来获取信息的实验计划。

为所有既定测试产品准备的数量、产品的来源和对照样，或者参比样的选择也是需要讨论的。在确认产品的货架期、取样频率以及测试人员的数量后，才能确定所需产品的总量。通常会有在计划测试之前就预留好一定数量产品的做法限制了项目人员的选择余地。需要注意的是，所需产品量是指产品零售时的包装数量。

任何测试计划都要考虑所取的产品批次是否具有代表性。如果该批次产品不具有代表性，那么对产品的贮藏期就很可能会出现误判。如果多个生产商生产该产品，我们就要决定在测试中选用哪家的产品或者测试要涉及哪几个生产商。

通常人们都是期望由技术专业人员来确定所使用的对照产品。在食品和饮料中，一般是采用某种技术将参比样放在低温环境(冷藏或冷冻)或惰性气体中保存。假设其性质不发生改变或者改变非常小，以至于可以忽略不计。经常呈现给测试员的对照产品或参比样会改变测试员的响应行为(因为这是做出判断的前提)，这种情况并不罕见。感官评价专业人员必须通过合理的实验设计来解决这一问题。在设计中参比样不能被识别，其必须被看作是一个变量。参比样会发生变化，但变化的速度和测试样不一样。最简单，也是最受推崇的解决办法就是排除任何保存条件与该问题无关的参比样。如果不熟悉现代测量技术和使用了裂区设计，缺少参比样会带来隐患，并且会质疑缺少参比样的测试的优势。测试申请人通常会让测试员参照参比样来给产品打分(比如测量两者的差异程度)。常见的参比-差异标度的建立方法有两种：①将参比样设定为每种属性的中间值。②在每种属性中，参比样可设为不同的标度值。

在这两种情况下，测试员都只是观察参比样(而不进行评价)，然后按照与参比样的差异方向和距离给测试产品打分。这种方法本身有很多问题。首先，每个产品的测试都要附带参比样，使测试员观察产品的次数增加了1倍。其次，实验人员需要假定参比样是不随测试、测试员或者样品的不同而改变的，而实际上，实验人员和测试员却经常会发现参比样有所不同。最后，将参比样设定为每种属性的中间值并不适用于那些能感觉到参比样不同的人。当所感觉到的属性强度总是高于或者低于参比样时，将参比样置于标度中心会压缩标度的一边和延长另一边。而调整参比样在标度上的位置，以补偿参比样的理论定位和实际定位之间的差距，则又违背了将其定义在中心位置的初衷。在这个过程中，测试员由于要调整自己以反映感觉方面的变化，从而使他们的灵敏度大打折扣。

一旦产品和实验设计方面的条件得到了满足，就需要选择测试的方法。但是可以满足所有条件的单测试方法是不存在的。差别检验能确认产品是否有不同，但就算所有产品都没有不同也不能确保它们受欢迎；描述性分析可以鉴别出产品的具体差异，但是也不能确定产品是否受欢迎；情感测试能够测量出产品受喜爱的程度，但不能说明喜欢的缘由。

如果每次测试都使用三种方法，就会占用相当多的感官资源，所以做出一定的让步似乎也是合理的。推荐的一种做法是在测试开始时（时间零点）对每个产品进行描述性分析和接受度测试，然后在贮藏时期，或者预计货架期的50%、80%、90%、100%及110%时重复这种做法。假如在80%的预计货架贮藏期时间点的接受度和前面的测试结果相比不存在显著差异，则可以不做描述性分析，这是一个基于感官的决定。在同时使用这两种方法进行测试的时，至少要从测试的产品当中抽取4个样品。如果某产品在50%的预计货架期时间点的测试中显示的变化超出了预期，那么一般就会把下一个测试挪到60%或70%的预计货架期时间点进行，以确定变化过程是否在加速。

另一种做法是同时使用三种感官测试方法。所有产品在起始阶段（时间零点）就要收集差异、描述性和接受度信息；然后在首次抽样时，把贮藏产品与对照样或参比样进行差别检验。只有在起始阶段的评价中没有发现统计显著差异时，才建议进行差别检验。如果差别检验的结果显示没有显著差异，此时则无须再做其他进一步的测试；如果结果显示存在显著差异，则要对存在差异的产品与对照样或参比样进行接受度测试，以确定产品接受度是否有所下降。如果接受度测试的结果是有显著差异的，则可以结束测试工作。决定是否结束整个研究要基于接受度的下降程度以及一些其他相关信息，例如，如果化学分析结果显示也发生了明显的变化。如果接受度测试的结果没有显著差异，就要继续进行研究。这时可以根据描述性分析来确定参比样和测试样之间的差别。如果该产品来自既有的品牌或已有相应的数据文件，那么在首次抽样时就不一定要进行描述性分析。在得到结果后，应该与测试申请小组及时分享。

该方法也可以用于剩余样品的测试，但需要做些修改。假如连续两次抽样，参比样和测试样之间没有显著差异，就要在下一次抽样中执行接受度测试和（或）描述性分析。这将在最大限度上降低对照产品的变化速率与测试产品相似时的相关风险。

如果在项目的开始阶段就在接受度方面获得了显著差异，那么就应该停止测试直到获得新的产品。如果从描述性分析中获得了产品间的显著差异，那么决定测试继续进行，还是重新开始就要取决于所出现的差异是否在测试产品的预期范围内。如果两次连续取样结果都显示出差异或较低的接受度(即证实了产品的确发生了变化),项目就可以结束了。

关于稳定性测试,有人建议在当天取出贮藏产品并进行测试,从该天生产的产品当中取出一个样品来作为测试的参比样。提出这种做法是为了解决参比样会随时间发生变化的问题。而这样做的理由则是这个产品来自典型的生产过程,具有代表性。然而这并不是一个好的选择,因为这个产品会为我们带来不属于原产品批次的变异性,产品的差异会被夸大,并最终导致在产品差异方面得出错误的结论(Ⅰ型错误)。

在某些情况下,需要针对市场上不同时期的产品做稳定性测试。这种规程无须随时间的推移而进行测试,所有产品都是同时获得并进行评价的。这种方法有助于确定产品在市场中的贮藏条件,但不能代替目的性很强的专业的稳定性测试。测试的产品来源于不同的产品批次和不同的分布系统。如果其目的在于为设计适当的稳定性实验提供基础,这种方法自然是很有价值的。实际上,该类测试却通常被用来强化市场上现有产品之间的差异程度。

一旦完成稳定性测试并对结果进行了分析,相关的信息就会成为确定货架期的部分依据。产品的货架期应建立在安全性、感官性质、消费者态度和感知以及商业投入等标准基础之上。如果产品能满足所有安全、感官和消费者偏爱度的要求,那么在产品标签上标注销售截止日期或者使用截止日期就只是纯粹的商业问题。包装材料对稳定性的影响也可能极大地超过了实际的需求,节省费用的可能性就会增大。产品货架期的决策主要建立在包装材料和安全性的基础上(后者当然更加重要)。如果能有计划地采取行动,对各种成分、工艺、包装材料、各种消费者指标和感官指标都一一加以考虑,我们就可以从稳定性的测量中得到更多信息。这种做法的收益实际上是远远超出其营运投入的。

9.3.7 市场调查

1. 市场调查的目的

消费者都期望他们购买的产品具有良好的品质和卫生安全。产品的安全和品质是密不可分的。大部分公司已经投入大量的资金确保客户所购买的产品是高品质的和安全的。这项投资包括开发评估系统来监控产品的安全和品质,尤其是监控在(原料)采购、运输过程中和生产后的过程中所发生的变化。

对于大多数的感官评价项目来说,除了非常多的消费者投诉和(或)有理由相信产品的品质发生了变化的情况下,产品市场品质的话题是很少受到关注的。例如,消费者测试表明,目前的产品评分均明显低于预期,但并没有明显合理的解释。大多数公司已经制定了应对消费者投诉的机制,包括确定产品的购买地址,如果可能,会召回未被消耗的产品或者空的容器。这通常不需要使用感官资源;然而,当产品无理由的评分过低时,则很可能需要一些感官方面的投入。在通常情况下,这个问题比单独测试要严重,并且推荐使用市场审核。对于一些公司来说,市场审核是品牌维护的一个重要组成部分,通常每年或每两年进行一次。近年来,感官资源已成为审核过程的一个组成部分。

市场审核为品牌经理和产品开发人员提供了关于产品一致性的评价和消费者所能接受的“购买点”。这些审核是产品在离开制造工厂后取得关于产品规格一致性信息的好方法。规范所商定的标准可以确保生产过程遵循预期的程序，并与公司的业务战略相一致。感官的作用是测量不同区域与原产地的每个产品特定属性的一致性。

市场调查的目的主要有这几个方面：①市场动向调查主要是了解市场走向，为预测构思新产品提供依据。市场动向调查主要以消费者为对象，对流行于市场的产品进行调查，从而获取和收集相关的基础信息。②市场接受程度调查主要是了解试销产品的市场认可度和消费者意见。市场接受程度调查主要以消费者为对象，对企业研制和开发的新产品进行调查，调查结果反馈给企业研发部门，以期改进产品配方和生产工艺，为新产品大规模生产和推向市场做好准备。③市场商品检验是指国家指定的产品质量监督机构按照正式产品标准对流通领域内的食品进行抽样检验的过程。市场商品检验要求准确、快速和及时，一方面可以阻止伪劣商品流入市场，维护正常的经济秩序，保护消费者利益，另一方面促进企业不断提高自身的管理水平和产品质量水平，保障国家利益。

感官评价是市场调查的重要组成部分，感官分析学的许多方法和技巧已被大量运用于市场调查。市场调查不仅能了解消费者是否喜欢某产品（即食品感官评价中的嗜好实验结果），而且可了解其喜欢的原因或不喜欢的理由，从而为开发新产品或改进产品质量提供依据。

2. 市场调查的对象和场所

对于从各种环境条件的产品中获取信息而言，感官评价是非常有用的，这些产品包括来自表现疲软和强劲市场的，不同年龄的，不同分销渠道的和分销设施的（零售菜市场、仓储式商店、小零售商等）。每次市场调查都应根据产品的特点，选择特定的人群作为调查对象。

市场调查的场所可以是家庭、办公室、商店、工厂、饭店和闹市区等，通常是在调查对象的家中进行。市场调查方式可以以问卷形式或面谈形式进行。

3. 市场调查的方法

在大多数情况下，描述性分析是初级的感官分析工具，需要最终与来自消费者的、物理和化学指标结合，为消费者体验提供一个详细的描述。由于市场测试所需费用较高，描述性分析可以用来识别那些极端产品属性以及确定产品的冗余属性，因此没有必要进行消费者测试。审核的结果将识别出那些在制造地点到零售商店的路途中偏离规格的产品，它们的代表性如何等问题。审核向品牌经理提供了是否有必要做出改变的决定依据及其对消费者购买行为的影响。审核程序也可以用于数据库的开发，以监测产品在与竞争产品竞争时的表现。

市场调查方式可以以问卷形式或面谈形式进行，一般通过调查人员与调查对象面谈来进行。组织者统一制作调查问卷或答题纸，把要调查的内容写在调查问卷或答题纸上。调查员登门调查时，可以将调查问卷或答题纸交于调查对象并要求他们根据调查要求直接填写意见或看法；也可以由调查人员根据要求与调查对象进行面对面的对话或自由问答，并将答案记录在调查问卷或答题纸上。

市场调查通常采用顺序实验、选择实验和成对比较实验等方法，并对结果做相应的统计分析，从而得出可信的结果。调查人员在参加面谈调查时要注意以下事项：①穿着合体，并且介绍自己的身份。调查者与消费者之间建立友好的关系，有利于消费者自愿提供更多的想法和建议，从而得到更加理想的调查结果；②对面谈调查需要的时间保持敏感性，尽量不要花费比预期更多的时间，以免引起被调查者的反感；③注意个人的语言，不要有不合适的行为；④当面谈调查结束时，应该给消费者机会去表达遗漏的想法。

电话会谈也是一个合理的折中方法，但是复杂的多项问题一定要简短、直接。

4. 调查问卷设计

1)设计流程

在设计问卷时，主题的流程图，要求详细；所有的模型，或者按顺序完全列出主要的问题，让顾客或其他人了解面试的总体计划，以利于顾客和其他人在实际检测前，回顾所采用的检测手段。在大部分情况下，应按照以下的流程询问问题：①能证明回答者身份的选择性问题。②总体接受性。③喜欢或不喜欢的可自由回答的问题。④特殊性质的问题。⑤权利、意见和出版物。⑥在多样品检验和(或)再检验可接受性与满意或其他标度之间的偏爱。⑦敏感问题。其中可接受性的最初评价与最终评价经常是高度相关的。如果改变了问题的形式，就有可能出现冲突。例如，当单独品尝时，被判断为“太甜”的产品在偏爱检验中实际上要受到比甜度合适的产品更多的偏爱。此外，不同主题的问卷可能会产生不同的观点。

2)问题构建的法则

问题构建是核心组成部分，一般要遵循几条法则：①问题要简洁、详细而明确。②词语定义清晰，避免含糊。③不要引导回答者。④注意措辞的影响。⑤不要询问被调查者不知道的事情。⑥注意光环效应。⑦多项选择问题之间应该是专有的和彻底的。⑧有必要经过预检验。应用这些简单的法则可以在调查中避免一般性的错误，也有助于确定答案，反映调查问卷想要说明的问题。

3)自由回答问题

自由回答问题既有优点，又有缺点。其优点是这些问题容易回答。自由回答问题很适合于消费者准备好的信息，但是不能期望消费者给出所有可能的答案或提供个清单。自由回答问题也存在一些缺点，如它们难以编码及制成表格。在感官特性中，会出现不确定性，就像将品尝结果描写为酸的或辛辣的。实验者必须确定同一反应的答案编码，否则结论就会变得太长，以至于很难观察主题的模式，答案难以汇集并总结。

针对自由回答所带来的问题，一种解决方式是粗略地提供封闭选项的问题，对问题和可能出现的答复进行严格的控制。通常固定的选项很容易回答。因为得到的答案容易迅速地进行编码、制表格及分析。

9.3.8 扩展使用测试

无论商业目的是产品优化、研发新产品、质量控制、市场调查，还是优化设计，重要的是了解产品在市场中的表现，即消费者在第三次和第四次使用产品时对产品的喜爱程度如何？在某种程度上，这与货架期测试有点相似，其倾向于关注市场的饱和问题。

扩展使用测试一般包括接受度测试，也有其他类型的感官（消费者）测试方法，包括定性研究以及差别检验和描述性分析等感官分析方法。不是所有的产品都值得进行扩展使用测试。因为这个测试的成本昂贵。与其他产品相比，有些产品和研究目标更适合进行扩展使用测试。新颖的或消费者不熟悉的产品的属性可能会导致感官去适应具有多种潜在使用方式的产品，在正常使用期间与其他产品进行组合使用的产品。对于大部分公司来说，这是新的产品。

家庭使用型测试评价被广泛地用于扩展使用测试。在产品的典型或自然使用环境中，评价产品的消耗非常重要，采用家庭使用型测试可能是最好的选择。从感官的角度来看，让消费者在一个阶段内对同一个问题提供响应或者在连续几天内提供响应都是在实验室环境下就可以完成的。

在用于确定扩展使用测试中，产品变化的评价数目取决于产品与研究目标。一方面，如果只是确定实验室结果的可信度，只需进行一次或两次重复评价即可；另一方面，如果它是一个新颖的或消费者不熟悉的产品，则必须给予测试员足够的时间，至少新颖的效果已经部分消失。在理想情况下，在不同的接触产品阶段可以使用相同类型的测试员和相同的评价标度进行测试。由于时间和成本的限制，这种情况并不可能出现，但目标产品中的一部分具有代表性的产品采取这种测试规程还是有价值的。

扩展使用测试被认为是感官科学计划的重要组成部分。它不是经常被需要，如果迹象表明，单一或短期暴露可能不能准确地反映产品使用的情况，那么扩展使用测试可能会有用。

9.3.9 广告的感官特性测试

可感知功效的测量以及为产品益处或者优势的宣传内容提供证据已越来越重要。可感知功效是指那些能够使消费者受益的产品特征，而且这些益处可以通过某种方式加以说明或者广而告之。例如，含有特殊化学组分或化学混合物的治疗头皮屑的洗发水；能使皮肤滋润的润肤露以及含有特定营养素的能够改善人体健康的功能性饮料。受到健康安全法规监管的产品应当符合相关条例，如提供证实际的产品生物学功效的临床证明。可感知功效不一定能作为某个生物学声明的基础，可是生物学声明却能作为可感知功效的依据。例如，如果一种防止皮肤干燥的润肤露的使用者能感觉它能保持皮肤湿润和防止干燥，那么该产品获得市场成功的可能性就更大。

可感知功效可以解决行为学方面的问题，即消费者应能确实感受到产品的具体功效。如果在广告中宣传洗发水具有清洁功能并且能使头发柔顺，则需要让消费者切实感受到这一点（而不管消费者对广告词是怎样理解的）。一项产品可以有两种功效，但是存在一种功效并不能证明另一种功效也存在。在理想情况下，产品的感官特性应该和消费者对产品的期望相一致。如果不能正确认识这些功效方面的差异，将会造成严重的商业后果（比如，进行不必要的配方调整或者推迟产品进入市场的时间)。了解这种可感知功效对产品成功开发的贡献,可以让我们更精确地定位广告宣传的重点,制定最佳的市场策略,以此来突显那些最容易被消费者认为是优点的产品特性。

当产品宣传内同时包含受访者对产品功效的感受时,临床实验使用感官评价方法是适宜的。要想将感官信息融入临床实验,我们就要对产品和临床实验的具体细节有深入的了解,在实验开始前。了解产品的优点和潜在的广告诉求(即实验的前提)能为感官评价的策划提供重要的帮助。策划的具体内容包括将要进行的感官测试指标、产品最终的使用方式、使用频率以及反馈频率(即初始和后继反馈,或者只有一个结论性反馈)。实验设计必须考虑产品在使用过程中的变化以及基于初始反应的响应变化和由产品使用方式或用量引起的响应变化之间的差异。

测试方案要根据所提出的具体诉求内容而定,所以必须在着手设计实验之前就让实验者充分了解诉求的具体内容。需要注意的是,一定要先确定具体的标度,否则测试员可能会用不同的标度来对评价对象(如"光亮度")。

当食品饮料公司对产品进行广告宣传时,不论其目的是挑战竞争者,还是进行类比,都需要完成系列经典的感官和(或)消费者测试。根据宣传的类型,测试的方方面面将会受到宣传方的法律部门、竞争者、网络,甚至是有关消费者的核查。与临床测试一样,厂家要为此付出巨额的资金并且承担信誉上可能存在的风险,因为广告调查会涉及公司信息的大量披露。只有通过周密的策划和对产品细节的关注,才能规避风险。如果执行了公认的感官测试,并且对所关注的宣传诉求内容有清晰的指引,那么所得到的数据就会更有效和更有说服力。

策划一项为产品宣传提供支持的测试需要设计、创造性思维和感官测试方面的知识。第一,要确定该宣传是否暗含比较(与现有产品比较或与竞争产品比较),它是否将矛头直指某个竞争者,或者仅仅是进行类比(比如一样好)。第二,要了解产品的宣传范围,是地方性,还是全国性等。根据该信息和宣传的具体内容来确定所测试的产品、所获得的感官信息类型(比如属性、偏爱度)以及测试对象等。如果宣传内容只针对某产品的某个感官属性(即不进行比较),那么可以让经过培训的描述评价小组来完成测试,或者使用调查消费者"赞成/反对"的 Likert 量表。

当需要开展具有比较性或者挑战性的广告宣传时,就一定要进行消费者测试。根据具体的宣传内容、产品的类别和所测试的人群做出调整。一旦确定了广告内容的有效性(一般建立在前期技术支持上),就要开始制订初步的计划,具体包括宣传内容、招募人员标准、获得测试产品的来源和方法、提出测试方案、将要询问的具体问题等。所有测试的细节越清晰越好,而且所有的参数都要有明确的定义。此外,与消费者来源相似,产品来源也会出现问题。所有测试的产品都必须在来源和所处时期上具有代表性,不能发生改变。需要注意的是,每项潜在产品的优点(宣传内容)都需要面对挑战。宣传内容会对很多方面产生重大影响,包括决定哪种测试计划最合适(具体要问什么问题)以及由谁来提供响应。感官评价人员能做的是针对测试计划是否合适提供意见,推荐最恰当的实验设计以及确保测试是遵循良好的感官测试规范来进行的。

思考题

1. 食品感官评价的基本场景有哪些?
2. 食品感官评价在新产品开发中有哪些应用?
3. 感官质量控制系统如何建立?
4. 感官评价在企业应用中有哪些注意事项?
5. 感官评价在食品质量控制中有哪些应用?
6. 市场调查有哪些方法?

参 考 文 献

[1] 安莹，王朝臣. 食品感官检验. 北京:化学工业出版社，2017.

[2] 陈建设，王鑫淼. 食品口腔加工研究的发展与展望. 中国食品学报，2018，18(9):1-7.

[3] 陈梦玲，权英，詹月华. 食品感官评价项目化教程. 南京:南京大学出版社，2016.

[4] 樊镇棣. 食品感官检验技术. 北京:中国质检出版社，2017.

[5] 葛明贵. 感觉剥夺实验研究述评. 安徽师大学报(自然科学版)，1994(03):269-271.

[6] 郭争鸣. 医护心理学. 郑州:河南科学技术出版社，2014.

[7] 韩北忠，童华荣，杜双奎. 食品感官评价. 2 版. 北京:中国林业出版社，2016.

[8] HERBERT STONE，REBECCA N. BLEIBAUM，HEATHER A. THOMAS. 感官评价实践. 毕金峰，吴昕烨，周沫，译. 4 版. 北京:中国轻工业出版社，2016.

[9]马永强，韩春然，刘静波. 食品感官检验. 北京:化学工业出版社，2005.

[10] 沈明浩，谢主兰. 食品感官评定. 2 版. 郑州:郑州大学出版社，2017.

[11] 生庆海，张爱霞，马蕊. 乳与乳制品感官品评. 北京:中国轻工业出版社，2009.

[12] 唐晓伟，唐省三，李海涛，等. 人体解剖生理学. 3 版. 北京:中国医药科技出版社，2017.

[13] 吴谋成. 食品分析与感官评定. 2 版. 北京:中国农业出版社，2011.

[14] 卫晓怡. 食品感官评价. 北京:中国轻工业出版社，2018.

[15] 王永华，吴青. 食品感官评定. 北京:中国轻工业出版社，2018.

[16] 徐树来，王永华. 食品感官分析与实验. 2 版. 北京:化学工业出版社，2016.

[17] 叶淑红. 食品感官评价. 北京:科学出版社，2018.

[18] 周家春. 食品感官分析. 北京:中国轻工业出版社，2013.

[19] 赵镭，刘文. 感官分析技术应用指南. 北京:中国轻工业出版社，2011.

[20] 赵玉红，张立刚. 食品感官评价. 哈尔滨:东北林业大学出版社 2006.

[21] 张艳，雷昌贵. 食品感官评定. 北京:中国质检出版社，2012.

[22] 张晓鸣. 食品感官评定. 北京:中国轻工业出版社，2014.

[23] American Society for Testing and Materials. ASTM E2263-04-2011 Test Method for Paired Preference Test.

[24] American Society for Testing and Materials ASTM E679-04-2011 Standard Practice for Determination of Odor and Taste Thresholds By a Forced-Choice Ascending

Concentration Series Method of Limits.

[25] American Society for Testing and Materials ASTM E1432-04-2011 Standard Practice for Defining and Calculating Individual and Group Sensory Thresholds from Forced-Choice Data Sets of Intermediate Size.

[26] BLEIBAUM R N, STONE H, TAN T, et al. Comparison of sensory and consumer results with electronic nose and tongue sensors for apple juices. Food Quality and Preference, 2002, 13(6): 409-422.

[27] BUCHANAN B, HENDERSON P W. Assessing the bias of preference, detection, and identification measures of discrimination ability in product design[J]. Marketing Science, 1992, 11(1):64-75.

[28] COATES D. Improving the fuzzy front and of product development for continuous innonation incorporating TRIZ. International Journal of Business, Humanities and Technology, 2012, 2(1):109-127.

[29] FERRIER J G, BLOCK D E. Neural-network-assisted optimization of wine blending based on sensory analysis. American Journal of Enology and Viticulture, 2001, 52(4): 386-395.

[30] SUNG Y, LEE H, O'MAHONY M, et al. Paired preference tests: use of placebo stimuli with liking and buying preferences. Journal of Sensory Studies, 2011, 26(2): 106-117.

[31] TEPPER B J, SHAFFER S E, SHEARER C M. Sensory perception of fat in common foods using two scaling methods. Food Quality and Preference, 1994, 5: 245-252.

附　录

感官评价实验

实验1　味觉敏感度测定

实验目的

通过对不同试液的品尝，学会判别酸、甜、咸、苦4种基本味觉，并掌握感官评价员味觉敏感度测试方法。

实验原理

味觉是人的基本感觉之一，是人类对食物进行辨别、挑选和决定是否予以接受的重要因素。可溶性呈味物质进入口腔后，在肌肉运动作用下将呈味物质与味蕾相接触，刺激味蕾中的味细胞，这种刺激再以脉冲的形式通过神经系统传导到大脑，经大脑的综合神经中枢系统的分析处理，人能产生味觉。

不同的人味觉敏感度的差异很大，通常用阈值表示。所谓察觉阈值是指能引起某种感觉的最小刺激量。识别阈值是指能使人确认这种具体感觉的最小刺激量。差别阈值是指感官所能感受到的刺激的最小变化量。感官评价员应有正常的味觉识别能力与适当的味觉敏感度。

酸、甜、苦、咸是人类的4种基本味觉，取4种标准味感物质进行稀释，以浓度递增的顺序向评价员提供样品，品尝后记录结果。

实验器材

①材料：蔗糖、氯化钠、酒石酸、柠檬酸、咖啡因、盐酸奎宁、蒸馏水。

②品评杯：按实验人数、次数准备杯子苦干，每位评价员每杯的样品量为15 mL。另外准备一个盛水杯和一个吐液杯。

实验步骤

1.4种味感物质储备液的配制

按附表1-1规定制备。

附表 1-1　4 种味感物质储备液

基本味道	参比物质		质量浓度/(g/L)
甜	蔗糖	M=342.3	32
咸	氯化钠	M=58.46	6
酸	*DL*-酒石酸	M=150.1	2
	柠檬酸	M=210.1	1
苦	盐酸奎宁	M=196.9	0.020
	咖啡因	M=212.12	0.20

注:①M 为物质的相对分子质量;②酒石酸和蔗糖溶液,在实验前几小时配制;③试剂均为分析纯。

2. 试样溶液的配制

用上述储备液按算术系列制备稀释溶液,见附表 1-2。

附表 1-2　以算术系列稀释的试样溶液

稀释度	成分		试样溶液质量浓度/(g/L)					
	储备液/mL	水/mL	甜	咸	酸		苦	
			蔗糖	氯化钠	酒石酸	柠檬酸	盐酸奎宁	咖啡因
A_9	250	稀释至 1 000	8.0	1.50	0.50	0.250	0.005 0	0.050
A_8	225		7.2	1.35	0.45	0.225	0.004 5	0.045
A_7	200		6.4	1.20	0.40	0.200	0.004 0	0.040
A_6	175		5.6	1.05	0.35	0.175	0.003 5	0.035
A_5	150		4.8	0.90	0.30	0.150	0.003 0	0.030
A_4	125		4.0	0.75	0.25	0.125	0.002 5	0.025
A_3	100		3.2	0.60	0.20	0.100	0.002 0	0.020
A_2	75		2.4	0.45	0.15	0.075	0.001 5	0.015
A_1	50		1.6	0.30	0.10	0.050	0.001 0	0.010

3. 味觉敏感度测试

①把试样溶液分别放置在试液杯中,每个试液杯上都有随机的 3 位数编号。

②4 种溶液依次从低质量浓度开始,逐渐提交给评价员,每次 7 杯,其中 1 杯为水,每杯约 15 mL。

③评价员细心品尝每种溶液,溶液含在口中停留一段时间(请勿咽下),活动口腔,使试液充分接触整个舌头,仔细辨别味道、然后吐去试液。每次品尝后,用水漱口,如果要再品尝另一种试液,需等待 1 min 后,再品尝。

④每个试液重复 2 次。品尝后,将编号及味觉结果记录于附表 1-3。每个参试者的正确答案的最低浓度就是相应基本味觉的察觉阈值。

附表 1-3　4 种基本味不同阈值的测定记录

姓名：__________　日期：__________

项目	未知	酸味	苦味	咸味	甜味	水
一						
二						
三						
四						
五						
六						
七						
八						
九						

4. 基本味觉的识别

制备明显高于阈限水平的 4 种基本味溶液的 10 个样品，每个样品编上不同的随机 3 位数码，提供给评价员从左至右品尝，重复 2 次，将编码与味觉结果记录于附表 1-4。正确率不能低于 80%。

附表 1-4　4 种基本味的识别能力的测定记录

姓名：__________　日期：__________

序号	一	二	三	四	五	六	七	八	九
试样编号									
味觉									
记录									

数据处理

①根据评价员的品评结果，统计该评价员的察觉阈值和识别阈值。

②根据评价员对 4 种基本味觉的品评结果，计算各自的辨别正确率。

注意事项

①实验期间的样品和水温尽量保持在 20 ℃。

②实验样品的组合可以是同一质量浓度系列的不同味液样品，也可以是不同浓度系列的同一味感样品或两三种不同味感样品，每批次样品数一致(如均为 7 个)。

③样品以随机数编号，无论是哪种组合，各种质量浓度的实验溶液都应已被品评，质量浓度顺序应从低逐步到高。

思考题

①味觉是怎样产生的？影响味觉的因素有哪些？
②如何判断感官评价员的味觉敏感度？
③在样品准备和品尝样品时，应从哪几方面加以注意？
④味觉敏感度测定在食品感官评价中的意义？

实验 2　嗅觉辨别实验

实验目的

通过实验练习嗅觉辨别的方法，增强嗅觉辨别能力。

实验原理

嗅觉属于化学感觉，是辨别各种气味的感觉。嗅觉的感受器位于鼻腔最上端的嗅上皮内，嗅觉的感受物质必须具有挥发性和可溶性的特点。嗅觉的个体差异很大，有嗅觉敏锐者和迟钝者。嗅觉敏锐者也并非对所有气味都敏锐，因不同气味而异，且易受身体状况和生理的影响。本法可作为候选评价员的初选及培训评价员的初始实验。

实验材料

①标准香精样品：如柠檬、苹果、玫瑰、菠萝、香蕉、橘子、乙酸乙酯等。
②溶剂：乙醇、丙二醇等。
③具塞棕色玻璃小瓶、辨香纸。

实验步骤

1. 样品制备

将不同香型的标准香精样品用无色溶剂（如丙二醇）稀释配制成1%质量浓度。选出其中任意两种，分别记作A和B，将样品A稀释1倍记作A＊。

2. 样品编号

按照附表1-5以随机3位数编码装盘，每盘一份评价单（附表1-6），评价单的编号要与样品编号一致。

附表 1-5　嗅觉辨别检验

评定次数	编码				结果
	溶剂	A	A*	B	
1	570	360	896	716	
2	104	779	334	179	
3	187	532	748	660	
4	729	295	723	758	
5	662	858	503	690	
6	396	107	908	279	
7	167	314	440	313	
8	484	687	907	730	
9	694	827	102	912	
10	293	106	778	380	

附表 1-6　嗅觉辨别检验评价单

姓名：____________　日期：____________　评价员编号：____________

在你面前有 4 个带有编号的样品，其中有两个香味是一样，而另外两个分别不同。请从左到右依次对 4 个样品进行嗅觉评定，然后在香味一样的两个样品的编号后面划“√”，另外两个样品编号上分别划“○”和“—”。

570□　　360□　　896□　　716□

评论：

感谢您的参与！

3. 品评

①每个评价员得到 4 个样品，分别是 A、A*、B 及稀释用的溶剂(对照样品)。按照编号进行嗅觉评定后，填写评定单。

②改变上面选出的 A、B 样品，再重复上述评价过程，每位评价员进行 10 次评价。

数据处理

评价员评定完成后收回评定单，将评定结果与样品准备工作表核对，统计每位评价员做出正确选择的次数，回答正确一次得 10 分，错误不得分。得分 30 分以下者嗅觉辨别能力较差；30～70 得分者嗅觉辨别能力一般；70～100 得分者嗅觉辨别能力较好。

注意事项

①评香实验室应有足够的换气设备，以 1 min 内可换室内容积的 2 倍量空气的换气能力为最好。

②嗅觉容易疲劳，且较难得到恢复（有时呼吸新鲜空气也不能恢复），因此应该限制样品实验的次数，使其尽可能减少。

③如果样品气味刺激性很强烈，可以用嗅纸片（长约为 100 mm、宽为 5 mm 的滤纸）浸入嗅觉样品中，把沾有样品的纸片靠近鼻子，嗅闻其气味。

思考题

①嗅觉是怎样产生的？影响嗅觉的因素有哪些？

②如何判断评价员的嗅觉灵敏度？

③嗅觉辨别能力测定在食品感官评价中的意义？

实验 3　三点检验

实验目的

学会运用三点检验评价两样品间的细微差别，熟练掌握三点检验的评价过程及结果统计。

实验原理

三点检验是差别检验中最常用的方法，主要用于鉴别产品间的细微差别。在三个待鉴别的样品中，两个是相同的，一个是不同的，评价人员依照样品摆放顺序，依次评价并判断不一样的那个样品。

实验材料

①果汁饮料，蔗糖。

②品评杯、漱口杯、托盘等。

实验步骤

1. 样品制备

果汁饮料作为纯饮料标记为样品 A，加 0.3%蔗糖的果汁饮料标记为样品 B。

2. 样品编号

按附表 1-7 中的编号进行装盘，每盘一份评价单（附表 1-8），评价单的编号要与样品编号一致。

附表 1-7 三点检验

评价员	序列	编码			结果
1	AAB	610	399	637	
2	ABA	216	419	203	
3	BAA	758	975	596	
4	BBA	727	817	750	
5	BAB	611	766	357	
6	ABB	772	707	487	
7	AAB	529	195	594	
8	ABA	573	214	809	
9	BAA	675	532	664	
10	BBA	277	629	334	
11	BAB	473	236	818	
12	ABB	144	320	587	
13	AAB	715	492	371	
14	ABA	566	321	459	
15	BAA	823	737	712	
16	BBA	123	522	420	
17	BAB	634	722	699	
18	ABB	317	121	731	
…	…				

附表 1-8 三点检验评价单

姓名：__________ 日期：__________ 评价员编号：__________

你面前有 3 个带有编号的样品，其中 2 个样品是一样的，1 个样品是不一样的。请从左到右依次评价每个样品，然后在与其他两分样品不同的那一个样品的编号后面划“√”。

610□ 399□ 637□

评论：

感谢您的参与！

3. 品评

给评价员随机排序，分发样品进行品尝并填写评价单。

数据处理

评价员评价完成后收回评价单，将评价结果与样品准备工作表核对，统计正确选择的人数，根据三点检验的检验表得出结论。

注意事项

三点检验的排列有 AAB，ABA，BAA，BBA，BAB，ABB。为了实验的平衡性，要求这六种排列的实验次数基本相同，所以总的样品组数和评价员数量应该是 6 的倍数。如果样品数量或评价员数量不能实现 6 的倍数，也至少应该做到 2 个“A”、1 个“B”的样品组和 2 个“B”、1 个“A”的样品组的数量一致。

思考题

①简述三点检验的特点和适用范围。

②如何利用于三点检验挑选和培训评价员？

实验 4　二-三点检验

实验目的

学会运用二-三点检验判断两个样品间是否存在差异，熟练掌握二-三点检验的评价过程及结果统计。

实验原理

二-三点检验是三点检验的一种替代法，适用于滋味、风味或/和动觉影响相对强烈且敏感度显著降低的产品的评价。在二-三点检验中共有 3 个样品，其中一个标为“参比”，另外两个样品编码不同。告知评价员其中一个编码样品与参比样相同，一个与参比样不同。要求评价员先评价“参比”样品，然后按摆放顺序依次评价两个编码样品，并判断哪个编码样品与“参比”样品最相似或最不同。

实验材料

①两种不同品牌的番茄酱。

②预备足够量的碟、托盘等。

实验步骤

1. 样品制备

两种不同品牌的番茄酱分别标记为 A 和 B，制备样品（54 份 A 和 54 份 B）。其中 18 份样品“A”和 18 份样品“B”被标记为参照样，标明为 A_R 和 B_R。其余 36 个样品“A”和 36 个样品“B”用随机 3 位数进行编号。

2. 样品编号

按附表 1-9 对样品进行编号装盘，每盘一份评价单（附表 1-10），评价单的编号要与样品编号一致。

附表 1-9　二-三点检验

评价员	序列	编码		结果	评价员	序列	编码		结果
1	A_RAB	110	853		19	A_RAB	755	927	
2	A_RBA	792	578		20	B_RBA	642	581	
3	B_RAB	591	531		21	B_RAB	289	840	
4	B_RBA	408	144		22	B_RBA	822	758	
5	B_RAB	213	741		23	A_RAB	355	578	
6	A_RBA	171	563		24	A_RBA	689	228	
7	A_RAB	353	362		25	A_RAB	747	512	
8	B_RBA	733	501		26	A_RBA	435	352	
9	B_RAB	545	810		27	B_RAB	604	225	
10	A_RBA	660	195		28	B_RBA	135	546	
11	B_RAB	176	312		29	A_RAB	491	333	
12	A_RBA	424	343		30	B_RBA	408	420	
13	B_RAB	439	444		31	B_RAB	577	332	
14	B_RBA	118	696		32	A_RBA	494	158	
15	A_RAB	479	633		33	B_RAB	435	177	
16	A_RBA	674	524		34	B_RBA	491	372	
17	B_RAB	492	339		35	A_RAB	476	409	
18	A_RBA	321	924		36	A_RBA	163	811	

附表 1-10　二-三点检验评价单

姓名：__________　日期：__________　评价员编号：__________

在你面前有 3 个样品。左侧样品为参照，其他两个样品之一与参照相同。另外一个与参照不同。请从左边的样品开始评价，并在与参照相同的那个样品的编号后面划“√”，必须给出答案。

参照　　110□　　853□

评论：

感谢您的参与！

3. 品评

给评价员随机排序，分发样品进行品尝并填写评价单。

数据处理

评价员评价完成后收回评价单，将评定结果与样品准备工作表核对，统计正确选择的人数，根据二-三点检验检验表得出结论。

注意事项

①每组三联样内3个样品的温度、呈送数量或体积应完全相同，并避免任何外观差别。

②二-三点检验是强迫选择程序；评价员不允许回答“无差别”。应要求检验出样品之间无差别的评价员随机选择一个样品，并在评分表陈述部分指明这项选择仅是一个猜测。

思考题

①二-三点检验在检验差别和检验无合理差别时所需要的评价员数分别是多少？

②影响二-三点检验准确性的因素有哪些？

实验5　“A”与“非A”检验

实验目的

学会运用“A”与“非A”检验方法判断两个样品间是否存在差异，熟练掌握“A”与“非A”检验的评价过程及结果统计。

实验原理

检验前，首先让评价员熟悉样品“A”或“非A”；然后，以随机的顺序分发给评价员一系列的样品，其中有“A”也有“非A”，要求评价员指出哪些样品是“A”，哪些是“非A”，对检验的结果进行统计分析。

实验材料

①市售纯牛奶。

②品评杯、托盘等。

实验步骤

1. 样品制备

将两种品牌的纯牛奶分为两组，其中一组标记为“A”，另一组标记为“非A”。

2. 样品编号

按照附表1-11对样品进行编号装盘，每盘一份评价单（附表1-12），评价单的编号与样品编号一致。

附表 1-11 "A"与"非 A"检验

评价员	编码						结果
	"A"	"非 A"	"A"	"非 A"	"A"	"非 A"	
1	222	743	920	834	116	821	
2	892	711	778	135	607	120	
3	269	245	505	374	549	524	
4	697	879	414	377	888	576	
5	692	603	601	658	951	648	
6	831	105	423	308	623	892	
7	108	271	338	237	906	457	
8	878	226	320	897	561	529	
9	649	620	534	644	748	723	
10	424	522	550	263	445	316	
11	781	370	253	680	128	328	
12	157	933	324	470	722	732	
13	194	957	913	807	599	158	
14	292	486	195	591	143	859	
15	622	873	730	857	940	465	
16	381	598	120	696	621	649	
17	161	500	406	733	145	132	
18	701	836	912	186	267	414	
19	136	588	673	414	249	661	
20	272	170	761	311	882	894	

附表 1-12 "A"与"非 A"检验评价单

姓名：__________ 日期：__________ 评价员编号：__________

在实验之前对样品"A"和"非 A"进行熟悉，记住其口味。

按照顺序将样品一一品尝并判断，在其编码后面相应位置上画"√"。

样品为

编码	"A"	"非 A"
222	□	□
743	□	□
920	□	□
834	□	□
116	□	□
821	□	□

感谢您的参与！

3. 品评

给评价员随机排序,分发样品进行品尝并填写评价单。

数据处理

评价员评价完成后收回评价单,将评价结果与样品准备工作表核对,并将汇集的数据填入附表 1-13,用 χ^2 检验来表示检验结果。

附表 1-13 "A"与"非 A"检验判别统计

判别数		样品数		累计
		"A"	"非 A"	
判别为"A"或"非A"的回答数	"A"	n_{11}	n_{12}	$n_{1.}$
	"非 A"	n_{21}	n_{22}	$n_{2.}$
累计		$n_{.1}$	$n_{.2}$	N

注:n_{11} 为样品本身,为"A"而评价员也认为是"A"的回答总数;n_{22} 为样品本身,为"非 A"而评价员也认为是"非 A"的回答总数;n_{12} 为样品本身,为"非 A"而评价员也认为是"A"的回答总数;n_{21} 为样品本身,为"A"而评价员也认为是"非 A"的回答总数;$n_{1.}$ 为第一行回答数的总和;$n_{2.}$ 为第二行回答数的总和;$n_{.1}$ 为第一列回答数的总和;$n_{.2}$ 为第二列回答数的总和;N 为所有回答数的总和。

注意事项

①检验评价前,应让评价员对样品"A"有清晰的体验,并能识别它。必要时,可让评价员对"非 A"也有体验。检验开始后,评价员不应再接近清楚标明的样品"A"。必要时,可让评价员在检验期间对样品"A"或"非 A"再体验一次。

②分发给每个评价员的样品"A"或样品"非 A"的数目应相同(样品"A"的数目和样品"非 A"的数目不必相同)。

③评价员要在限定时间内完成检验,将系列样品按顺序识别为"A"或"非 A"。

思考题

简述"A"与"非 A"检验的特点及适用范围。

实验 6 成对比较检验

实验目的

通过成对比较检验来检验不同糖的甜度是否存在差异,熟练掌握成对比较检验的评价过程及结果统计。

实验原理

成对比较检验法是指以随机顺序同时出示两个样品给评价员，要求评价员对这两个样品进行比较，判定整个样品或者某些特征强度顺序的一种评定方法。成对比较检验有两种形式：一种是差别成对比较检验（双边检验）；另一种是定向成对比较检验（单边检验）。

实验材料

①市售蔗糖和葡萄糖。

②品评杯、烧杯、托盘等。

实验步骤

1. 样品制备

分别配制质量浓度为 100 g/L 的蔗糖和葡萄糖样品 A 和样品 B。

2. 样品编号

按照附表 1-14 中的编号进行装盘，每盘一份评价单（附表 1-15），评价单的编号与样品编号一致。

附表 1-14　成对比较检验

评价员	序列	编码		结果	评价员	序列	编码		结果
1	AB	464	797		17	AB	355	116	
2	BA	935	456		18	BA	823	914	
3	AB	228	771		19	AB	884	691	
4	BA	265	498		20	BA	488	516	
5	AB	945	767		21	AB	979	579	
6	BA	757	963		22	BA	865	666	
7	AB	970	220		23	AB	201	477	
8	BA	250	182		24	BA	503	760	
9	AB	184	346		25	AB	398	269	
10	BA	716	642		26	BA	129	724	
11	AB	786	915		27	AB	666	372	
12	BA	318	296		28	BA	369	433	
13	AB	808	383		29	AB	185	895	
14	BA	282	181		30	BA	963	842	
15	AB	817	696		31	AB	150	598	
16	BA	713	166		32	BA	650	871	

附表 1-15　成对比较检验评价单

姓名：____________　日期：____________　评价员编号：____________ 在你面前有 2 个带有编号的样品。请从左边的样品开始评价，并选出你认为最甜的一个，在其编号后面划"√"。即便是猜测的结果，也必须做出选择。 464□　　　　797□ 感谢您的参与！

3. 品评

给评价员随机排序，分发样品进行品尝并填写评价单。

数据处理

评价员评价完成后收回评价单，将评价结果与样品准备工作表核对，统计正确选择的人数，根据成对比较检验(单尾)检验表得出结论。

注意事项

①明确检验目的，确定实验是单边检验，还是双边检验；是差别检验，还是相似检验及其最合适的敏感性。

②为评价产品，应告知评价员是否应遵循特殊规定，如品尝检验是否可吞咽样品或是否可按喜欢的方式随意去做。后一种情况应要求评价员对所有样品以相同方式进行。

思考题

如何确定差别成对比较检验和定向成对比较检验？

实验 7　排序检验

实验目的

学会采用排序检验对系列样品的某一感官品质的强弱进行比较，熟练掌握排序实验的评价过程及结果统计。

实验原理

排序检验是指比较三种以上样品某特性的强度或偏好程度，排出顺序并计算其显著性的方法。

排序是使用标度的检验中最简单的一种方法，排序检验使用的数字类型是顺序数字，没有等距和成比例的意义，只排出样品的次序，不评价样品间差异的大小。排序检验的优点在于可以同时比较两个以上的样品，但是对于样品品种较多或样品之间差别很小时就难以进行。排序实验的结果取决于鉴定者的感官分辨能力和食品的性质差异。

实验材料

①市售饼干:5 种不同品牌的苏打饼干或酥性饼干。

②足够量的碟、样品托盘、漱口杯、废液缸等。

实验步骤

1. 样品编码

将 5 种品牌的饼干分别标记为 A、B、C、D、E,按照附表 1-16 进行编码装盘。每盘一份评价单(附表 1-17),评定单的编号与样品编号一致。

附表 1-16 排序检验

评价员	序列	编码				
1	A C B E D	621	343	207	697	432
2	C A E D B	387	270	735	712	110
3	E A B D C	428	560	238	980	832
4	B A E D C	533	205	893	191	902
5	E D C A B	285	284	901	361	962
6	D E A C B	948	588	691	389	788
7	D C A B E	862	149	901	624	945
8	A B D E C	713	502	500	270	195
9	C D B A E	711	440	599	137	109
10	E B A C D	661	415	852	729	227

附表 1-17 排序检验记录

姓名:________ 日期:________ 评价员编号:________

在你面前有 5 个饼干样品。请根据他们的入口酥化程度、甜脆性、香气、综合口感以及外形、颜色等综合指标给它们排序,使用 1～5 的数值表示样品的顺序,其中 1=最差,5=最好。

样品编码	排列顺序(1～5)
621	________
343	________
207	________
697	________
432	________

感谢您的参与!

2. 品评

给评价员随机排序,分别领取相应样品进行品尝并填写记录表。

3. 结果的汇集

将评价员的排序结果填入附表 1-18。统计样品的秩次与秩和，记录于附表 1-19。

附表 1-18　评价员的排序结果

评价员	秩次				
	1	2	3	4	5
1					
2					
3					
4					
⋮					

附表 1-19　样品的秩次与秩和

评价员	样品				
	A	B	C	D	E
1					
2					
3					
4					
⋮					
秩次和					

数据处理

用附表 1-19 计算样品的秩和；用 Friedman 检验和 Page 检验对 5 个样品之间是否有差异做出判定。若有差异，进一步做多重比较，以判断各样品之间的差异大小及最受欢迎的样品并确定最佳产品。

注意事项

①评价员不应将不同的样品排为同一秩次，应按不同的特性安排不同的顺序。

②控制光线以减少颜色的差别。

思考题

①简述排序检验的特点。

②影响排序检验评价食品感官质量准确性的因素有哪些？

实验 8 描述性分析检验

实验目的

①学会运用定量描述分析的原理与方法评价食品的感官特性与指标强度。

②了解市售火腿的感官质量标准，掌握定量描述性分析检验对市售火腿感官品质特性强度进行评价的主要程序与过程。

实验原理

描述性分析检验是对产品感官特性的描述，可对产品的感官性质、强度及在贮藏过程中的变化进行分析。定量描述分析（QDA）则对构成样品感官特征的各个指标强度进行完整、准确的评价。

将学生作为经验型评价员，向评价员介绍实验样品的特性，简单介绍该样品的生产工艺过程和主要原料，使大家对该样品有一个大概的了解，然后提供一个典型样品让大家品尝，在老师的引导下，选定若干个能表达该类产品的特征名词，并确定强度等级范围，通过品尝后，统一大家的认识。在完成上述工作后，分组进行独立感官检验。

实验时，评价员单独品评，对产品每项性质（每个描述词语）进行打分，使用的标度通常是一条 15 cm 的直线。从左向右强度逐渐增加，评价员在标尺上做出能代表产品该项性质强度的标记。实验结束后，将标尺上的强度标记转化成数值，最后通过统计分析得出结论，一般附有一个蜘蛛网形的图标。

实验材料

①市售火腿：提供 3 种同类型不同品牌的市售火腿样品。

②足够的碟和样品托盘以及小刀和牙签。每人一个盛水杯和一个吐液杯。

实验步骤

1. 建立描述词汇

向评价员介绍实验样品的特性，包括样品生产的主要原料和生产工艺以及感官质量标准，使大家对火腿有一个大致的了解。选取有代表性的火腿样品，评价员轮流对其进行品尝，每人轮流给出描述词汇，在老师的引导下，选定 8～10 个能描述火腿产品感官特性的特征词汇，并确定强度等级范围，重复 7～10 次，形成一份大家都认可的词汇描述表。实验使用 7 点标度法进行评定。

2. 描述性分析检验

把 A、B、C 3 种火腿样品按照附表 1-20 中的编号进行装盘，每盘 1 份评价单

(附表 1-21),评价单的编号与样品编号一致。各评价员单独品尝,对每种样品各项指标强度打分。实验重复 3 次,重复检验时,样品编排顺序不变。

附表 1-20 描述性分析检验

评价员	序列	第一次检验样品编码	第二次检验样品编码	第三次检验样品编码
1	A B C	354 545 810	250 667 873	492 686 378
2	A C B	999 196 605	651 142 778	971 907 327
3	B C A	548 697 185	372 484 702	196 256 649
4	B A C	458 683 484	590 629 495	908 481 500
5	C A B	642 835 484	977 202 277	235 802 327
6	C B A	733 682 842	194 221 140	941 329 503
7	A B C	341 690 272	368 762 264	203 778 687
8	A C B	181 534 991	382 703 771	941 667 414
9	B C A	656 150 235	468 974 812	704 282 298
10	B A C	644 745 710	92 4237 890	575 689 204

附表 1-21 描述性分析检验评价单

姓名:______________ 日期:______________ 评价员编号:______________

请仔细品尝样品,并对火腿肠的感官特性指标逐项进行评价打分,每品尝完一个后要进行漱口,再品尝下一个。

标度:弱 1 2 3 4 5 6 7 强

354 545 810

色泽

香气

肉味

咸味

细腻味

弹性

咀嚼性

感谢您的参与!

数据处理

汇总记录表,解除编码密码,统计出各个样品的评价结果,并进行误差分析,评价检验员的重复性和样品的差异性。讨论协调后,得出每个样品的总体评定,绘制蜘蛛网形图。

注意事项

在建立标准的评价技术时，要考虑产品正常消费的一般方式，如食物放入口腔中的方式、弄碎食品的方式、吞咽前所处的状态等，要尽可能与食物通常的食用条件相符合。

思考题

①谈谈如何才能有效制定某产品感官定量描述分析词汇描述表。

②影响定量描述分析描述食品各种感官特性的因素主要有哪些？

实验9　消费者检验

实验目的

了解并掌握9点快感标度，并采用其对三种不同品牌的牛奶巧克力进行消费者接受度检验。

实验原理

接受性检验是感官检验中的一种很重要的方法，主要用于检验消费者对产品的接受程度，既可检验新产品的市场反应，也可通过这种方法比较不同公司产品的接受程度。通过接受检验获得的信息可直接作为企业经营决策的重要依据，为其他消费者检验提供更多的信息。

实验材料

①三种不同品牌牛奶巧克力、清水。

②碟子、杯子、托盘等。

实验步骤

1. 样品编号

将3种不同品牌的牛奶巧克力分别标记为A、B、C。按照附表1-22中的编号进行装盘，每盘一份评价单(附表1-23)，评价单的编号与样品编号一致。

附表1-22　消费者接受度检验

评价员	序列	编码		
1	A B C	749	919	278
2	A C B	962	626	345
3	B C A	747	180	401
4	B A C	621	718	590

续附表 1-22

评价员	序列	编码		
5	C A B	264	910	531
6	C B A	369	175	445
7	A B C	291	168	332
8	A C B	210	905	474
9	B C A	453	161	150
10	B A C	604	548	496
11	C A B	210	576	368
12	C B A	601	335	913
…	…			

附表 1-23　消费者接受度检验评价单

姓名：________　日期：________　评价员编号：________

请按下列顺序品尝牛奶巧克力。在品尝每个样品前，请用提供的水对口腔进行清洁。

确认下面对产品总体质量的描述中哪个最适合您的感受，请将相应的编码写在相应的位置。

样品：749　　919　　278

评价结果：________ 极其喜欢

________ 非常喜欢

________ 一般喜欢

________ 轻微喜欢

________ 不喜欢也不讨厌

________ 轻微不喜欢

________ 一般不喜欢

________ 非常不喜欢

________ 极其不喜欢

感谢您的参与！

2. 品评

评价员品评样品并填写评价单。

9 点快感标度为：①极其不喜欢；②非常不喜欢；③一般不喜欢；④轻微不喜欢；⑤不喜欢也不讨厌；⑥轻微喜欢；⑦一般喜欢；⑧非常喜欢；⑨极其喜欢。

数据处理

汇总评价单，解除编码密码，统计出各个样品的评价结果。计算每个样品的平均值并用方差分析不同产品间是否存在显著差异。

注意事项

①对于每一项产品,评价员都应在快感标度表中表明喜爱程度。

②分析数据之前,根据每个标度的回答数量,将回答转换为数字值。

思考题

①消费者检验的应用范围和目的是什么?

②消费者检验在食品感官评价中的意义?